Hans Dürr u. a.

Aufgaben und Lösungen für die Ausbildung im Dachdeckerhandwerk

Aufgaben und Lösungen für die Ausbildung im Dachdeckerhandwerk

2. überarbeitete und erweiterte Auflage

1.096 Aufgaben mit Lösungen

RM Rudolf Müller

Bibliografische Information der Deutschen Nationalbibliothek
Die Deutsche Nationalbibliothek verzeichnet diese Publikation in der Deutschen Nationalbibliografie; detaillierte bibliografische Daten sind im Internet über http://dnb.dnb.de abrufbar.

2. Auflage 2018, korrigierter Nachdruck 2022

Maßgebend für das Anwenden von Regelwerken, Richtlinien, Merkblättern, Hinweisen, Verordnungen usw. ist deren Fassung mit dem neusten Ausgabedatum, die bei der jeweiligen herausgebenden Institution erhältlich ist.

Das vorliegende Werk wurde mit größter Sorgfalt erstellt. Verlag, Herausgeber und Autoren können dennoch für die inhaltliche und technische Fehlerfreiheit, Aktualität und Vollständigkeit des Werkes keine Haftung übernehmen.

Wir freuen uns Ihre Meinung über dieses Fachbuch zu erfahren. Bitte teilen Sie uns Ihre Anregungen, Hinweise oder Fragen per E-Mail: fachmedien.dach@rudolf-mueller.de oder Telefax: 02 21 5497-6207 mit.

Umschlaggestaltung: Satz + Layout Werkstatt Kluth GmbH, Erftstadt
Satz: WMTP Wendt-Media Text-Processing GmbH, Birkenau
Druck und Bindearbeiten: Westermann Druck GmbH, Zwickau
Printed in Germany

ISBN 978-3-481-03816-8 (Buchausgabe)
ISBN 978-3-481-03848-9 (E-Book-PDF)

Vorwort

Das vorliegende Lehrbuch mit über 1.000 Aufgaben und Lösungen zu allen 17 Lernfeldern sowie zu ergänzenden Themen wie Bauphysik und Dachflächenberechnungen ist eine hervorragende Begleitung während der 3-jährigen Ausbildung zum Dachdecker.

Allen Aufgaben und Lösungen liegen die Inhalte der Lernfelder aus dem Grundlagenwerk „Die Ausbildung im Dachdeckerhandwerk“ zugrunde. Verweise auf das Grundlagenwerk sowie Abbildungen und Tabellen erleichtern den Auszubildenden das Verständnis. Der Lösungsteil liefert Antworten und Lösungen für die gestellten Aufgaben.

Zusätzlich enthält das Buch komplexe Zusatzaufgaben zur Dach- und Flächenberechnung mit einer Sammlung von Formeln zur Hilfestellung und Ergänzung.

Darüber hinaus sind erstmalig exemplarische Aufgaben zur Zwischen- und Gesellenprüfung aufgenommen worden, ebenso Aufgaben aus dem bundesweiten Prüfungsbereich Wirtschafts- und Sozialkunde.

Damit ist das Aufgaben- und Lösungsbuch eine hilfreiche Unterstützung zum Verständnis der Grundlagen und für die berufliche Handlungsfähigkeit im Dachdeckerhandwerk.

Die Bearbeitung der Aufgaben verschafft den Auszubildenden Sicherheit in der Bewältigung der Ausbildungsinhalte im Unterricht der Berufsschule. Ein unterrichtsbegleitender Einsatz des Buches dient nicht nur der Kontrolle und der Sicherung des Gelernten, sondern hilft auch bei der Vorbereitung von Klassenarbeiten, Leistungskontrollen sowie auf die Zwischen- und der Gesellenprüfung im Dachdeckerhandwerk.

Zahlreiche Autoren aus den verschiedenen Bildungseinrichtungen des Dachdeckerhandwerks haben an diesem Aufgaben- und Lösungsbuch mitgewirkt:

Dr. Hans Dürr, Eslohe
Martin Amann, Karlsruhe
Christoph Aufderbeck, Arnsberg
Jan Dolnik, Eslohe
Hans Peter Eiserloh, Mayen
Christian Geschke, Karlsruhe
Volker Hollwedel, Lübeck
Joachim Hupe, Eslohe
Jochen Karsch, Simmerath
Ulrich Könning, Eslohe
Josef Kreutzer, Simmerath
Stefanie Neumann, Eslohe
Annett Pelikan, Oelsnitz/E.
Raimund Reuther, Arnsberg
Berthold Schauerte, Eslohe
Ralf Schütte, Eslohe
Michael Strauß, Simmerath

Köln, im Juni 2018

Trainiere dein Wissen!
So einfach bist du fit für die Prüfung.
Die theoretische Prüfung steht vor der Tür und du hast noch keine Idee, wann und wie du dafür lernen sollst?
Trainiere spielend unterwegs und zwischendurch für deine Prüfung.
Lade dir einfach die DD/H DachTrainings-App auf dein Smartphone und teste dich selbst!
Inklusive 100 Fragen gratis.
DD/H
DachTraining
RM
DD/H
DachTraining
RM Rudolf Müller
Jetzt downloaden!
Erhältlich im
App Store
JETZT BEI
Google play
RM Rudolf Müller

Inhaltsübersicht

1. Aufgaben zu den Lernfeldern des 1. und 2. Ausbildungsjahres

Lernfeld 1 Einrichten einer Baustelle

1. Welche Verordnung regelt, die Ausbildung zum Dachdecker?
2. Wie ist die duale Berufsausbildung im Dachdeckerhandwerk strukturiert?
3. Beschreiben Sie die Begriffe Fachkompetenz und Sozialkompetenz.
4. Weshalb ist die Sozialkompetenz für Werktätige gerade auf einer Baustelle von großer Bedeutung?
5. Erläutern Sie die Stufenausbildung der meisten Bauberufe.
6. Was wird unter einer qualifizierten beruflichen Tätigkeit, der beruflichen Handlungsfähigkeit, verstanden?
7. Wie wird verfahren, wenn die Abschlussprüfung im 1. Durchgang nicht bestanden wurde?
8. Nennen Sie 5 profilgebende Schwerpunktbildungen im Berufsbild des Dachdeckers.
9. Welche Betriebe können nach dem Betriebsverfassungsgesetz einen Betriebsrat wählen?
10. Erläutern Sie die Hauptaufgabe der Jugend- und Auszubildendenvertretung nach dem Betriebsverfassungsgesetz.
11. Nennen Sie a) den Dachverband für die Einzelgewerkschaften im Bauwesen und b) die Interessenvertretung der Arbeitgeber im Dachdeckerhandwerk.
12. Erläutern Sie kurz die Tarifautonomie im Dachdeckerhandwerk.
13. Führen Sie Unterschiede zwischen handwerklicher und industrieller Produktion an.
14. Beschreiben Sie Größe und Kundenkreis von Dachdeckerbetrieben.
15. Listen Sie von Dachdeckern eingebaute Industrieprodukte auf.
16. Welche Bedeutung hat die Landesbauordnung für die Bauplanung?
17. Was versteht man unter einem Flächennutzungsplan?
18. Architekten oder Bauplaner reichen den Bauantrag bei der Genehmigungsbehörde ein. Nennen Sie 3 Bestandteile eines Bauantrags.

19. Die Baubehörde muss verschiedene Stellen anhören, ehe sie eine Baugenehmigung erteilt. Nennen Sie 3 Beteiligte, die angehört werden müssen.

20. Erläutern Sie im Zusammenhang mit einem Bauvorhaben eine Ausschreibung.

21. Erläutern Sie das Leistungsverzeichnis.

22. Beschreiben Sie, was man bei einem Leistungsverzeichnis unter einem AVA-Programm versteht. Was soll mit dem AVA-Programm erreicht werden?

23. Was versteht man unter einem Bauzeitenplan?

24. Erläutern Sie den Begriff Dachsanierung.

25. Was müssen Sie bei der Einrichtung einer Baustelle beachten?

26. Was versteht man unter einer Just-in-time-Lieferung von Bauwerkstoffen?

27. Erläutern Sie wesentliche Unterschiede zwischen der Einrichtung von Großbaustellen und kleineren Baustellen, wie z. B. Tagesbaustellen für Reparaturen.

28. Was ist eine Schuttrutsche?

29. Warum führen Dachdecker eine Trennung von Bauschutt durch?

30. Nennen Sie 3 grundsätzliche Verkehrssicherungsmaßnahmen, die bei Dachbaustellen zu beachten sind.

31. Was bedeutet die Abkürzung PSA?

32. Was versteht man unter einem Verkehrszeichenplan?

33. Mit welchen Folgen ist zu rechnen, wenn die Baufirma gegen die Verkehrssicherungspflicht verstößt?

34. Nennen Sie 3 Beispiele für ergänzende Maßnahmen neben aufgestellten Verkehrszeichen. Nennen Sie 4 Arten von Sicherheitszeichen. Geben Sie jeweils 3 Beispiele an.

35. Nennen Sie 3 Aufgaben der BG BAU. Was bedeutet diese Abkürzung?

36. Führen Sie 3 Ausrüstungsgegenstände an, die der persönlichen Sicherheit auf der Baustelle dienen.

37. Wann ist eine PSA zu benutzen?

38. Nennen Sie 3 Voraussetzungen, um eine erfolgreiche Erste Hilfe durchführen zu können.

39. Welche Ausbildung müssen Ersthelfer am Unfallort absolviert haben?

40. Was ist zu beachten, wenn Sie einen Notruf aufgeben?

41. Welche Angaben muss der Aushang „Anleitung zur Ersten Hilfe“ enthalten?

42. Erläutern Sie, was durch das Kreislaufwirtschaftsgesetz erreicht werden soll.

43. Nennen Sie 4 Gruppen von Abfällen, die an der Baustelle anfallen. Geben Sie jeweils 3 Beispiele an.

44. Nennen Sie 2 Beispiele für Bedachungsmaterialien, die man recyceln kann.

45. Zeigen Sie an einem Beispiel auf, dass man auch Lärmemissionen begrenzen kann.

46. Erläutern Sie, warum die genaue Einmessung eines Baugrundstücks notwendig ist.

47. 1983 wurde die Maßeinheit Meter neu bestimmt. Wie wurde das Meter definiert?

48. Was versteht man unter einem Gliedermaßstab?

49. Beschreiben Sie, was beim Messen mit Messbändern zu beachten ist.

50. **a)** Wozu benutzt man eine Schlauchwaage?
b) Gibt es modernere Techniken als eine Schlauchwaage?

51. **a)** Beschreiben Sie, wie man mit einem Bauwinkel auf der Baustelle einen rechten Winkel einmessen kann.
b) Nennen Sie Hilfsmittel zur Konstruktion einer Waagerechten auf dem Bau.

52. Führen Sie ein Beispiel aus Ihrem Berufsfeld an, für das eine Waagerechte, z. B. mit der Wasserwaage, konstruiert werden muss.

53. Führen Sie aus Ihrem Berufsfeld Beispiele dafür an, dass ein rechter Winkel konstruiert werden muss.

54. Begründen Sie, warum sich ein Dachdecker mit geometrischen Konstruktionen auskennen muss.

55. Erläutern Sie, wo sich auf Baustellen Rechtecke, Kreise, Trapeze und Quadrate finden.

56. Welche Merkmale besitzt ein Parallelogramm?

57. Erläutern Sie, wie ein Trapez berechnet und gezeichnet wird.

58. Worin unterscheidet sich ein gleichseitiges von einem gleichschenkligen Dreieck?

59. Nennen Sie die Besonderheiten eines rechtwinkligen Dreiecks.

60. Beschreiben Sie die Merkmale eines Kreises und eines Kreisausschnittes.

61. Die Giebelwand eines Feuerwehrhauses ist zu bekleiden (siehe Abbildung). Zu diesem Zweck ist die einzudeckende Fläche zu ermitteln, d. h. alle Fensterflächen sind zu berechnen und dann von der Giebelfläche in Abzug zu bringen. Die beidseitige Dachneigung beträgt 45 Grad, die Dachhöhe lässt sich dadurch bestimmen.

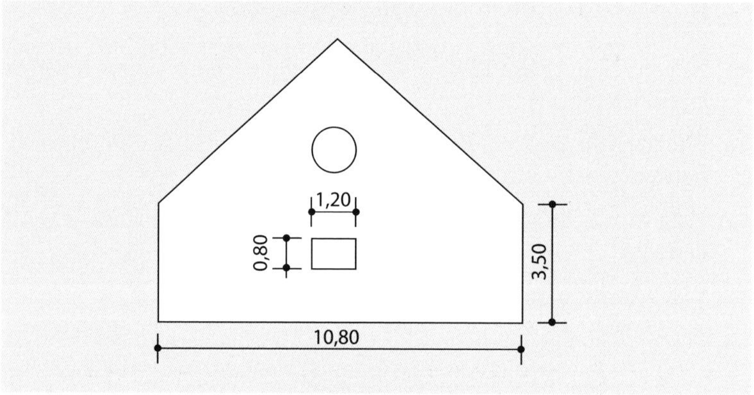

a) Berechnen Sie die gesamte sichtbare Giebelfläche.
b) Wie groß ist die Fläche des rechteckigen Fensters?
c) Welche Fensterfläche hat das kreisrunde Giebelfenster?
d) Ermitteln Sie die einzudeckende Fläche des Giebels.
e) Das kreisrunde Giebelfenster soll eine umlaufend runde Fenstereinfassung aus einem Metallband erhalten. Wie lang müsste dieses Metallband sein?

62. Zeichnen Sie Winkel in den Neigungen
a) 17°, **b)** 37°, **c)** 58°, **d)** 105° **e)** 152°
und halbieren Sie diese jeweils mit Zirkel und Lineal.

63. Ermitteln Sie für ein Dachfenster von 78 cm Breite und auf beiden Seiten je 65 mm zusätzlicher Dachausschnittbreite zeichnerisch oder rechnerisch die Mitte des Dachausschnittes.

Lernfeld 2 Dachflächen mit Dachziegeln und Dachsteinen decken

1. Beschreiben Sie kurz die geschichtliche Entwicklung des Daches.

2. Nennen und erläutern Sie 3 Funktionen des Daches.

3. Führen Sie je 4 Anforderungen an moderne Dächer von außen und von innen an.

4. Unterscheiden Sie Flachdach und Steildach.

5. Beschreiben Sie die Begriffe schuppenförmige Deckung und Kapillarität. Führen Sie dazu jeweils ein Beispiel aus dem Dachdeckerhandwerk an.

6. Erläutern Sie die Höhen- und Seitenüberdeckung eines Deckwerkstoffes anhand einer Skizze, z. B. bei einer rechteckigen Dachplatte.

7. Führen Sie die Regeldachneigungen von 3 Deckwerkstoffen an.

8. Erläutern Sie allgemein die Bedeutung von Regeldachneigungen für die Arbeit der Dachdecker.

9. Beschreiben Sie den Unterschied zwischen Normen und Standards.

10. Nennen Sie 3 Bestandteile des Regelwerks des Deutschen Dachdeckerhandwerks.

11. Was bedeuten die folgenden Abkürzungen
a) DIN, **b)** EN, **c)** GEG.

12. Beschreiben Sie das Pult- und das Satteldach (siehe auch „Die Ausbildung im Dachdeckerhandwerk“, Seite 56, Tabelle 2.2).

13. Unterscheiden Sie das symmetrische und das asymmetrische Satteldach.

14. Was versteht man unter einem Zeltdach? Nennen und skizzieren Sie dazu jeweils 2 mögliche Grundrissformen.

15. Erläutern Sie ein Walmdach und führen Sie je einen Vor- und Nachteil im Vergleich zu einem Satteldach an.

16. Beschreiben Sie ein Schopf- bzw. Krüppelwalmdach.

17. Zeigen Sie die Besonderheiten eines Mansarddaches auf.

18. Nennen Sie geschwungene Dachformen.

19. Welche besondere Bedeutung hat bei geneigten Flächen die Sparrenlänge s für die Flächenberechnungen des Dachdeckers?

20. Erarbeiten Sie ein Rollenspiel für ein Kundenberatungsgespräch in der Klasse: Kunde Müller beabsichtigt, ein Einfamilienhaus zu bauen und darin auch eine Dachwohnung einzurichten. Er möchte wissen, welche Möglichkeiten es gibt, das Dach seines Hauses zu gestalten.

21. Berechnen Sie die geneigte Sparrenlänge s eines Pultdaches über der Breite b, wenn die Pultdachhöhe h mit 3,78 m ermittelt wurde und die waagerechte Breite des Gebäudes b ein Maß von 18,25 m aufweist.

LF 2

22. Berechnen Sie für das Pultdach (aus Aufgabe 21) die Steigung in %.

23. Ein Kegeldach hat die Maße Durchmesser d = 6,42 m und Sparrenlänge s = 5,62 m. Es soll mit Schiefer eingedeckt werden.
a) Berechnen Sie die einzudeckende Fläche des Kegeldachs.
b) Ermitteln Sie durch Messen in einer maßstäblichen Zeichnung des Kegeldaches oder rechnerisch die senkrechte Dachhöhe h.

24. a) Beschreiben Sie eine Tonnendachfläche.
b) Welche besonderen Herausforderungen für die Ausführung der Dacheindeckung fallen in der Praxis bei einem gewölbten Tonnendach an?
c) Berechnen Sie die Dachfläche dieses Tonnendaches, dessen halbkreisförmiger Giebel einen Radius r = 4,50 m aufweist und das Dach 18,54 m lang ist. Erstellen Sie dazu zunächst eine bemaßte Skizze.

25. Beschreiben Sie ein Sheddach und erstellen Sie dazu 2 unterschiedliche Skizzen.

26. Unterscheiden Sie Dachhäuschen von Dachgauben.

27. Zeigen Sie die Besonderheiten und Vorteile eines Dachbalkons auf.

28. Beschreiben Sie die Aufgaben von Lichtkuppeln und Lichtbändern im geneigten Dach.

29. Was versteht man unter einem Erker?

30. Für ein Internetcafé unter dem Zeltdach eines Jugendzentrums auf quadratischem Grundriss mit a = 16,25 m und Sparrenlänge s = 20,35 m sind Dachfenster mit den Maßen 78 × 140 cm vorgesehen.
a) Berechnen Sie die gesamte Dachfläche des Zeltdaches.
b) Berechnen Sie die erforderliche Lichtfläche nach der Landesbauordnung Ihres Bundeslandes.
c) Wie viele der 78 cm breiten Dachfenster sind pro Seite erforderlich? (siehe „Die Ausbildung im Dachdeckerhandwerk“, Seite 68, Abb. 2.20)

31. Erarbeiten Sie ein Rollenspiel für ein Kundenberatungsgespräch in der Klasse:

Kunde Müller beabsichtigt, ein Einfamilienhaus mit Dachwohnung zu bauen. Er möchte wissen, welche Möglichkeiten es gibt, das Dach von außen ansehnlich zu gestalten und eine möglichst angenehme Nutzung für die Dachwohnung zu erzielen.

32. Ein Pultdach hat folgende Maße: Trauflänge l = 12,50 m; Gebäudebreite b = 9,20 m; Firsthöhe des Daches h = 1,12 m, Sparrenlänge s = 9,27 m
a) Erstellen Sie eine bemaßte Skizze der Ansicht von vorne und von der Seite.
b) Berechnen Sie die gesamte Dachfläche.
c) Wie viele m First und wie viele m Ortgang sind vorhanden?

33. Führen Sie je 2 Vor- und Nachteile von Dachgauben (Dachhäuschen) gegenüber Wohnraumdachfenstern an.

34. Beschreiben Sie kurz das Tragwerk eines Daches.

35. Unterscheiden Sie Dachhaut und Unterkonstruktion.

36. Führen Sie 2 unterschiedliche Deckunterlagen an.

37. Unterscheiden Sie Vordeckung und Behelfsdeckung.

38. Erläutern Sie die Funktionen von Trag- und Konterlattung im Ziegel- bzw. Dachsteindach.

39. Führen Sie 2 Einbauteile in das geneigte Dach und deren Funktion an.

40. Beschreiben Sie den Unterschied zwischen einem aufgeständerten und einem integrierten Einbau von Energiesammlern.

41. Beschreiben Sie jeweils die Darstellung von Länge, Breite und Höhe, (l : b : h) für eine
a) Dimetrie,
b) Isometrie.

42. Erläutern Sie den Begriff Aufmaßskizze.

43. Zeichnen Sie M 1 : 100 ein Walmdach z. B. als eine isometrische Darstellung und ermitteln Sie die Dachneigung dieses Daches.

Höhe = 5,63 m; Länge = 12,44 m; Breite (des Giebels) = 6,50 m

44. Skizzieren Sie in einer isometrischen Perspektive eine Doppelgarage mit einem Zeltdach.

Höhe der Traufe = 2,03 m; Höhe des Firstpunktes = 1,25 m;
Länge und Breite = 6,44 m.

45. Erläutern Sie das CAD-Zeichnen.

46. Unterscheiden Sie Längsschnitt und Querschnitt eines Gebäudes.

47. Zeichnen Sie M 1 : 100 ein symmetrisches Satteldach in einer Dreitafelprojektion.

Höhe = 4,34 m; Länge = 17,34 m; Breite (des Giebels) = 9,45 m

48. Unterscheiden Sie den Brandschutz nach den europäischen und nach den deutschen Bestimmungen.

49. Führen Sie 5 Beispiele für Produktdatenblätter des Zentralverbandes des Deutschen Dachdeckerhandwerks an.

50. Erläutern Sie die Zusammensetzung von Dachsteinen.

51. Welche Außenmaße hat ein Standarddachstein?

52. Nennen Sie 3 Formen von Dachziegeln.

53. Was versteht man unter „Ziegelfarben"? Führen Sie 3 Ziegelfarben an.

54. Führen Sie 8 Stationen aus der Dachziegelherstellung an.

55. Nennen Sie die Standardmaße eines Biberschwanzziegels. Zeichnen Sie M 1 : 5 einen halbrunden (Radius r = 9 cm) Biberschwanzziegel im Normalformat.

LF 2

56. Stellen Sie wichtige Unterschiede zwischen Dachziegel und Dachsteinen gegenüber.

57. Erarbeiten Sie ein Rollenspiel für ein Kundenberatungsgespräch in der Klasse:

Kunde Müller beabsichtigt, ein Einfamilienhaus zu bauen. Er möchte wissen, welche Möglichkeiten er hat, das Dach mit Dachziegel oder Dachsteinen farblich zu gestalten und welche Werkstoffe dafür zur Verfügung stehen.

58. Nennen Sie 4 unterschiedliche Dachziegelarten.

59. Erläutern Sie für einen Standarddachstein die Begriffe Deckbreite und Decklänge.

60. Unterscheiden Sie Ortgang- und Firstdachsteine.

61. Was versteht man unter einem Mönch- und Nonnendachziegeldach?

62. Was versteht man unter Faserzement?

63. Nennen und beschreiben Sie 3 Deckwerkstoffe aus Faserzement.

64. Unterscheiden Sie Arbeits- und Schutzgerüste.

65. Ein Standarddachstein hat die Außenmaße 42 cm × 33 cm. Berechnen Sie den Bedarf an Standarddachsteinen auf 1 m^2, wenn die Höhenüberdeckung 8 cm und die Seitenüberdeckung 3 cm beträgt.

66. Beschreiben Sie 3 Einrichtungen gegen den Absturz von Personen am Dach.

67. Führen Sie einige Auffangeinrichtungen an.

68. Listen Sie auf, welche Werkzeuge, Handmaschinen, mobile und stationäre Maschinen an einer Ihrer Dachstein-Baustellen zum Einsatz gekommen sind.

Lernfeld 3 Einschalige Baukörper mauern

1. Welche Arten von Wänden gibt es und welche Funktionen übernehmen sie?
2. Welche Anforderungen werden heutzutage an das Mauerwerk gestellt?
3. Wie kann man den Anforderungen an das Mauerwerk entsprechen, indem man verschiedene Mauersteine wählt?
4. Erläutern Sie verschiedene Außenwandaufbauten.
5. Erläutern Sie Probleme, die aus der Zusammensetzung von Natursteinen resultieren.
6. Warum müssen Natursteine im Wandaufbau geschützt oder nachbehandelt werden?
7. Welche Arten von Natursteinmauerwerk gibt es?
8. Worin unterscheiden sich die verschiedenen Mauerwerksarten?
9. In welche Hauptgruppen unterscheidet man bei künstlichen Mauersteinen?
10. Erläutern Sie die Herstellungsverfahren bei den verschiedenen Hauptgruppen.
11. Worin unterscheiden sich die Hauptgruppen bei der Betrachtung?
12. Nennen Sie Beispiele der einzelnen Hauptgruppen.
13. Welchen Einfluss hat die Dichte auf die Eigenschaften bei Mauersteinen?
14. Woraus resultieren die Vorteile der Maßordnung im Hochbau?
15. Was macht es einfach, die Maßordnung ohne großartige Bearbeitung der Steine einzuhalten?
16. Was versteht man unter einem ⅛-Meter?
17. Erklären Sie die 3 verschiedenen Baumaße.
18. Erläutern Sie das Überbindemaß.
19. Wie berechnet sich das Überbindemaß?
20. Zählen Sie verschiedene Mauerwerksverbände auf und erläutern Sie sie.
21. Wann machen Mauerwerksverbände optisch einen Sinn?
22. Woraus resultieren Steinformate und wodurch wurden sie vorgegeben?
23. In welche 2 Gruppen unterscheidet man bei Steinformaten?
24. Wie setzt sich maßtechnisch ein 12 DF-Stein zusammen?
25. Aus welchen Grundmaterialien wird Mörtel hergestellt?
26. Was ist bei der Mörtelherstellung zu beachten?

27. Warum darf immer nur eine Mörtelsorte gleichzeitig auf der Baustelle verwendet werden?

28. Welche Stoffe haben einen Einfluss auf die Mörtelkonsistenz und Verarbeitbarkeit?

29. Was versteht man unter Leichtmörtel?

30. Was ist bei der Gestellung von Gerüsten zu beachten?

31. Welche Werkzeuge werden beim Mauern eingesetzt?

32. Wo ist eine Bauwerksabdichtung einzubringen?

33. Was kann bei Nichtbeachtung von Vorschriften zur Abdichtung von Bauwerken (Beispiel Horizontalsperre) passieren?

34. Wie nennt sich der Effekt, der Wasser dazu bringt, im Mauerwerk aufzusteigen?

Lernfeld 4 Stahlbetonteile herstellen

1. Nennen Sie 3 Faktoren, die für den Verbund von Stahl und Beton zwingend erforderlich sind.

2. Wodurch wird die Haftung zwischen Stahl und Beton verstärkt?

3. Was gibt die Wärmeausdehnungszahl an?

4. Wodurch wird ein funktionierender Rostschutz erreicht?

5. Warum ermöglicht gerade der Verbundbaustoff „Beton" den Bau großer Bauwerke?

6. Nennen Sie die konstruktiven Bestandteile einer Schalung.

7. Nennen Sie die 3 Aufgaben einer Betonschalung.

8. Welche Aufgabe hat eine Bewehrung in einem Stahlbetonbauteil?

9. Erklären Sie die Bedeutung der Streckgrenze $S(R_e)$ für die Festigkeit des Betonstabstahls.

10. Skizzieren Sie die Lage der Bewehrung für die dargestellten Lastfälle.

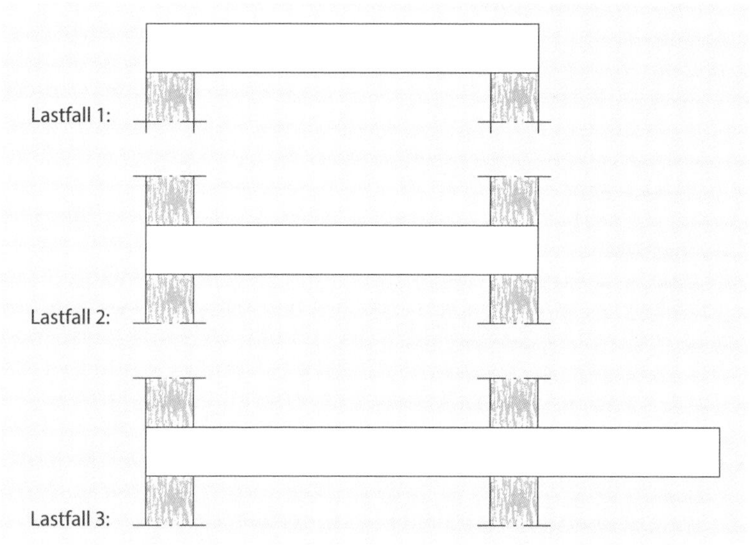

11. Nennen Sie natürliche und künstliche (industrielle) Gesteinskörnungen.

12. Welche Anforderungen werden an natürliche Gesteinskörnungen gestellt?

13. Was bedeutet der Begriff „gemischtkörnig"?

14. Welche Nachteile bewirkt die Verwendung nur kleiner oder nur großer Gesteinskörnungen?

15. Welche Vorteile bietet eine gemischtkörnige Gesteinskörnung?

16. Welchen Zweck erfüllen Sieblinien?

17. In einem Siebversuch mit 3 Prüfdurchgängen einer gemischtkörnigen Gesteinskörnung 0 – 32 mm sind nachfolgende Rückstände gewogen und in der Tabelle erfasst worden:

Versuch	Gesamtrückstand g	Rückstand in g auf dem Sieb 0,25	0,5	1	2	4	8	16	31,5	63
		Probe-Kennzeichen/Korngruppe 0/32 mm								
1	5000	4690	4480	4220	3780	3310	2920	1710	0	0
2	5000	4650	4410	4190	3810	3280	2890	1660	0	0
3	5000	4620	4430	4230	3840	3290	2910	1620	0	0
Summe	15000								0	0
Rückstand %										
Durchgang %										

Ermitteln Sie den Rückstand und den Siebdurchgang in Prozent und tragen Sie die Ergebnisse in das Formular ein. Übertragen Sie anschließend die ermittelten Werte zur Beurteilung in die Regelsieblinie.

18. Was bedeutet die Angabe Gesteinskörnung 8/16?

19. Geben Sie die Kurzzeichen der 5 Hauptgruppen der Normzemente an.

20. Nennen Sie den Kennbuchstaben eines Zements mit schneller Anfangserhärtung.

21. Welche Bedeutung hat der schwarze Aufdruck Cem III auf einem grünen Zementsack?

22. Wie lange darf ein Zement auf der Baustelle gelagert werden?

23. Nennen Sie Sicherheitsratschläge für den Umgang mit Zement.

24. Worauf ist bei der Verwendung von Anmach- oder Zugabewasser zu achten?

25. Wie bezeichnet man beim Beton den Erhärtungsvorgang?

26. Welche Erhärtungsphasen werden im Einzelnen unterschieden und welche Zwischenformen des Betons entstehen dabei?

27. Was bedeutet der Begriff „Mindestdruckfestigkeit"?

28. Was bedeutet der Begriff „Wasserzementwert"?

29. Woraus setzt sich der Gesamtwassergehalt des Betons zusammen?

30. Zement bindet Wasser bei seiner Erhärtung mit ca. 40 % seines Eigengewichtes. Wie groß muss deshalb idealerweise der W/Z-Wert sein?

31. Warum ist ein W/Z-Wert oberhalb von 0,4 ungeeignet bzw. schädlich für den Beton?

32. Ein Frischbeton wird mit einem Zementgehalt von 350 kg/m^3 und einem Wassergehalt von 170 l/m^3 (220 l/m^3; 140 l/m^3) hergestellt. Welcher Wasser/Zement-Wert ergibt sich für den Beton?

33. Was beschreibt der Begriff „Konsistenz“?

34. Nennen Sie 3 von 7 möglichen Konsistenzbereichen.

35. Nennen Sie 2 Versuche, mit denen die Konsistenz eines Betons überprüft wird.

36. Erklären Sie die Angabe C16/20.

37. Welchen Zweck erfüllt die Einteilung der Betone in Expositionsklassen?

38. Welche Faktoren sind bei einer Bestellung bzw. einer geplanten Mischung von Beton zu berücksichtigen?

39. Zum Schütten einer Produktionsreihe von 35 Kaminfertigteilen ist die erforderliche Frischbetonmenge zu berechnen. Es ist ein Standardbeton zu verwenden. Ein 150 l-Mischer (8 Mischungen pro 1 m^3) steht ebenfalls zur Verfügung.

Gegeben: Betonfestigkeitsklasse C20/25; Zement CEM I 32,5; Sieblinie im brauchbaren Bereich; Größtkorn 16 mm, Konsistenzbereich C2 (plastisch) mit Verdichtungsmaß 1,13
Kaminteilabmessung (außen): 1,24 m × 0,86 m
Kaminöffnung (innen) $0{,}63^5$ m × $0{,}37^5$ m
Dicke des Bauteils: 0,10 m
Gesucht: Frischbetonmenge und Anzahl der Mischungen

40. Für eine Produktionsreihe von Fertigteilkaminen sind 10,5 m^3 Beton C16/20 plastischer Konsistenz (Standardbeton) erforderlich. Es wird eine Gesteinskörnung 0/32 und Zement der Festigkeitsklasse 32,5 verwendet. Welche Einzelstoffmengen sind für die Herstellung des Betons erforderlich? Benutzen Sie die unten stehende Tabelle:

Betonrezepte für 1 m^3 unbewehrten Standardbeton oder bewehrten Beton der Festigkeitsklasse C 16/20

Festigkeitsklasse des Zements	Größtkorn der Gesteinskörnung [mm]	Konsistenz	Zement [kg]	Zugabewasser [l]	Gesteinskörnung feucht [kg]
32,5	16	steif	319	110	1878
		plastisch	352	134	1774
		weich	396	158	1679
	32	steif	290	87	1937
		plastisch	320	110	1856
		weich	360	134	1766
42,5	16	steif	290	109	1883
		plastisch	320	132	1802
		weich	360	156	1712
	32	steif	261	85	1965
		plastisch	288	109	1885
		weich	324	133	1798

LF 4

41. Welche Verfahren sind zum Verdichten des Frischbetons gebräuchlich?

42. Nennen Sie Maßnahmen, mit denen der Beton je nach Jahreszeit nachbehandelt wird.

43. Handwerksbetriebe besitzen bewegliche Mischmaschinen. Der Technische Zustand des Betonmischers muss den Unfallverhütungsvorschriften entsprechen. Um diesem Anspruch zu genügen, sind Betriebsanweisungen, das sind Anweisungen für den Umgang mit Freifallmischern, zu erstellen und zu beachten.

Welche Schutzmaßnahmen und Verhaltensregeln für Freifallmischer sind zu beachten?

44. Der Umgang mit Zement beim Herstellen von Beton bedeutet immer auch eine Gesundheitsgefährdung.

Nennen Sie 4 Schutzmaßnahmen, die bei der Verarbeitung von Zement beachtet werden müssen.

Lernfeld 5 Holzkonstruktionen herstellen

1. Beschreiben Sie die umweltschützende und klimabeeinflussende Bedeutung des Holzes für die Umwelt.
2. Führen Sie 5 Kriterien für die Einteilung des Holzes nach seinen Eigenschaften an.
3. Beschreiben Sie die Bedeutung des Holzes als Bauwerkstoff.
4. Unterscheiden Sie Laub- und Nadelhölzer anhand von je 3 Beispielen jeweils mit ihren Eigenschaften und ihrer Verwendung.
5. Erläutern Sie die Bedeutung des Waldes für die Erzeugung von Sauerstoff und den Wasserhaushalt.
6. Führen Sie Nachteile des Bauwerkstoffes Holz an.
7. Nennen Sie 3 unterschiedliche, aus Holz hergestellte Holzwerkstoffe.
8. Welche Hölzer werden als Sparren- und Schalungsholz bevorzugt im Holzbau eingesetzt?
9. Begründen Sie den Einsatz von Eichenholz für hochbelastbare Konstruktionen und führen Sie dazu 2 Beispiele an.
10. Beschreiben und skizzieren Sie den Vorgang der Photosynthese.
11. Nennen Sie die wichtigsten chemischen Elemente aus denen Holz besteht und geben Sie den jeweiligen Anteil an.
12. Wodurch bilden sich die Jahrringe?
13. Wodurch unterscheiden sich Frühholz und Spätholz?
14. Beschreiben und skizzieren Sie den Aufbau eines Stammes im Querschnitt.
15. Wodurch unterscheiden sich Kernholz-, Splintholz- und Reifholzbäume?
16. Welche Aufgaben haben Leit-, Stütz- und Speicherzellen?
17. Nennen Sie Vor- und Nachteile von Bauteilen aus Holz.
18. Wie erkennt man Holzfehler?
19. Zählen Sie 6 Arten von Holzfehlern auf und erklären Sie diese.
20. Wodurch entstehen Luft- und Trockenrisse?
21. Nennen und erläutern Sie 3 Wuchsfehler, die äußerlich zu erkennen sind.
22. Wodurch entsteht Maserwuchs?
23. Was verstehen Sie unter exzentrischem Wuchs?
24. Wie kann man die Holzfeuchte ermitteln?
25. Welchen Vorteil hat die technische Holztrocknung gegenüber der Freilufttrocknung?

26. Beschreiben Sie das Prinzip der technischen Holztrocknung und der Freilufttrocknung.

27. Mit welchen Methoden kann die Holzfeuchte gemessen werden?

28. Zählen Sie 6 Punkte auf, die bei der Freilufttrocknung zu beachten sind.

29. Erläutern Sie den Prozess „Arbeiten des Holzes".

30. Was versteht man unter Festigkeit des Holzes?

31. Führen Sie Einflussfaktoren auf die Rohdichte an.

32. Erläutern Sie den Unterschied zwischen Rohdichte und Dichte.

33. Nennen Sie Verarbeitungsregeln, die bei Arbeiten an Holzkonstruktionen zu beachten und zu berücksichtigen sind.

34. Was verstehen Sie unter der Aussage: „Holz ist hygroskopisch"?

35. Aus welchem Grund ist die Rohdichte der entscheidende Faktor für die Verarbeitung des Holzes?

36. Führen Sie Einflussfaktoren an, die zur Dauerhaftigkeit von Holz beitragen.

37. Führen Sie Schnittholzarten an, die nach DIN 4074 unterschieden werden.

38. Unterscheiden Sie anhand von Skizzen Ganz-, Halb- und Viertelholz.

39. Beschreiben und benennen Sie die Sortierklassen für visuelle und maschinelle Sortierung.

40. Die Tragfähigkeit des Schnittholzes wird nach DIN 4074 nach Sortiermerkmalen festgestellt. Nennen Sie 10 Sortiermerkmale bei der Sortierung.

41. Was verstehen Sie unter Holzwerkstoffen?

42. Unterscheiden Sie Spanplatten und Langspanplatten.

43. Beschreiben Sie Holzfaserplatten.

44. Erläutern Sie den Begriff Halbfertigerzeugnisse.

45. Was versteht man unter Konstruktionsvollholz und wo wird dieses eingesetzt?

46. Bemaßen, skizzieren und beschreiben Sie die Materialdicke d und die Breite b der 3 Bauschnitthölzer Brett, Bohle, Kantholz.

47. Bemaßen, skizzieren und beschreiben Sie 3 unterschiedliche handelsübliche Dachlatten.

48. Welche Arten von Holzschädlingen gibt es?

49. Nennen Sie Voraussetzungen, die das Wachstum der Pilze fördern.

50. Begründen Sie, warum der Echte Hausschwamm der gefährlichste Pilz am verbauten Holz ist.

51. Mit welchen Maßnahmen wird der Echte Hausschwamm bekämpft?

52. Unterscheiden Sie Rot- und Blaustreifigkeit in Bezug auf die Festigkeit des Holzes.

53. Warum ist der Hausbock der gefährlichste Holzschädling im verbauten Holz?

54. Wie erkennen Sie, ob verbautes Holz von einem Hausbockkäfer oder Klopfkäfer befallen ist?

55. Erläutern Sie den vorbeugenden Holzschutz.

56. Was versteht man unter baulichem Holzschutz?

57. Führen Sie die Prüfprädikate für den vorbeugenden Holzschutz an und erläutern Sie diese.

58. Von der Eindringtiefe des Schutzmittels ist der Schutz des Holzes ab hängig. Welche Verfahren werden unterschieden und wie werden sie aufgebracht?

59. Unterscheiden Sie ölige und wasserlösliche Holzschutzmittel.

60. Warum muss mit Holzschutzmitteln vorsichtig umgegangen werden?

61. Nennen Sie mögliche Folgen beim unsachgemäßen Umgang mit Holzschutzmitteln.

62. Nennen und beschreiben Sie die 2 Arten der Holzverbindungen.

63. Führen Sie 3 Grundformen der zimmermannsmäßigen Verbindungen an.

64. Welche 3 Versatzarten kennen Sie?

65. Nennen Sie Vorteile der ingenieurmäßigen Holzverbindungen.

66. Skizzieren und benennen Sie Nagelarten und Kopfformen von Nägeln, die bei der Nagelverbindung zum Einsatz kommen.

67. Wie werden Dübel besonderer Bauart überwiegend beansprucht?

68. Zählen Sie 5 Blechformteile auf.

69. Welches sind die Unterscheidungsmerkmale von Holzbauschrauben?

70. Berechnen Sie die maximal zulässige Durchbiegung eines Balkens mit einer Spannweite von 6,30 m.

71. In welchen Bereichen treten die größten Schubkräfte bei einem Balken auf?

72. Was ist eine Kerve und welche Funktion hat sie?

73. Wie lautet der Wert zur Bestimmung eines Obholzes und welcher Höhe entspricht dieser bei einer Sparrenhöhe von 18 cm?

74. Was sind Flugsparren ?

75. Wie kann ein Dachstuhl ausgesteift werden?

LF 5

76. Nennen Sie die wesentlichen Dachkonstruktionen.

77. In welche Arten von Holzbindern wird unterschieden?

78. Skizzieren und beschriften Sie folgende Knotenpunkte:
a) Traufpunkt beim Pfettendachstuhl
b) Verbindung: Sparren – Mittelpfette
c) Firstpunkt bei Pfettendachstühlen
d) Pfostenanschluss

79. Unterscheiden Sie Sparren-, Kehlbalken- und Pfettendachkonstruktionen.

80. Bei welchen Dachkonstruktionen ist größte Vorsicht beim Einbau einer Auswechslung geboten?

81. Unterscheiden Sie Pfettendächer in ihrer Konstruktion.

82. Wie wird bei Dachkonstruktionen die Steifigkeit in Längsrichtung ausgebildet?

83. Wie werden die Dachlasten beim Sparrendach abgeleitet?

84. Wie werden Windrispenbänder auf der Dachkonstruktion angeordnet?

85. Führen Sie mögliche Ursachen dafür an, dass Sparren ausgewechselt werden müssen.

86. Welche Dachkonstruktionen erfordern immer einen statischen Nachweis bei Auswechslungen?

87. Erläutern Sie, wie die Belastungen von Auswechslungen übertragen werden.

88. Welchen Abstand sollten Auswechselhölzer bei Schornsteinaußenflächen haben?

89. Zeichnen Sie eine Auswechslung über 2 Sparrenfelder.

90. Eine Kraft F soll in 2 Komponenten zerlegt werden, wobei eine Komponente mit der Kraft F einen rechten Winkel bildet, so wird bei der zeichnerischen Lösung das Kräfteparallelogramm angewandt.

Die Horizontalkomponente wird im Allgemeinen mit F_H, die Vertikalkomponente mit F_V bezeichnet.

Ein Kraftpfeil hat eine Länge von 7,4 cm. Er ist im angegebenen Kräftemaßstab gezeichnet. Wie groß ist die Kraft F in kN?

91. Eine Stütze hat den Druck von 2 Kopfbändern aufzunehmen. Die Resultierende ist mit dem Kräfteparallelogramm zeichnerisch zu bestimmen.

Kräftemaßstab:

$$\frac{10\ \text{kN}}{1\ \text{cm}}$$

92. Der Fußpunkt eines Sparrendaches hat die Kraft F_R aufzunehmen. Ermitteln Sie zeichnerisch die Kraft der Strebe.

Kräftemaßstab:

$\frac{10 \text{ kN}}{2 \text{ cm}}$

93. Eine Kraft von 85 kN wirkt in einer Strebe am Bauwerk. Die Neigung der Strebe beträgt 60°. Zu berechnen sind die Horizontal- und Vertikalkomponente.

$F_V = a$	$F_H = b$
$a = \sin \alpha \times F_R$	$b = \cos \alpha \times F_R$
$a = \sin 60° \times 85$ kN	$b = \cos 60° \times 85$ kN
$a = 73{,}61$ kN	$b = 42{,}50$ kN

94. Ein Pfosten hat den Druck von 2 Streben von jeweils 25 kN aufzunehmen, die in einer Neigung von 45° angeordnet sind. Bestimmen Sie zeichnerisch und rechnerisch die Gesamtkraft, die auf den Pfosten wirkt. Der Kräftemaßstab ist angegeben.

Kräftemaßstab:

$\frac{10 \text{ kN}}{1 \text{ cm}}$

$F1 = 25$ kN
$F2 = 25$ kN

95. Nennen und beschreiben Sie 4 Handmaschinen für Zimmererarbeiten.

96. Führen Sie 5 Handwerkzeuge für Zimmererarbeiten an.

97. Erläutern Sie den Begriff Bundgeschirr des Zimmerers.

98. Begründen Sie das hohe Gefährdungspotenzial beim Umgang mit Kettensägen.

99. Beschreiben Sie den ersten Schritt bei der Reparatur von Maschinen.

100. Begründen und nennen Sie das Mindestalter, das der Gesetzgeber zum Bedienen der Holzbearbeitungsmaschinen angesetzt hat.

101. Wie werden Kräfte zeichnerisch dargestellt?

102. Unterscheiden Sie Flächenlasten, Linienlasten und Punktlasten.

103. Beschreiben Sie ein Kräfteparallelogramm.

104. Erläutern Sie eine Zerlegung von 2 Kräften mit je 3 kN, die in einem Winkel von 38° zueinander angreifen. Zeichnen Sie ein Kräfteparallelogramm und ermitteln Sie zeichnerisch oder rechnerisch die Resultierende.

Kräftemaßstab:

$\frac{10 \text{ kN}}{1 \text{ cm}}$

105. Es ist im Kräftemaßstab 10 kN/1 cm zu zeichnen. Ein Kraftpfeil hat eine Länge von 8,9 cm. Wie groß ist die Kraft F in kN?

106. Der Fußpunkt eines symmetrischen Sparrendaches mit einer Dachneigung ∢ = 35° hat die Kraft F_R = 7 kN aufzunehmen. Es ist zeichnerisch die Kraft der Strebe zu ermitteln.

Kräftemaßstab:

$\frac{10\ \text{kN}}{1\ \text{cm}}$

107. Nennen Sie 5 unterschiedliche Einwirkungen auf Bauwerke.

108. Unterscheiden Sie ständige Einwirkungen und veränderliche Einwirkungen.

Lernfeld 6 Bauteile beschichten und bekleiden

1. Nennen Sie Beanspruchungen, denen eine Außenwand ausgesetzt ist.

2. Erläutern Sie, warum die Außenwand für den Wärmeschutz eine wichtige Rolle spielt.

3. Führen Sie mehrere Punkte an, die für die richtige Wahl des Fassadenmaterials beachtet werden müssen.

4. Zeigen Sie alternative Ausführungen einer Außenwand für die Fassade.

5. Erläutern Sie die Gestaltungsmöglichkeiten einer Schieferfassade anhand von Skizzen.

6. Erläutern Sie, warum eine Außenverschalung an der Außenwand hervorragt.

7. Führen Sie mehrere Auswahlkriterien für die Wahl geeigneter Fassadenwerkstoffe an.

8. Erläutern Sie die Einteilung der Putzarten. Warum ist diese Einteilung notwendig?

9. Wie werden die Putzmörtelgruppen unterteilt und wo finden sie Anwendung?

10. Warum wird im Sockelbereich eine andere Putzmörtelgruppe gewählt als im Wandbereich?

11. Nennen Sie Eigenschaften des Putzmörtels, die durch Zusatzstoffe beeinflusst werden können.

12. Zement ist ein hydraulisches Bindemittel. Was verstehen Sie unter dem Begriff „hydraulisches Bindemittel“?

13. Gipsputz ist die wirtschaftlichste Art zu verputzen. Warum darf der Gipsputz nicht im Außenbereich verwendet werden?

14. Welche Aufgabe hat das Wasser als Bestandteil des Putzes?

15. Warum wird ein Putz mehrlagig aufgebracht?

16. Welche Aufgabe hat ein Spritzbewurf und auf welchem Untergrund wird er angewandt?

17. Welche Gestaltungsmöglichkeiten bietet ein Oberputz?

18. Warum wird ein Putz heute im Regelfall nicht mehr mit der Hand gemischt?

19. Welche Vorteile bietet die maschinelle Verarbeitungstechnik beim Putz?

20. Erklären Sie den Auftrag eines Unterputzes. Wozu werden Eckschutzschienen verwendet?

21. Welche Gipsplatten kennen Sie? Beschreiben Sie deren Einsatzmöglichkeiten.

22. Wie können Gipsplatten an eine Innenwand angebracht werden?

23. Was versteht man unter einem Kunstharzputz?

24. Was versteht man unter Putzträgerplatten und wo werden sie eingesetzt?

25. Welche Vorteile bietet ein WDVS-System?

26. Beschreiben Sie den Aufbau eines WDVS-Systems.

27. Warum muss Wasserdampf durch ein WDVS-System hindurch diffundieren können?

28. Wie kann die Putzoberfläche eines WDVS-Systems gestaltet werden?

29. Führen Sie die besonderen Kennzeichen eines zweischaligen Mauerwerks an.

30. Nennen Sie jeweils die Aufgaben beider Mauerwerksschalen beim zweischaligen Mauerwerk.

31. Welche Aufgabe haben Mauerwerksanker in der zweischaligen Bauweise?

32. Zeichnen Sie einen Schnitt durch ein zweischaliges Mauerwerk im Maßstab 1 : 5 und benennen Sie die einzelnen Schichten.

33. Stellen Sie Vor- und Nachteile einer zweischaligen Bauweise gegenüber.

34. Nennen Sie Arten einer Fassadenbekleidung, die meist für größere gewerbliche Gebäude gewählt werden.

35. Zeigen Sie jeweils Vor- und Nachteile sowie Einsatzmöglichkeiten dieser Fassadenbekleidung auf.

36. Unterscheiden Sie verschiedene Estriche.

37. Führen Sie Verlegearten von Estrichen an und erläutern Sie die Unterschiede.

38. Beschreiben Sie den Einbau von Zementestrich.

39. Erläutern Sie den Fachbegriff des „schwimmenden Zementestrichs“ und beschreiben Sie die einzelnen Schichten.

40. Erläutern Sie die Herstellung künstlicher Platten auf keramischer Basis.

41. Nach welchen Gebrauchseigenschaften werden Fliesen auf keramischer Basis eingeteilt? Erläutern Sie die einzelnen Eigenschaften.

42. Beschreiben Sie den Unterschied zwischen Grobkeramik und Feinkeramik.

43. Zählen Sie 5 Werkzeuge zum Verlegen von keramischen Fliesen auf und erläutern Sie deren Funktion.

44. Benennen Sie die 2 Verlegeverfahren und stellen Sie die Einsatzmöglichkeiten mit den jeweiligen Vorteilen heraus.

45. Erklären Sie den Unterschied zwischen waagerechter und diagonaler Verlegetechnik.

46. Was verstehen Sie unter dem Verfugen von Fliesen? Erläutern Sie den Arbeitsablauf beim Verfugen.

47. Zählen Sie Arten der Feuchtigkeitsbelastung an einem Gebäude auf.

48. Erläutern Sie den Unterschied zwischen „drückendem Wasser" und „nicht drückendem Wasser".

49. Beschreiben Sie die Fachbegriffe „Schwarze Wanne" und „Weiße Wanne".

50. Zählen Sie je 3 Beispiele einer Innen- und einer Außenabdichtung auf.

Lernfeld 7 Anlagen zur Ableitung von Niederschlagswasser installieren

1. Wonach werden Dachentwässerungen grundsächlich unterschieden?

2. Wo soll bei Dachrinnen im Falle von Starkregenereignissen notfalls das Wasser ablaufen?

3. Welche Dachentwässerung wird als Außenentwässerung bezeichnet?

4. Erläutern Sie den Unterschied zwischen einer vorgehängten Dachrinne und einer aufliegenden Dachrinne.

5. In welchen beiden Formen werden vorgehängte Dachrinnen meistens ausgeführt?

6. Weshalb ist die Selbstreinigung einer halbrunden Dachrinne deutlich besser als die einer kastenförmigen Dachrinne?

7. Welche Werkstoffe eignen sich für die Herstellung von Dachrinnen?

8. Führen Sie Kriterien an, die bei der Auswahl des Werkstoffes für Dachrinnen zu berücksichtigen sind.

9. Welche Fügetechniken sind bei Dachrinnen möglich?

10. Welcher Werkstoff zur Herstellung von Dachrinnen lässt sich hartlöten?

11. Welche Verbindungsart bei Dachrinnen ist für alle Werkstoffe zulässig?

12. Worauf ist zu achten, wenn Schweißdrähte beim Schweißen verwendet werden?

13. Erläutern Sie den Begriff Legierung.

14. Welches sind die Hauptbestandteile einer Außenentwässerung?

15. Wie groß ist die Mindestneigung bei Dachrinnen?

16. Beschreiben Sie 2 Formen von Einlaufstutzen.

17. Bei welcher Ausführung von Einlaufstutzen läuft das Regenwasser langsamer ab?

18. Wie tief müssen die einzelnen Regenfallrohre mindestens ineinander gesteckt sein?

19. Welchen Abstand müssen die Regenfallrohre vom Bauwerk haben?

20. Wovon sind die Anzahl und der Durchmesser der Fallrohre abhängig?

21. Erläutern Sie den Begriff Örtliche Regenspende.

22. Erläutern Sie den Begriff Abflussbeiwert C.

23. Erläutern Sie den Begriff Dachgrundfläche A.

24. Erläutern Sie den Begriff Regenwasserabfluss Q.

25. Berechnen Sie den Regenwasserabfluss *Q* eines Satteldaches in Berlin mit der Trauflänge l_T = 11,50 m und der Gebäudebreite *b* = 5,70 m. Wie groß ist der Regenwasserabfluss *Q* für eine Dachfläche?

26. Erläutern Sie die Aufgabe von Bewegungsausgleichern bei Dachrinnen.

27. Nennen Sie 4 Möglichkeiten von Bewegungsausgleichern bei Dachrinnen.

28. Welchen maximalen Abstand dürfen Bewegungsausgleicher für Zuschnitte kleiner gleich 500 mm höchstens haben?

29. Was gibt der Ausdehnungskoeffizient α an?

30. Wie wird die Ausdehnung einer Dachrinne berechnet?

31. Berechnen Sie die Ausdehnung Δl einer 9,50 m langen Dachrinne aus Kupfer, wenn diese von –12 °C auf +17 °C erwärmt wird.

32. Erläutern Sie den Begriff elektrochemische Korrosion.

33. In welchen Zeitabständen sollten Wartungsarbeiten an Entwässerungsanlagen durchgeführt werden?

34. Erläutern Sie den Begriff Innenentwässerung.

35. Warum sind bei innen liegenden Dachrinnen besondere Maßnahmen zu ergreifen?

36. Erläutern Sie den Begriff Jahrhundertregenspende.

37. Wie wird das Mindestabflussvermögen Q_{Not} berechnet?

38. Wie groß soll das Gefälle zu den Dachabläufen bei Flachdächern mindestens sein?

39. Wie viele Abläufe sind bei einer Innenentwässerung mindestens notwendig?

40. Warum ist gerade bei der Innenentwässerung eine sorgfältige Planung und Ausführung notwendig?

Lernfeld 8 Dächer mit Dachziegel- und Dachsteindeckungen herstellen

8.1 Der Dachaufbau – Grundlegendes

1. Welche Aufgaben hat das Dach eines Hauses mit all seinen Funktionsschichten?

2. Welche Funktionen hat die Wärmedämmschicht des Daches in der kalten und in der warmen Jahreszeit?

3. Welche Varianten im Dachaufbau werden bezogen auf den Wärmeschutz unterschieden?

8.2 Regensicherheit

4. Welche Verordnungen, Vorschriften und Richtlinien sind einzuhalten, wenn ein Dach mit einer neuen Dachziegel- oder Dachsteindeckung eingedeckt werden soll?

5. Worin liegt der Unterschied zwischen der Regeldachneigung und der Mindestdachneigung bei Dachziegel- und Dachsteindeckungen?

6. Welche Größe hat nach den Fachregeln des Deutschen Dachdeckerhandwerks die Mindestdachneigung bei einer Biberschwanzdeckung?

7. Welche Merkmale einer Dachziegel- bzw. Dachsteindeckung beeinflussen deren Regensicherheit?

8. Welche Kriterien beeinflussen die Wahl der Zusatzmaßnahmen zur Regensicherheit bei Dachziegel- und Dachsteindeckungen?

9. Welche Maßnahmen erhöhen die Regensicherheit einer Dachziegel-/Dachstein-Deckung, werden aber von der Fachregel nicht als regensichernde Zusatzmaßnahmen anerkannt?

10. Welche Maßnahmen bei Dachziegel-/Dachstein-Deckungen werden durch die Fachregel des Deutschen Dachdeckerhandwerks als regensichernde Zusatzmaßnahmen anerkannt?

11. Welche Merkmale besitzt eine Unterspannung und unter welchen Bedingungen ist sie anwendbar?

12. Worin liegt der Unterschied zwischen einer Unterspannung und einer Unterdeckung?

13. Welcher Unterschied besteht zwischen einem regensicheren und einem wasserdichten Unterdach?

14. Welche Regeln gelten für die Verklebung und Nahtverbindung der Bitumen- und Kunststoffbahnen, die bei Unterdächern eingesetzt werden?

15. Welche Regeln sind bei An- und Abschlüssen von Unterdächern einzuhalten?

16. Wie erfolgt je nach Art und Ausführung die Einteilung der Zusatzmaßnahmen Unterspannung, Unterdeckung und Unterdach?

17. Welche Zusatzmaßnahme zur Regensicherheit wird erforderlich, wenn die Regeldachneigung um mehr als 8° unterschritten wird und weitere 2 erhöhte Anforderungen gegeben sind?

18. Welche Zusatzmaßnahmen sind erforderlich, wenn die Regeldachneigung um mehr als 12° unterschritten wird?

8.3 Windsogsicherung

19. Wann gelten Dachziegel und Dachsteine als kleinformatig?

20. Welche Bereiche eines Daches sind besonders windgefährdet?

21. Von welchen Faktoren wird die Größe der Windlasten auf Dachflächen beeinflusst?

22. Welche Einteilung wurde für die Bundesrepublik Deutschland, bezogen auf die Windlasten, vorgenommen?

23. Welche Teilbereiche für die unterschiedliche Verklammerung von Dachziegel-/Dachstein-Deckungen unterscheidet die Fachregel des Deutschen Dachdeckerhandwerks?

24. Wie unterscheiden sich die einzelnen Bereiche eines Daches in Bezug auf die Größe der Windbelastung?

25. Welche Bereiche einer Dachziegel- bzw. Dachsteindeckung sind rund um Durchdringungen bei Dächern besonders zu befestigen? Fertigen Sie dazu eine Skizze an.

26. Wann ist die Lagesicherheit einer Dachziegel-/Dachsteindeckung gewährleistet?

27. Welche Möglichkeiten der Windsogsicherung für Dachziegel-/Dachstein-Deckungen werden unterschieden und von der Fachregel anerkannt?

28. Welche Anforderungen gelten für die Befestigungsmittel, die zur Windsogsicherung zugelassen sind?

29. Welche Dachziegel/-steine müssen generell immer mechanisch befestigt werden?

8.4 Hinterlüftung

30. Erklären Sie den Begriff und die Funktion einer Lüftungsebene bei Steildächern.

31. Weshalb ist bei Steildächern eine Lüftungsebene erforderlich?

32. Auf welche Art und Weise kommt es in diesen Lüftungsebenen zu Luftbewegungen, die eine Feuchteabfuhr erst ermöglichen?

33. Unter welchen Bedingungen ist die Abfuhr von Feuchtigkeit über eine Lüftungsebene eingeschränkt?

34. Auf welche konstruktive Weise wird in der Dachfläche eine gleichbleibende Dicke der Lüftungsebene sichergestellt?

35. Welche Forderungen gelten für die Ausführung der Lüftungsebenen bei Dachflächen mit einer Neigung $\geq 5°$?

36. Wie sollte verfahren werden, wenn die Lüftungsebenen z. B. durch Dachauf- bzw. -einbauten (z. B. Dachflächenfenster) unterbrochen sind?

37. Welche Mindestquerschnitte gelten für die Zu- und Abluftöffnungen bei Dachflächen von Sattel- und Walmdächern mit Neigungen $\geq 5°$?

38. Erklären Sie den Begriff zugehörige Dachfläche in Bezug auf die Lüftungsöffnungen an Traufe und First bei einem Satteldach.

39. Gegeben sei ein beidseitig gleich geneigtes Satteldach mit einer Trauflänge von $l_T = 14{,}00$ m und einer Breite von $b = 9{,}00$ m. Es soll Sparrenlängen von $s = 7{,}00$ m besitzen.

a) Welche Größe haben die erforderlichen Lüftungsquerschnitte an Traufe und First in cm^2 pro m?

b) Welche Größe haben die Gesamtlüftungsquerschnitte pro Traufe bzw. pro First?

c) Die Be- und Entlüftung an Traufe und First soll ausschließlich über Lüfterziegel erfolgen. Wie viele Lüfterziegel wären dann im Trauf- und Firstbereich erforderlich, wenn jeder Lüfterziegel einen Lüfterquerschnitt von 25 cm^2/Stück hätte?

40. Gegeben sei ein ungleich geneigtes Satteldach mit einer Trauflänge von $l_T = 15{,}00$ m und einer Breite von $b = 14{,}00$ m. Es soll Sparrenlängen von $s_1 = 11{,}42$ m und $s_2 = 12{,}90$ m besitzen.

Welche Größe haben die erforderlichen Lüftungsquerschnitte an Traufe und First in cm^2 pro m und welche Mindestdicke ist für die Konterlattung einzuhalten?

41. Welche Faustregeln gelten für die Bestimmung der Mindestlüftungsquerschnitte an Traufe und First von Dachflächen mit Dachneigungen $\geq 5°$?

8.5 Unterkonstruktion

42. Aus welchen Teilen besteht die Unterkonstruktion einer Dachziegel- bzw. Dachsteindeckung?

43. Welche Qualitätskriterien müssen Dachlatten erfüllen, die als Unterkonstruktion einer Dachziegel-/Dachstein-Deckung dienen sollen?

44. Sind bei Dachlatten Wald- oder Baumkanten zulässig und wenn ja, was ist dann bei der Montage als Traglattung zu beachten?

45. Welche Dachlattenquerschnitte sind handelsüblich?

46. Welche Aufgaben übernimmt die Konterlattung bei einer Steildachdeckung mit Dachziegeln/Dachsteinen?

47. Welche Mindestdicken werden für Konterlatten in Abhängigkeit der Sparrenlängen empfohlen, um für eine ausreichend dicke Lüftungsebene zu sorgen?

48. Welche Regeln gelten für die Befestigung von Konterlatten direkt auf den Sparren oder auf einer Schalung?

49. Welche Regeln gelten für die Befestigung von Konterlatten bei Aufsparrendämmsystemen?

50. Von welchen Kriterien kann die Wahl des Traglattenquerschnittes einer Dachziegel-/Dachstein-Deckung abhängen?

51. Unter welchen Umständen sind Dachlatten mit dem Querschnitt 24/48mm noch für Dachziegel-/Dachstein-Deckungen zulässig?

52. Welche Traglattenquerschnitte werden für DZ-/DS-Deckungen ohne rechnerischen Nachweis empfohlen, in Abhängigkeit von Konterlattenabstand und Sortierklasse nach DIN 4074-1?

53. Wie werden die Dachlatten zur Erkennung der Sortierung vom Hersteller gekennzeichnet?

54. Welche Regeln gelten für die Befestigung der Traglatten auf den Konterlatten?

55. Welche Einschlagtiefen sind bei der Befestigung der Traglatten in Abhängigkeit der verwendeten Rillennagelgrößen zu wählen?

56. Welche Maßnahmen zur Befestigung von Traglatten werden für Lattenstöße empfohlen?

8.6 Werkzeuge, Bearbeitungsmaschinen und Hilfsmittel

57. Welche Hilfsmittel verwendet der Dachdecker zur Bearbeitung von Dachziegeln bzw. Dachsteinen?

58. Welche Hilfsmittel sind zur Einteilung der Dachfläche erforderlich?

59. Beschreiben Sie Funktion und Umgang mit einem Schlagschnurgerät (Schlagschnur) bei der Einteilung einer Dachfläche.

60. Worauf ist beim Umgang mit Schrägaufzügen zum Transport von Dachziegeln/Dachsteinen auf die Dachfläche besonders zu achten?

8.7 Deckung mit Dachziegeln

61. Welche Merkmale einer Dachziegel- bzw. Dachsteindeckungsart sollten berücksichtigt werden, bevor man ein Dach mit dieser Deckungsart eindeckt?

62. Welche Arten von Falzziegeln unterscheidet die Fachregel des Deutschen Dachdeckerhandwerks? Geben Sie jeweils Beispiele dafür an.

63. In welcher Größenordnung liegt der durchschnittliche Dachziegelbedarf in Stück pro m^2 Dachfläche bei den Falzziegeln (Normalformat)?

64. Worin liegt der Unterschied zwischen einer Dacheindeckung mit Strangfalzziegeln und einer Biberschwanz-Einfachdeckung?

65. Welche Vorarbeit ist vor der Einteilung der Dachfläche erforderlich, bevor man sie mit einer Dachdeckung aus quer- und längsverfalzten Dachziegeln eindecken kann?

66. Welche unterschiedlichen Deckungsarten werden bei den Hohlpfannen unterschieden und worin liegen die Unterschiede?

67. Beschreiben Sie die Merkmale und die Verlegung der Dachziegel bei der Mönch- und Nonnendeckung.

68. Welche Biberschwanzdeckungen werden unterschieden und welche Größe haben die Regeldachneigungen?

69. Worin liegen die Unterschiede zwischen der Biber-Doppel- und der Biber-Kronendeckung?

70. Wie wird der Ziegelbedarf pro m^2 bei der Biberschwanz-Doppeldeckung berechnet?

71. Welche Standardformate sind für Biberschwanzziegel im Handel?

72. Wie viele Biberschwanzziegel vom Format B werden pro m^2 Dachfläche bei der Biber-Doppel- und bei der Biber-Kronendeckung benötigt?

Welche Lattweiten sind dafür erforderlich?

8.8 Deckung mit Dachsteinen

73. Welche Merkmale der Dachsteine beeinflussen die Regensicherheit einer Dachstein-Deckung?

74. Welche unterschiedlichen Dachsteine mit Seitenverfalzung werden vom Handel angeboten und wie groß ist die Regeldachneigung der entsprechenden Deckung?

75. Welche Standardformate für Dachsteine sind üblich?

76. Welche Aussagen lassen sich über die Höhen- und Seitenüberdeckungen von Dachsteindeckungen machen?

77. Wie erfolgt die Verlegung der Dachsteine auf dem Dach?

78. Welcher Dachsteinbedarf pro m^2 Dachfläche und welcher Lattabstand kann sich bei den unterschiedlichen Standardformaten von Dachsteinen ergeben?

79. Welche Deckungsarten und Abmessungen werden bei ebenen Dachsteinen ohne Verfalzung unterschieden?

8.9 Dachdetails bei Deckungen mit Dachziegeln und Dachsteinen

80. Wie kann die Traufe eines Daches mit Dachziegel- oder Dachsteindeckung ausgeführt werden und wovon kann diese Art der Ausführung abhängen?

81. Welcher Dachüberstand der Dachziegel/Dachsteine über die Traufkante soll eingehalten werden?

82. Wovon hängt die Erfordernis eines Einlaufbleches bei der Traufausbildung einer DZ-/DS-Deckung ab?

83. Skizzieren Sie den Traufpunkt einer Biberschwanz-Doppeldeckung mit hochhängender Rinne mit allen Bezeichnungen.

84. Durch welche Maßnahme lässt sich konstruktiv sicherstellen, dass die Traufreihe bei DZ-/DS-Deckungen dieselbe Neigung besitzt, wie die nachfolgenden Reihen?

85. Wie kann der Anschluss der Lüftungsebene an der Traufe bei DZ-/DS-Deckungen erfolgen?

86. Wie erfolgt die Eindeckung der Traufe bei Biberschwanzziegel-Deckungen?

87. Wie kann die Eindeckung des Firstes bei DZ-/DS-Deckungen ausgeführt werden?

88. Wie kann der Anschluss der Lüftungsebene am First bei DZ-/DS-Deckungen erfolgen?

89. Welche zusätzlichen Maßnahmen sind bei der Ausführung eines Mörtelfirstes im Vergleich zum Trockenfirst erforderlich?

90. Welche Ausführungen gibt es bei den Firstziegeln/-steinen von DZ-/DS-Deckungen und welche Regeln gelten für deren Eindeckung?

91. Wie werden Firstziegel/Firststeine bei DZ-/DS-Deckungen befestigt?

92. Wie erfolgt die Firstausbildung bei den Biberschwanzdeckungen?

93. Welche Möglichkeiten gibt es, die Ortgangkanten bei Dachziegel-/Dachsteindeckungen auszubilden?

94. Welche Regeln zur Ausführung der Ortgangeindeckung bei DZ-/DS-Deckungen gibt es?

95. Wie sind die Ortgangziegel/-steine bei DZ-/DS-Deckungen zu befestigen?

96. Um welches Maß müssen an den Ortgängen eingedeckte Ziegel die Giebelkante überragen?

97. Welche Maße und Abmessungen sind bei der Ausführung von Ortgangeindeckungen bei DZ-/DS-Deckungen ansonsten noch einzuhalten?

98. Welche Möglichkeiten der Ortgangausbildung werden bei Biberschwanzdeckungen unterschieden?

99. Skizzieren Sie ein Schnittbild durch die Ortgangausführung mit Ortgangbibern bei einer Biberschwanz-Doppeldeckung mit allen Bezeichnungen.

8.10 Dacheinteilung bei Deckungen mit Dachziegeln und Dachsteinen

100. Welche Punkte müssen bei der Einteilung von Dachflächen für eine Dachziegel- bzw. Dachsteindeckung berücksichtigt werden?

101. Was versteht man unter der Einteilung der Decklänge bei Dachflächen und wie ist dabei vorzugehen?

102. Welche Punkte beeinflussen den Traglattenabstand bei DZ-/DS-Deckungen?

103. Wovon hängt der Abstand der obersten Traglatte bei DZ-/DS-Deckungen ab?

104. Wie erfolgt die Ermittlung der Decklänge bei Dachziegeln, bei denen die Höhenüberdeckung unabhängig von der Dachneigung durch die Verfalzung vorgegeben ist?

105. Welcher Punkt ist bezüglich der Dacheinteilung zu berücksichtigen, wenn bei einer Dachumdeckung noch zusätzliche Schichten, wie z. B. eine Schalung, eine Aufsparrendämmung oder eine dickere Konterlattung eingebaut werden?

106. Im Zuge einer Dachsanierung soll ein Dach mit neuen Flachdachziegeln eingedeckt werden. Auf die vorhandenen Sparren soll eine Aufsparrendämmung mit einer neuen Konterlattung und neuen Traglatten montiert werden.

Berechnen Sie die Anzahl der Ziegelreihen und die erforderlichen Traglattenabstände. Verwenden Sie zur Dacheinteilung die folgenden Angaben:

Sparrenlänge:	$s = 7{,}86$ m,
Dachneigung:	$\alpha = 38°$,
Aufsparrendämmung:	$d = 140$ mm,
Konterlattung:	40/80 mm,
Traglattung:	30/50 mm,
Falzziegel Flachdachpfanne:	Lattweite (Decklänge nach Hersteller) zwischen 34,2 und 35,5 cm
Decklänge Traufe (DLT):	34,0 cm,
Lattabstand zum Firstscheitelpunkt (LAF):	3,5 cm

Die letzte Ziegelreihe unter dem First soll mit Firstanschlussziegeln ausgeführt werden, die aber dasselbe Lattmaß wie die Normalziegel haben.

107. Im Zuge einer Dachsanierung soll ein Dach mit einer neuen Dachsteindeckung mit profilierten Dachsteinen eingedeckt werden. Auf die vorhandenen Sparren wird eine Nut- und Federschalung mit einer neuen Konterlattung und neuen Traglatten aufgebracht.

Berechnen Sie die Anzahl der Dachsteinreihen und die erforderlichen Traglattenabstände. Verwenden Sie zur Dacheinteilung die folgenden Angaben:

Sparrenlänge:	s = 7,64 m,
Dachneigung:	α = 32°,
Unterkonstruktion:	Schalung d = 24 mm,
Konterlattung:	30/50 mm,
Traglattung:	30/50 mm,
Profilierter Dachstein:	Größe: ca. 33 × 42 cm,
Lattweite (Decklänge):	zwischen 31,2 und 34,5 cm
variable Höhenüberdeckung:	7,5 bis 10,8 cm,
HÜ bei DN 32°:	≥ 7,5 cm
Decklänge Traufe (DLT):	34,0 cm,
Lattabstand zum Firstscheitelpunkt (LAF):	4 cm

Die letzte Dachsteinreihe unter dem First soll mit Normalsteinen eingedeckt werden, so dass kein Abzug der Decklänge am First erforderlich ist.

108. Welche Punkte sind bei der Einteilung einer Dachfläche für eine DZ-/DS-Deckung in Traufrichtung zu berücksichtigen?

109. Das Satteldach eines Einfamilienhauses soll im Zuge einer Dachsanierung eine Neueindeckung mit Doppelmuldenfalzziegeln erhalten. Die neue Traglattung wurde bereits montiert, aber die Dachüberstände an den Ortgangkanten sind noch variabel. Die Deckbreiten der Dachziegel sind den Abbildungen zu entnehmen.

Berechnen Sie die Anzahl der vertikalen Dachziegelreihen und die Konstruktionsbreite (KB) so, dass der Dachüberstand (DÜ) der Unterkonstruktion mindestens 15 cm beträgt. Verwenden Sie zur Dacheinteilung die folgenden Angaben:

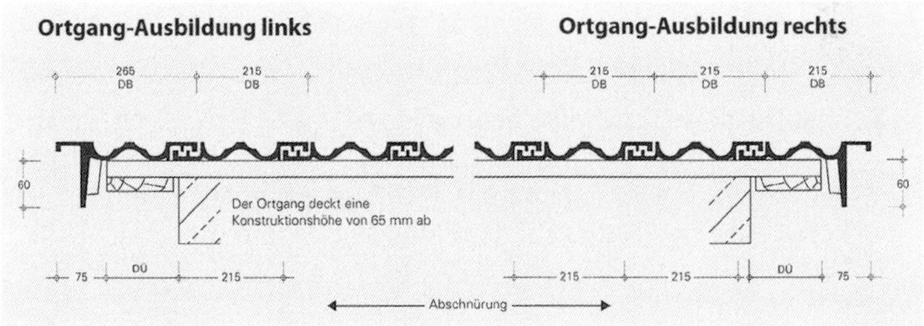

Außenmaß Mauerwerk:	l = 14,36 m
Dachüberstand (DÜ):	beiderseits ca. 15 cm bis zur Außenkante der Unterkonstruktion
Dacheindeckung:	Doppelmuldenfalzziegel, mittlere Deckbreite DB = 215 mm, OL = 265 mm, OR = 215 mm (Herstellerangaben)

110. Welche Punkte sind nacheinander bei der Dacheinteilung einer Biberschwanzdeckung in Sparrenrichtung abzuarbeiten?

111. Weshalb muss bei Biberschwanzdeckungen die Einteilung der Dachfläche in Richtung der Traufe nicht gesondert geplant werden?

112. Welches Vorgehen empfiehlt sich, wenn in einer Biberschwanzreihe geschnittene Ziegel eingedeckt werden müssen?

113. Für ein gleich geneigtes Satteldach mit gegebener Konterlattenlänge soll die Dacheinteilung für eine Biberschwanzdoppeldeckung durchgeführt werden.

Berechnen Sie die erforderlichen Traglattenabstände und die Anzahl der Ziegelreihen (Traglattenabstände).

Verwenden Sie zur Dacheinteilung die folgenden Angaben:

Konterlattenlänge:	GDL = 6,52 m
Dachneigung:	$\alpha = 38°$
Dachziegel:	Doppeldeckung Biber Format B, Größe: ca. 18 × 38 cm,
HÜ bei DN ≥ 35° bis 40°:	≥ 8,0 cm,
Verwendung von Trauf- und Firstanschlussziegeln mit 26 cm Länge, Länge der Einhängenasen:	ca. 4 cm,
Rinnenüberstand:	5 cm,
Lattabstand zum Firstscheitelpunkt (LAF):	7,5 cm

114. Welcher Bedarf an Biberschwanzziegeln pro m² Dachfläche ergibt sich bei einer Eindeckung in Kronendeckung im Format B, wenn die Dachfläche eine Dachneigung von 48° besitzt? Wie groß ist zusätzlich der Bedarf an Traglatten in m pro m²

115. Welcher Bedarf an Biberschwanzziegeln pro m² Dachfläche ergibt sich bei einer Eindeckung in Doppeldeckung im Format A, wenn die Dachfläche eine Dachneigung von 32° besitzt? Wie groß ist zusätzlich der Bedarf an Traglatten in m pro m²?

116. Eine Dachfläche hat eine Sparrenlänge von 6,80 m. Nach Herstellerangaben beträgt die mittlere Lattweite 22,50 cm. Das Firstlattenmaß wurde mit 10 cm und das Trauflattenmaß mit 24 cm festgelegt. Berechnen Sie die Anzahl der Lattabstände und die tatsächliche Lattweite.

Lernfeld 9 Dächer mit Schiefer, Faserzement-Dachplatten und Schindeln decken

Schiefer

1. Welche Bedeutung hat heute der Schwefelkies im Schiefer?

2. Führen Sie 4 Schieferdachdeckungsarten (mit Regeldachneigungen) an.

3. Nennen Sie mindestens 3 Werkzeuge und Geräte zum Zurichten des Schiefers.

4. Führen Sie mindestens 3 mögliche Deckunterlagen für Schiefer- oder Faserzementdeckungen an.

5. Nennen Sie mindestens 3 Anforderungen an Schalbretter für Schiefer.

6. Warum wird vor einer Eindeckung eine Vordeckung aufgebracht?

7. Erklären Sie die Sortierung der Decksteingrößen bei der Altdeutschen Deckung.

8. Wie groß sind die jeweiligen Höhen- und Seitenüberdeckungen sowie die Rückenwinkel (RW) und Brustwinkel (BW) beim normalen und beim scharfen Hieb.

9. Zeichnen Sie im Maßstab M 1 : 3 einen rechten Deckstein der Steinhöhe 30 cm im normalen Hieb.

10. Unterscheiden Sie Schieferstifte und Schiefernägel.

11. Wie richtet man als Rechtshänder einen rechten Deckstein zu?

12. Was versteht man bei der Altdeutschen Deckung unter „übersetzen"?

13. Ermitteln Sie die Mindestgebindesteigungen für die Dachneigungen 29°, 38° und 54°.

14. Was versteht man unter einer Altdeutschen Doppeldeckung?

15. Skizzieren Sie jeweils ein Deckbild:
a) Spitzwinkeldeckung und
b) Linksdeckung mit Schieferschuppen.

16. Beschreiben Sie einen Gebindestein und seine Funktionen.

17. Führen Sie wichtige Details der Firstausbildung mit Schiefer an.

18. Fußeinteilungen an der Gaube

Kunde Müller möchte seine neue Schleppgaube mit DN= 38° und 2,20 m Trauflänge in Altdeutscher Deckung eindecken lassen.

Zeichnen Sie eine Schieferfußeinteilung, z. B. im Maßstab M 1:10, mit Kopflinien (→ gepunktet) und Gebindelinien (→ Vollstrich), Anfangsfußstein, Fußgebindesteinen und Gebindesteinen.

Faserzementplatten

19. Um wie viel Grad darf die Regeldachneigung bei Dachdeckungen mit Faserzement unterschritten werden?

20. Wie dick muss der Holzwerkstoff für die Deckunterlage bei einem lichten Sparrenabstand von 56 cm sein?

21. Nennen Sie mindestens 3 Deckungsarten mit Faserzementplatten.

22. Wie viel beträgt die Regeldachneigung für die Deutsche Deckung?

23. Wovon ist die Gebindesteigung bei der Deutschen Deckung abhängig?

24. Wie sind die Faserzementplatten bei der Deutschen Deckung zu befestigen?

Deutsche Deckung

25. Wie groß ist die Seitenüberdeckung bei einem Traufgebinde, das parallel zur Traufe gedeckt ist?

26. Mit wie vielen Schieferstiften sind Platten an der Traufe zu befestigen?

27. Wie sollen bei der Deutschen Deckung Orte gedeckt werden?

28. Mit wie viel Überstand werden die Orte gedeckt?

29. Mit wie vielen Schieferstiften sind Ortplatten zu befestigen?

30. Wie hoch ist die Seitenüberdeckung bei dem Plattenformat 30 × 30 cm?

31. Wovon ist die Höhenüberdeckung abhängig?

32. Um wie viel muss das Firstgebinde die Flächendeckung mindestens überdecken?

33. Wie ist der Überstand am First bei einem Satteldach auszuführen?

Doppeldeckung

34. Wie groß muss die Stoßfuge bei der Doppeldeckung sein?

35. Mit wie vielen Schieferstiften sind Plattenformate 20 × 40 cm zu befestigen?

36. Welche Platten müssen an der Traufe zusätzlich gedeckt werden?

37. Wie berechnet sich die Höhe der Ansetzer?

38. Worauf ist beim Decken der Ansetzer zu achten?

39. Wie breit muss eine Platte an den Ortgängen mindestens sein?

40. Wie viel Seitenüberdeckung muss bei der Einfachdeckung der Firstplatten berücksichtigt werden?

41. Wie hoch müssen die Ausspitzerplatten mindestens sein?

Faserzement-Wellplatten

42. Welche Plattenformate kommen häufig zum Einsatz?

43. Wie breit ist eine Standardplatte mit 5 Wellen?

44. Welche zusätzlichen Maßnahmen werden erforderlich, wenn die Regeldachneigung um 2° unterschritten wird?

45. Wie viel mm beträgt die Höhenüberdeckung bei Standardwellplatten?

46. Wie groß muss die Auflagebreite einer Holzpfette bei der Unterkonstruktion mindestens sein?

47. Wo werden Wellplatten grundsätzlich befestigt?

48. Wie tief muss eine Holzschraube beim Befestigen einer Standardwellplatte mindestens ins Holz eindringen?

49. Auf welchen Wellenbergen werden die Standardwellplatten Profil 5 befestigt?

50. Wie viel mm Durchmesser muss die Bohrung für Holzschrauben haben?

51. Was muss bei der Deckbreiteneinteilung außer der Deckbreite berücksichtigt werden?

52. Worauf ist beim Verlegen der Wellplatten im Eckenschnittbereich zu achten?

53. Wie viel muss die Schenkellänge bei Traufenfußstücken mindestens betragen?

54. Wie viel Abstand zur Wand muss der senkrechte Schenkel der Formstücke am Ort mindestens haben?

55. Welche Länge haben die Faserzement-Kurzwellplatten?

56. Wie groß ist die Höhenüberdeckung bei den Kurzwellplatten?

Holzschindeln

57. Wovon hängt die Haltbarkeit einer Holzschindeldeckung ab?

58. Nennen Sie mindestens 3 gebräuchliche Holzarten für die Herstellung von Holzschindeln.

59. Welche Anforderungen werden an Nägel zur Befestigung von Holzschindeln gestellt?

60. Welche Anforderungen werden an Klammern zur Befestigung von Holzschindeln gestellt?

61. Wovon ist die Breite der bei der Eindeckung einzuhaltenden Fuge abhängig?

62. Wie wird bei Holzschindeln der Bedarf (Bestellmenge) angegeben und wovon ist der Bedarf abhängig?

63. Nennen Sie eine geeignete Maßnahme zur Pflege und Wartung eines Holzschindeldaches, wenn sich auf und zwischen den Schindeln Moos bildet.

64. Nennen Sie mindestens 3 mögliche Ortausbildungen bei Holzschindeldeckungen.

65. Was ist beim Eindecken einer Holzschindeldeckung mit unterschiedlich breiten Schindeln bzgl. der Breiteneinteilung zu beachten?

66. Worauf ist grundsätzlich bei Schindeldeckungen (wie auch bei anderen Deckungen, z. B. Ziegeldeckungen) bei der Eindeckung der 1. Reihe an der Traufe zu achten?

67. Wonach richtet sich die Deckrichtung des Firstes?

68. Beschreiben Sie kurz wie die Einteilung der Sparren bei der Eindeckung der Holzschindeln erfolgt, falls aus optischen Gründen kein gleichmäßiger Reihenabstand gewünscht ist.

Bitumenschindeln

69. Welche 2 Arten von Bitumenschindeln sind Ihnen bzgl. der Regensicherheit bekannt?

70. Ist bei Bitumenschindeldeckungen eine Unterschreitung der Regeldachneigung um mehr als 10° zulässig?

71. Beschreiben Sie, was bei der Befestigung von Bitumenschindeln bzgl. der Position und der Anzahl der Befestigungsmittel zu beachten ist.

72. Welche Abmessungen sind bei Deckunterlagen aus Vollholz bei Bitumenschindeldeckungen zu beachten?

73. Was ist bei der Verlegung der Vordeckung unter einer Bitumenschindeldeckung zu beachten?

74. Nennen Sie Beispiele für die Gestaltung der Oberfläche von Bitumenschindeln.

75. Nennen Sie die gängigsten Formen der Bitumenschindelschürzen.

76. Was ist bei der Eindeckung der Traufe bei Bitumenschindeln zu beachten?

77. Welche Möglichkeiten bestehen generell, um bei Bitumenschindeldeckungen den First auszubilden?

78. Worauf muss beim Eindecken der Orte bzgl. der Schindelbreiten und der Schürzenbreiten geachtet werden?

79. Was ist bei der Ortausbildung mit Bitumenschindeln und untergelegten Blechen an der äußeren Kante zu beachten?

80. Wie groß ist der Schnürabstand (Halbverband) bei der Quereinteilung, wenn die Schürzenbreite 240 mm und die Fugenbreite 10 mm betragen?

Lernfeld 10 Dachflächen abdichten

1. Durch welche Faktoren wird die Funktionsfähigkeit der Dachabdichtung beeinflusst?
2. Benennen Sie die verschiedenen Flachdachkonstruktionen?
3. Welche Materialien werden für Dachabdichtungen verwendet?
4. Wann ist eine Haftbrücke aufzubringen und welche Stoffe sind dafür geeignet?
5. Was versteht man unter einer Trenn- und Ausgleichsschicht?
6. Welche Aufgaben erfüllt die Wärmedämmschicht?
7. Welche Faktoren beeinflussen die Formbeständigkeit von Wärmedämmstoffen und welche Maßnahmen sind diesbezüglich zu ergreifen?
8. Welche Auswahlkriterien für Wärmedämmstoffe werden unterschieden?
9. Welche Sicherungsmaßnahmen werden bei Dächern mit Abdichtungen unterschieden?
10. In welcher Art und Weise werden Maßnahmen gegen horizontale Kräfte ausgeführt?
11. Bei welchen Dachaufbauten sind Maßnahmen zur Aufnahme horizontaler Kräfte notwendig?
12. Nennen Sie wesentliche Eigenschaften on Bitumen!
13. Was bedeutet DO/E1 PYE-PV 200 S5?
14. Welche Vorteile besitzen Kunststoffdichtungsbahnen im Gegensatz zu Bitumenbahnen?
15. Welche Fügetechniken für plastomere Kunststoffdichtungsbahnen kennen Sie?

2. Übungsaufgaben zur Vorbereitung auf die Zwischenprüfung

Zeitdauer: insgesamt 120 Minuten

Projektbeschreibung

Das Dach des unten zu sehenden Gebäudes soll neu eingedeckt und der angebaute Gebäudeteil mit Flachdach neu abgedichtet werden.

Der Gebäudeteil 1 ist 3,20 m hoch und besitzt ein Flachdach. Die hintere Traufe ist um 1,50 m länger als die vordere. Der Flachdachanbau ist 80 cm nach hinten versetzt.

Der Gebäudeteil 2 hat unterschiedliche Traufhöhen und unterschiedliche Dachneigungen. Der First liegt von vorne gesehen 4,30 m von der rechten Dachkante entfernt.

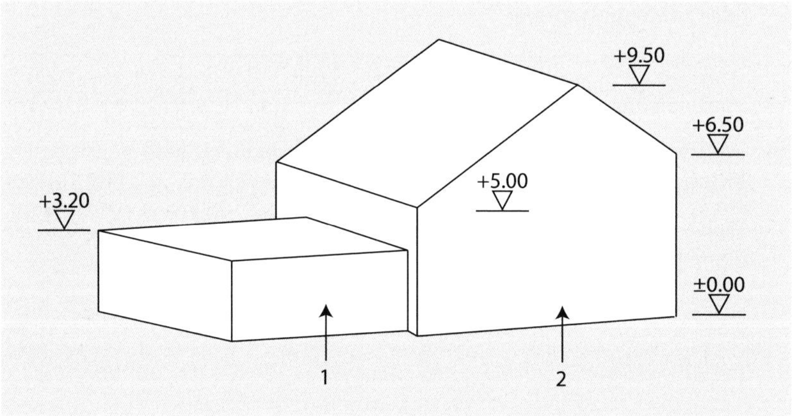

Die folgenden Aufgaben beziehen sich auf das Gebäudeteil 2 (Steildach)

Beantworten und bearbeiten Sie die folgenden Aufgaben:

1. Ergänzen Sie die Dreitafelprojektion (Draufsicht, die fehlende Vorder- und die Seitenansicht von links) und ergänzen Sie die fehlenden Maße.
2. Berechnen Sie die Dachneigung, die Sparrenlänge und die Fläche der rechten Dachseite.
3. Die linke Dachseite soll für eine Biberschwanzziegeldoppeldeckung im Format B eingeteilt werden. Berechnen Sie die erforderlichen Lattenabstände mit Hilfe von folgenden Angaben:

Länge der Konterlatten:	8,40 m
Dachneigung:	32°, LAF = 75 mm,
Traufplattenlänge:	26 cm,
Überstand in die Rinne:	5 cm,
Nasenlänge der Ziegel:	4 cm

4. Berechnen Sie für die linke Dachfläche den Gesamtbedarf an Normalbiberschwanzziegeln bei einer max. Decklänge von 14,5 cm und einem Zuschlag für Bruch/Verschnitt von 5%. Rechnen Sie mit einer Dachfläche von 117 m^2.

5. Wie viele Traufplatten werden für beide Dachseiten benötigt bei einem Zuschlag für Bruch und Verschnitt von 3 %?

6. Nennen Sie jeweils 3 Merkmale einer Kronen- und einer Doppeldeckung mit Biberschwanzziegeln.

7. Nennen Sie Doppeldeckungen, die sich mit anderen Materialien decken lassen. Welches Merkmal haben diese Doppeldeckungen dann alle gemeinsam?

8. Die Deckung soll belüftet ausgeführt werden. Wie groß muss dann der freie Lüftungsquerschnitt an der Traufe und am First mindestens sein?

Die folgenden Aufgaben beziehen sich auf das Gebäudeteil 1 (Flachdach)

9. Berechnen Sie die Dachfläche und die Länge der Attika für das Flachdach.

10. Wie viele Rollen Abdichtungsbahnen werden für die Flächenabdichtung pro Lage benötigt. Rollenabmessung 1,00 m/5,00 m, Überdeckung nach Herstellerangabe 10cm. Zuschlag für Verschnitt 6%.

11. Geben Sie an, wie viele Rollen Abdichtungsbahnen für die Attika pro Lage benötigt werden. Rollenabmessung 1,00 m/5,00 m, Überdeckung nach Herstellerangabe 10 cm, Länge der Randstreifen 75 cm. Kein Zuschlag erforderlich.

12. Welche Bedeutung hat die folgende Bezeichnung, die auf der Umverpackung einer Abdichtungsbahn zu finden ist:

DO/E1 PYE KTP 300 S5

13. Skizzieren Sie einen unbelüfteten Flachdachaufbau mit Bekiesung auf einer Betondecke. Die Abdichtungslage befindet sich oberhalb der Dämmschicht. Benennen Sie alle Schichten.

14. Stellen Sie mit Hilfe einer Skizze dar, wie der fachgerechte Übergang zwischen der Flächenabdichtung und den Randstreifen bei aufgehenden Bauteilen ausgebildet wird. Es wird eine zweilagige Abdichtung mit Bitumenbahnenabdichtung vorgesehen (Eckausbildung mit Dämmkeil)

15. Geben Sie die erforderlichen Anschlusshöhen für die Attika und den Wandanschluss an (4 Fälle). Beschreiben Sie genau, wie die Höhe jeweils gemessen wird.

3. Aufgaben zu den Lernfeldern des 3. Ausbildungsjahres

Lernfeld 11 Außenwandflächen bekleiden

1. Berechnen Sie für die rechts dargestellte Fassade folgende Materialien:
   a) Berechnen Sie die m^3 Holz der Schalung bei 6% Verschnitt.
   b) Berechnen Sie die Stückzahl/m^2 an Bogenschnittschablonen 20 × 20, die HÜ ist 4 cm.
   c) Berechnen Sie die Gesamtstückzahl an Bogenschnittschablonen 20 × 20 bei 8% für Bruch und Verschnitt

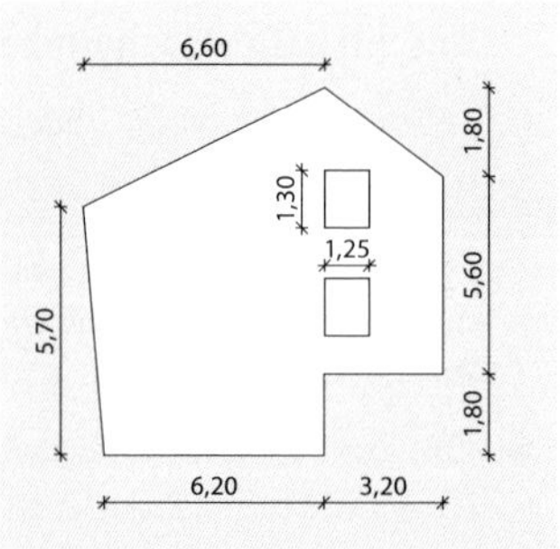

2. Berechnen Sie für die rechts dargestellte Fassade folgende Materialien:
   a) Berechnen Sie die lfd. m Traglattung für eine Rechteckdoppeldeckung, Format 20 × 40, Verklammerung bei 4 % für Verschnitt.
   b) Berechnen Sie die Gesamtstückzahl an Faserzementdachplatten (FZP) 20 × 40 bei 6 % für Bruch und Verschnitt.

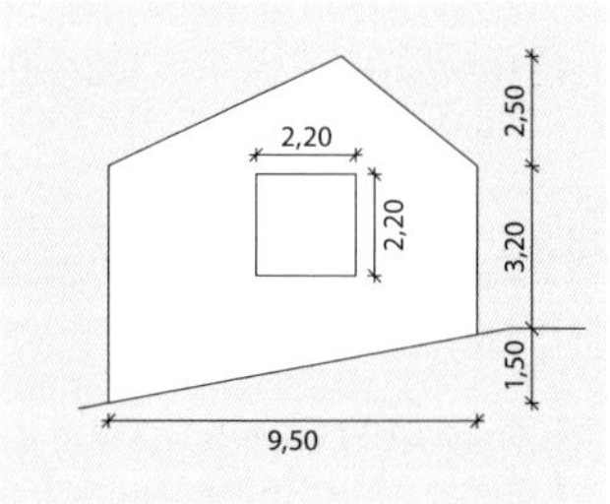

3. Berechnen Sie für die rechts dargestellte Fassade folgende Materialien:
   a) Berechnen Sie die lfd. m Konterlattung bei 1,73 lfd m/m^2.
   b) Berechnen Sie die lfd.m Traglattung für Bogenschnittschablonen 20 × 20 bei einer HÜ von 5 cm.
   c) Berechnen Sie die Anzahl an Bunde Lattung, wenn ein Bund 10 Latten à 4,00 m enthält.
   d) Wie viel Prozent wurde mehr bestellt ?

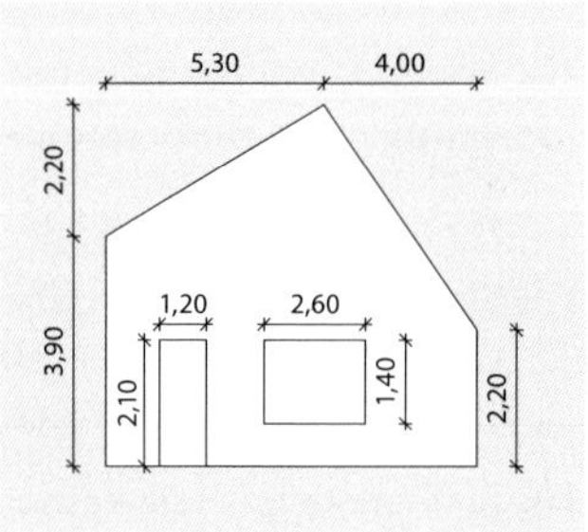

4. Skizzieren und beschriften Sie einen vertikalen Schnitt durch eine wärmegedämmte und hinterlüftete Außenwandbekleidung.

5. Erläutern sie die Aufgaben bzw. Funktionen der einzelnen Schichten einer wärmegedämmten und hinterlüfteten Außenwand.

6. Beschreiben Sie vier verschiedene Deckungsarten für Außenwandbekleidungen und geben Sie mindestens zwei Plattengrößen an.

7. Erläutern Sie die Schnürbilder für folgende Deckungsarten:
a) Rechteckdoppeldeckung
b) Wabendeckung
c) Deutsche Deckung mit Bogenschnitt
d) Waagerechte Deckung

8. Wie groß muss die Hinterlüftung mindestens gewählt werden?

Begründen Sie Ihre Aussage!

9. Was ist beim Einbau von Holz als Unterkonstruktion zu beachten?

Lernfeld 12 Geneigte Dächer mit Metallen decken

1. Nennen Sie 6 Metalle die bei einer Dacheindeckung verwendet werden können.
2. Erläutern Sie den Begriff „Legierung" in Bezug auf Zink.
3. Nennen Sie 4 Eigenschaften des Werkstoffs Blei.
4. Beschreiben Sie den Begriff Patina bei Titanzink.
5. Zählen Sie mindestens 6 Handwerkzeuge für die Falztechnik auf.
6. Welche Maschinen können in der Falztechnik eingesetzt werden?
7. Nennen Sie 2 Arten der Unterkonstruktion.
8. Wie sind Be- und Entlüftungsöffnungen anzuordnen?
9. Worauf ist besonders bei der nicht belüfteten Konstruktion zu achten?
10. Welcher Werkstoff kommt üblicherweise als Unterkonstruktion zum Einsatz bei Metalldächern und Metallfassaden?
11. Nennen Sie 3 Anforderungen an die Unterkonstruktion aus Holzschalung.
12. Wie ist die Schalung auf einer Dachfläche anzuordnen, um eine Befestigung der Scharen mit Haften zu gewährleisten?
13. Was müssen Sie bei der Verlegung von Holzwerkstoffen beachten?
14. Nennen Sie 4 Werkstoffe für Holzwerkstoffplatten.
15. Welche Aufgaben haben Trennlagen?
16. Welche Werkstoffe können als Trennschichten zum Einsatz kommen?
17. Was verstehen Sie unter dem Begriff Verwahrung?
18. Welche Anschlüsse werden bei Dacheindeckungen mit Metallblechen unterschieden?
19. Nennen Sie die Anschlusshöhen von Verwahrungen in Bezug auf die Dachneigung.
20. Unterscheiden Sie traufseitige, seitliche und firstseitige Anschlüsse.
21. Wie werden seitliche Anschlüsse unterschieden?
22. Skizzieren und bemaßen Sie einen seitlichen vertieften Anschluss.
23. Beschreiben Sie, wie aufliegende Anschlüsse dachseitig enden.
24. Erläutern Sie die Ausführung eines 1,20 m langen firstseitigen Anschlusses.
25. Unterscheiden Sie Dachrandabschlüsse und Abdeckungen.
26. Welchen Abstand sollen Tropfkanten zum Bauwerk haben?
27. Beschreiben Sie die Montage von Dachrandabschlüssen.

28. Wie werden Abdeckungen unterschieden?

29. Worauf müssen Sie bei der Montage von Dachrandabschlüssen und Abdeckungen achten?

30. Zeichnen und bemaßen Sie einen Ortgangabschluss bei einer Gebäudehöhe von 10 m.

31. Skizzieren Sie eine Mauerabdeckung in selbsttragender und nicht selbsttragender Ausführung.

32. Welche Aufgaben haben Traufbleche?

33. Wann sind Rinneneinhangbleche erforderlich?

34. Beschreiben Sie die Befestigung der Traufbleche in Bezug auf Windsogkräfte.

35. Unterscheiden Sie Rinneneinlaufbleche und Tropfbleche.

36. Zählen Sie 5 Faktoren auf, die für die Ermittlung der Zuschnittbreite relevant sind.

37. Beschreiben Sie die Firstausbildung bei Deckungen.

38. Wonach richtet sich die Ausführung der Kehlen bei Deckungen?

39. Nennen Sie die Überdeckungen der Kehlbleche in Abhängigkeit der Kehlneigung.

40. Skizzieren Sie 4 Ausführungsvarianten für Kehlbleche.

41. Welche Zuschnittbreite sollte ein Kehlblech mindestens aufweisen?

42. Berechnen Sie die Längenausdehnung einer 15 m langen Metallblende aus 0,7 mm dicken Titanzink. Die Einbautemperatur beträgt 18 °C.

43. Wie können Bewegungsausgleicher hergestellt werden?

44. Unterscheiden Sie 2 Befestigungsarten.

45. Wie werden Metallanschlüsse an aufgehende Bauteile ausgeführt?

46. Was ist bei einem Metallanschluss bei einem Vorsatzmauerwerk zu beachten?

47. In welchen Abständen werden Kappleisten und Wandanschlussschienen befestigt?

48. Nennen Sie eine Möglichkeit, um auf eine Kappleiste oder Wandanschlussschiene verzichten zu können.

49. Zeichnen Sie einen seitlichen Anschluss bei einer Stehfalzdeckung an ein aufgehendes Bauteil.

50. Unterscheiden Sie selbsttragende und nicht selbsttragende Deckungsarten.

51. Beschreiben Sie nicht selbsttragende Metalldeckungen.

52. Ab welcher Dachneigung können eine Winkelstehfalzdeckung, Doppelstehfalzdeckung, Deutsche Leistendeckung und ein rollnahtgeschweißtes Edelstahldach ausgeführt werden?

53. Nennen Sie die Richtwerte der Scharenlängen für Aluminium, Titanzink, Kupfer, Edelstahl und verzinkten Stahl.

54. Skizzieren Sie eine Einfachstehfalz, Winkelstehfalz und Doppelstehfalz.

55. Beschreiben Sie das System der Stehfalzdeckung.

56. Skizzieren Sie die Querdehnung in einer Stehfalzdeckung.

57. Nennen Sie 4 Querfalzausführungen mit der dazugehörigen Dachneigung.

58. Ist die Dachtiefe größer als die zulässige Scharenlänge, sind Maßnahmen zu treffen, um die Bewegungsaufnahme der Scharen zu gewährleisten. Nennen und zeichnen Sie für folgende Dachneigungen Ausführungsbeispiele: $\geq 25°$, $\geq 10°$ und $\geq 7°$

59. Skizzieren Sie einen runden Traufanschluss bei einer Stehfalzdeckung mit Unterkonstruktion.

60. Skizzieren Sie 3 Ausführungsvarianten für die Ausbildung des Stehfalzes an der Traufkante.

61. Welchen Mindestabstand sollten Sie einhalten, wenn Sie einen Dachdurchbruch in eine Längs- und Querverbindung der Scharen einbauen müssen?

62. Wie können Lüftungsgauben ausgeführt werden, wenn ein Eindringen von Regenwasser und Flugschnee weitgehend vermieden werden soll?

63. Nennen Sie 3 Ausführungsvarianten für die Längsfalzverbindung

64. Wie werden First- und Gratausbildungen im Stehfalzdach unterschieden?

65. Skizzieren Sie einen nicht belüfteten und einen belüfteten Firstanschluss im Stehfalzdach.

66. Welche Kehlausbildung kommt bei einer Kehlneigung von $\geq 3°$, $\geq 7°$, $\geq 10°$ und $\geq 25°$ zur Ausführung?

67. Welche Ausführungsarten werden bei der Leistendeckung unterschieden?

68. Beschreiben Sie die Leistenfalzdeckung in deutscher Ausführungsart.

69. Skizzieren Sie einen Leistenfalz in Sonderausführung.

70. Was verstehen Sie unter selbsttragenden Metalldeckungen und wie werden sie unterschieden?

71. Zählen Sie 3 großformatige Deckelemente auf und skizzieren Sie diese.

72. Suchen Sie mithilfe des Internets je ein Bild zu einem traufseitigen, einem firstseitigen und einem seitlichen Anschluss bei großformatigen Metalldeckungen.

73. Zeichnen Sie eine Schnittzeichnung mit einer kleinformatigen Metalldeckung.

74. Erstellen Sie eine Schnittzeichnung für den Einbau eines Dachhakens in einem Stehfalzdach.

75. Was müssen Sie beim Einbau von Einbauteilen in einem Stehfalzdach beachten?

76. Suchen Sie im Internet nach Bildern von Schneefangsystemen im Doppelstehfalzdach.

77. Welche Haftausführungen kennen Sie?

78. Wie viele Befestigungsmittel müssen Sie anbringen, um eine Haft zu befestigen?

79. Unter dynamischer Belastung müssen Hafte eine zulässige Haftbelastung von wie viel N aufweisen?

80. Wonach richtet sich die Anordnung der Fest- und Schiebehafte?

81. Auf welcher Länge wird der Festhaftbereich festgelegt?

82. Was muss beim Einbau von Schneefang- und Solarsystemen in Bezug auf die Hafte berücksichtigt werden?

83. Was verstehen Sie unter Löten von Metallblechen?

84. Beschreiben Sie den Vorgang des Weichlötens und Hartlötens von Metallblechen.

85. Nennen Sie die gebundene Lötnahtbreite bei der Flachnaht und bei der Steilnaht.

86. Welche Werkstoffe können hartgelötet werden?

87. Was verstehen Sie unter Nieten, Schweißen und Kleben von Metallblechen?

Lernfeld 13a Details an geneigten Dächern herstellen

13.1 Grate

1. Erklären Sie den Fachbegriff Grat im Zusammenhang mit den Dachflächen eines Walmdaches.

2. Worin liegen die Unterschiede zwischen den Längen und den Neigungen von Normal- und Gratsparren bei einem allseits gleich geneigten Walmdach?

3. Wie kann die Eindeckung der Grate bei Walmdächern ausgeführt werden?

4. Beschreiben Sie die Ausführung der Unterkonstruktion für eine Grateindeckung mit Gratziegeln.

5. Welche Ausführungsmöglichkeiten werden bei Grateindeckungen unterschieden?

6. Beschreiben Sie die möglichen Ausführungsarten der Grateindeckung mit Gratziegeln bei Dachziegeldeckungen?

7. Welche Punkte sind bei der Vermörtelung von Gratziegeln zu beachten?

13.2 Kehlen

8. Erklären Sie den Fachbegriff Kehle.

9. Erklären Sie die Unterschiede zwischen einer gleichhüftigen und einer ungleichhüftigen Kehle.

10. Welche Besonderheiten und Probleme ergeben sich bei Kehlen?

11. Beschreiben Sie die Ausführung der Unterkonstruktion für eine Kehleindeckung.

12. Welche Faktoren beeinflussen die Auswahl einer Kehleindeckung?

13. Erklären Sie den Unterschied zwischen einer eingebundenen und einer überdeckten Kehle.

14. Welche Kehlausführungen sind bei Dachziegeldeckungen möglich?

15. Welche Dach- bzw. Kehlsparrenneigungsgrenzen sind für die jeweiligen Kehlausführungen einzuhalten?

16. Welche Ausführungen von überdeckten Metallkehlen werden unterschieden?

17. Welche Regeln gelten für die Unterkonstruktion von Metallkehlen?

18. Welche Überdeckungsmaße sind bei den überdeckten Metallkehlen einzuhalten?

19. Welche Abmessungen sind bei den überdeckten Metallkehlen mindestens einzuhalten?

20. Skizzieren Sie 2 mögliche einfache Überdeckungen der Kehlbleche untereinander, die ab einer Kehlneigung von 15° möglich sind.

21. Unter welchen Umständen sollten Kehlbleche mit Steg oder in vertiefter Ausführung verwendet werden?

22. Erklären Sie den Fachbegriff Nocke im Zusammenhang mit der Ausbildung von Kehlen.

23. Welche 2 Ausführungen von Nocken werden unterschieden und wann werden sie im Einzelnen verwendet?

24. Wie groß sind die Überdeckungsmaße bei den Nocken und wovon hängen diese ab?

25. Welche Mindestabmessungen sind für Nocken einzuhalten?

26. Bei welchen Deckungsarten sind eingebundene Biberschwanzkehlen möglich?

27. Welche Kehl- bzw. Dachneigungsgrenzen sind für eingebundene Biberkehlen einzuhalten und gibt es Einschränkungen bei unterschiedlichen Dachneigungen?

28. Nach welcher Formelgleichung lässt sich die Kehlsparrenneigung bei gegebener Dachneigung berechnen?

29. Welche unterschiedlichen Deckbreiten werden bei eingebundenen Biberkehlen unterschieden und welche Faktoren beeinflussen die Wahl der Deckbreite?

30. Erklären Sie die Begriffe Ausspitzer und Unterläufer im Zusammenhang mit eingebundenen Biberkehlen.

31. Welche Höhenüberdeckung der einzelnen Kehlreihen muss bei einer eingebundenen Biberkehle eingehalten werden?

32. Wie kann bei einer eingebundenen Biberkehle die Verlegung der Kehlziegel im Bereich der Kehle ausgeführt werden und welche Punkte sind in Bezug auf deren Befestigung zu beachten?

33. Welche Unterkonstruktion ist für eine eingebundene Biberkehle vorzusehen und welche Vorschriften gelten für deren Abmessungen und Ausrichtung?

34. Unter welchen Bedingungen dürfen überdeckte Biberkehlen ausgeführt werden?

35. Welche Überdeckungsmaße sind bei überdeckten Biberkehlen einzuhalten?

36. Welche Mindestbreite ist für die überdeckte Biberkehle einzuhalten?

37. Welche Unterkonstruktion ist für eine überdeckte Biberkehle vorzusehen und welche Vorschriften gelten für deren Ausführung?

38. Wie kann die Verlegung der Ziegel bei der überdeckten Biberkehle erfolgen?

39. Wann kann eine überdeckte Dreipfannenkehle zur Anwendung kommen und wie lässt sich eine solche beschreiben?

40. Wie muss die Unterkonstruktion einer überdeckten Dreipfannenkehle ausgeführt werden?

41. Wie erfolgt die Verlegung und die Befestigung der Kehlziegel bei der überdeckten Dreipfannenkehle und welche Überdeckungsmaße sind einzuhalten?

42. Wie lässt sich eine Formziegelkehle beschreiben?

43. Welche Überdeckungen sind bei Formziegelkehlen einzuhalten und wovon hängen diese ab?

44. Wann können Schwenkziegelkehlen zur Anwendung kommen?

13.3 Anschlüsse

45. Beschreiben Sie die Ausführung einer Schwenkziegelkehle.

46. Wie lassen sich Anschlüsse der Dacheindeckung an aufgehenden Bauteilen in Dachflächen unterteilen?

47. Aus welchen Materialien können Anschlüsse an aufgehende Bauteile in Dachflächen gefertigt werden?

48. Welche Anschlusshöhen sind für die unterschiedlichen Anschlüsse an aufgehenden Bauteilen einzuhalten?

49. Beschreiben Sie die Ausführung eines traufseitigen Anschlusses.

50. Welche Überdeckungsmaße sind bei traufseitigen Anschlüssen einzuhalten?

51. Beschreiben Sie die Ausführung eines firstseitigen Anschlusses.

52. Welche Überdeckungsmaße sind bei firstseitigen Anschlüssen einzuhalten?

53. Beschreiben Sie die Ausführung eines seitlichen Anschlusses.

54. Wie erfolgt die Ausführung von unterliegenden seitlichen Anschlüssen mit durchgehenden Metallblechen?

55. Welche Ausführungsarten werden bei den unterliegenden durchgehenden Metallblechen als seitliche Anschlüsse unterschieden?

56. Wie erfolgt die Befestigung der seitlichen Anschlussbleche?

57. Wie lässt sich bei den seitlichen Anschlussblechen eine gefahrlose Wasserableitung sicherstellen?

58. Welche Ausführungsregeln und Überdeckungen gelten bei sehr langen seitlichen Anschlüssen?

59. Welche Überdeckungsmaße sind bei seitlichen Anschlussblechen von der Dachziegeldeckung auf die untergelegten Bleche einzuhalten?

60. Wie können seitliche unterliegende Metallanschlüsse außer mit durchgehenden Metallblechen noch ausgeführt werden?

61. Wodurch unterscheiden sich aufliegende und überdeckende von unterliegenden seitlichen Anschlüssen?

62. Beschreiben Sie die Ausführung eines aufliegenden seitlichen Anschlusses.

63. Beschreiben Sie die Ausführung eines überdeckenden seitlichen Anschlusses.

64. Wie können bei Biberschwanzdeckungen Anschlüsse an aufgehende Bauteile erfolgen?

65. Beschreiben Sie die Ausführung eines eingebundenen seitlichen Nockenanschlusses bei Biberschwanzdeckungen.

13.4 Dachdurchdringungen

66. Geben Sie Beispiele für Dachdurchdringungen an.

67. Welche Forderung gilt für die Ausführung von Dachdurchdringungen?

68. Wie lassen sich Dachdurchdringungen dauerhaft anschließen?

13.5 Gauben

69. Welche Forderungen gelten für die Dacheindeckung von Gauben, die in bestehende Dachflächen eingebaut werden?

70. Welche Kriterien sind bezogen auf die Regensicherheit von Gaubendächern zu beachten?

71. Welche Besonderheiten ergeben sich bei der Planung und Ausführung einer Dacheindeckung einer Schleppdachgaube?

72. Mit welchen Dachziegeldeckungen lassen sich Fledermausgauben eindecken?

73. Unter welchen Bedingungen kann eine Fledermausgaube mit einer Dachziegeldeckung eingedeckt werden?

74. Wie lässt sich die Hinterlüftung bei einer Fledermausgaube konstruktiv lösen?

75. Wie erfolgt bei Fledermausgauben die Ausführung der Traglattung für eine Dachziegeldeckung?

76. Wie lassen sich bei der Eindeckung einer Fledermausgaube mit Hohlpfannen oder Biberschwanzziegeln die Probleme der unterschiedlichen Deckbreiten lösen?

13.6 Details bei Schieferdeckungen

77. Führen Sie zusätzlich erforderliche Materialien an, die zur Ausführung einer Wandkehle mit Schiefer eingebaut werden können?

78. Was ist bei der Eindeckung eines Grates mit Schiefer bezüglich der Hauptwetterrichtung zu beachten?

79. Was ist bezüglich der Bearbeitung und der Montage der Steine am Grat zu beachten?

80. Wie groß ist die Mindestüberdeckung der Schiefer auf ein unterlegtes durchgehendes Wandanschlussblech?

81. Aus wie vielen Kehlsteinen besteht eine Schieferwandkehle und wie breit sind diese mindestens?

82. Welchen fachlichen Vorteil haben Wandkehlen im Vergleich zu anderen seitlichen Wandanschlüssen (Standardausführungen)?

83. Wie erfolgt grundsätzlich der Einbau von Dachhaken und Schneefangstützen im Schieferdach? Was ist bei der Eindeckung bezüglich der Überdeckungen (seitlich und in der Höhe) zu beachten?

13.7 Details bei Holzschindeln

84. Nennen Sie 2 mögliche Gratausbildungen bei Holzschindeldeckungen.

85. Wann ist die Ausführung von Holzschindelkehlen mit Blechen gegenüber den anderen Ausführungen zu bevorzugen?

86. Welche Vorteile bietet Ihnen der aufgelegte Grat im Vergleich zum Schwenkgrat?

87. Wie groß sind die Mindestzuschnittbreiten der Kehlbleche bei Blechkehlen im Holzschindeldach und wozu sind diese Vorgaben?

a) bei vertiefter Ausführung

b) bei nicht vertiefter Ausführung

88. Was ist bezüglich der gemeinsamen Verarbeitung von Metallen mit Holzschindeln zu beachten?

13.8 Details bei Bitumenschindeln

89. Welche Möglichkeiten gibt es, Bitumenschindelkehlen auszuführen?

90. Was ist bei der überdeckten Kehle aus Bitumenschindeln bezüglich der Deckung in der Kehle zu beachten?

91. Beschreiben Sie die Eindeckung eines Grates bei Bitumenschindeln!

92. Wie weit werden bei der wechselseitig eingebundenen Kehle die Schindeln in die Fläche geführt und in welchem Bereich darf die Befestigung erfolgen?

93. Welche Möglichkeiten stehen Ihnen zur Verfügung, einen seitlichen Anschluss mit Bitumenschindeln auszubilden?

13.9 Details bei Faserzement-Dachplatten

94. Nennen Sie eine Ausführung eines seitlichen Anschlusses aus Metall.

95. Worauf ist bei Anschlüssen an Mauerwerken zu achten?

96. Worauf müssen durchgehend unterlegte Anschlussbleche aufliegen?

97. Wie sieht die Unterlage bei Bleianschlüssen aus?

98. Was müssen untergelegte Anschlussbleche an der dachseitigen Längsseite haben?

99. Wie groß muss der Wasserlauf bei einem vertieften Anschluss sein?

100. Wie groß muss die Überdeckung der Bleche untereinander mindestens sein?

101. Wie viel mm müssen Deckwerkstoffe die untergelegten Blechanschlüsse überdecken?

102. Wie viele Kehlplatten werden bei einer Wandkehle gedeckt?

103. Mit wie vielen Schieferstiften müssen Kehlplatten befestigt werden?

104. Um wie viel muss die Höhenüberdeckung in der Kehle erhöht werden?

105. Wie viel mm beträgt die Seitenüberdeckung bei den Kehlplatten?

106. Nennen Sie 3 Ausführungen von Metallkehlen.

107. Welche Kehlausführung ist herzustellen, wenn mit erhöhtem Wasseranfall zu rechnen ist?

108. Um wie viel mm müssen sich die Kehlbleche bei einer Kehlneigung von 25° überdecken?

109. Wie viel mm müssen die Dachplatten, rechtwinklig zur Kehllinie gemessen, bei einer Dachneigung von 52° die Kehlbleche überdecken?

110. Wie werden die Kehlbleche befestigt?

13.10 Details bei Faserzement-Wellplatten

111. Wie viel cm Überdeckung müssen durchgehend untergelegte Metallanschlüsse, bei einer Dachneigung von 18°, untereinander mindestens haben?

112. Um wie viel cm muss ein Formstück über den ersten Wellenberg geführt werden, bei einem seitlichen Anschluss mit Formstücken aus Faserzement?

113. Aus welchem Material sind firstseitige Anschlüsse ausschließlich herzustellen?

114. Wie hoch müssen firstseitige Anschlüsse mindestens geführt werden?

115. Wie viel cm muss die Faserzement-Wellplattendeckung das Kehlblech, rechtwinklig zum Kehlverlauf gemessen, überdecken? (Dachneigung 25°)

Lernfeld 13b Geneigte Dächer mit Reet decken

1. Welche Befestigungstechniken werden im Reetdach angewendet?
2. Unter welcher Voraussetzung sind Reetdächer begehbar?
3. Wie ist die Deckung an der Traufe bezüglich des Überstandes auszuführen?
4. Machen Sie genaue Angaben zur Regeldachneigung von Reetdeckungen für Hauptdachflächen und Gauben!
5. Wieviel Zentimeter beträgt der Mindestquerschnitt der Lüftung zwischen Wärmedämmung und der Unterseite der Dachlattung?
6. Welche örtlichen Bestimmungen können Anforderungen an die Ausführung einer Reetdeckung stellen?
7. Von welche Faktoren ist die Länge der Reetbunde in der Fläche abhängig?
8. Welche Stoffe sind für eine Firstdeckung geeignet?
9. Welcher Mindestquerschnitt ist für eine Dachlatte gefordert, wenn der Sparrenabstand maximal 1,00 m beträgt?
10. Welche Drähte sind als Bindedraht geeignet?
11. Welche Faktoren bestimmen den Lattenabstand ?
12. Was unterscheidet ein genähtes Reetdach von einem gebundenem Reetdach?
13. Welche Anforderungen werden an die Qualität von Reet gestellt?
14. Welche Prüfungen des Reetmaterials werden auf der Baustelle ausgeführt?

Lernfeld 14 Details an Dächern mit Abdichtungen herstellen und Bauwerke abdichten

1. Aus welchen Gründen ist eine bestimmte Anschlusshöhe an aufgehenden Bauteilen einzuhalten?
2. Wie hoch muss diese Anschlusshöhe wasserdicht ausgeführt werden?
3. Wann ist der Anschlussbereich an aufgehende Teile mit Abdeckblechen zu schützen?
4. Warum müssen Abdichtungsbahnen am oberen Ende des Wandanschlusses mechanisch befestigt werden?
5. Was ist bei Blechanschlüssen zu beachten, die mit Bitumenbahnen in die Fläche eingebunden werden sollen?
6. Unter welchen Umständen darf man die vorgeschriebene Anschlusshöhe an aufgehende Bauteile im Bereich von Türen unterschreiten?
7. Wieviel soll der Abstand von Durchdringen sowohl untereinander, als auch zu anderen Bauteilen betragen?
8. Auf welche Art können Durchdringungen wasserdicht in die Fläche eingebunden werden?
9. Was ist bei Durchdringungen, die fest im Untergrund verankert sind (z. B. Sekuranten) zu beachten?
10. Welches sind die charakteristischen Merkmale der verschiedenen Bewegungsfugen?
11. Was sind die hauptsächlichen Aufgaben der Bauwerksabdichtung?
12. Erklären Sie den Unterschied zwischen Sicker- und Grundwasser!
13. Zählen Sie auf, welche Anforderungen an die Beschaffenheit der Untergründe von Bauwerksabdichtungen gestellt werden!
14. Geben Sie an, wovon die Anzahl der Lagen bei Bauwerksabdichtungen abhängig ist!

Lernfeld 15 An- und Abschlüsse an Wänden herstellen

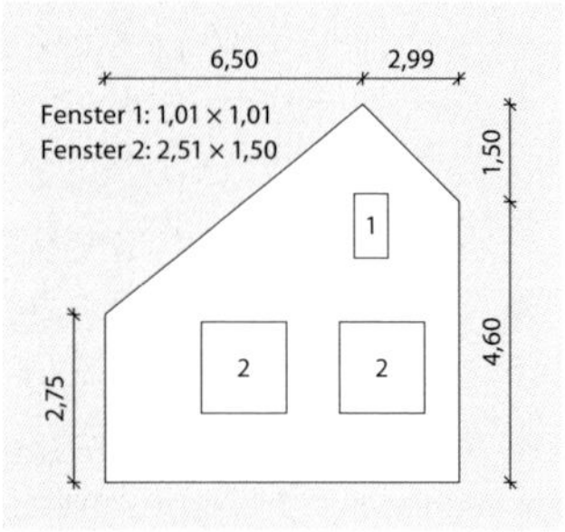

1. Berechnen Sie für die rechts dargestellte Fassade folgende Materialien:

a) Stck/m² an 20 × 20 Faserzementplatten mit Eckschnitt, HÜ = 4 cm und 12 % für Bruch und Verschnitt

b) Die Anzahl an Paletten Faserzementplatten, wenn eine 1 Palette 25 Pakete à 20 Platten enthält.

c) Wie viel Prozent wurden mehr bestellt?

d) Die Stückzahl an Ortplatten 30 × 20, HÜ/SÜ= 5 cm bei 7 % für Verschnitt.

e) Anzahl an Schalungsbrettern, wenn ein Brett 4,00m lang, 2 dm breit und 24 mm stark sind, und für Verschnitt 13 % angenommen werden.

2. Stellen sie nach folgenden Vorgaben verschiedene Deckschemen von Außenwandbekleidung her.

a) Wabendeckung (20 × 20) mit eingebundenem Ort

b) Wabendeckung (20 × 20) mit aufgelegtem Ort (25 × 25 cm)

c) Rechteckdoppeldeckung 40 × 20 mit HÜ = 4 cm

d) gezogene Rechteckdoppeldeckung 30 × 20 mit SÜ/HÜ = 4 cm

e) Waagerechte Deckung mit Bogenschnitt (20 × 20) mit eingebundenem Ort

Der Überstand und Vorsprung beträgt 5 cm.

Die rechnerische Ermittlung der Schnürabstände muss ersichtlich sein. Bemaßen Sie die Eindeckung und tragen Sie die Befestigungspunkte je einer Eindeckplatte ein.

Alle Schnürbilder werden im M 1 : 10 auf einem gesonderten Blatt (A4, wenn möglich weiß) angefertigt.

Wandgröße: 1,80 × 2,00 m

3. Beschreiben Sie drei Eindeckungen mit kleinformatigen Platten.

4. Markieren Sie die Befestigungspunkte der unten angegebenen Platten.

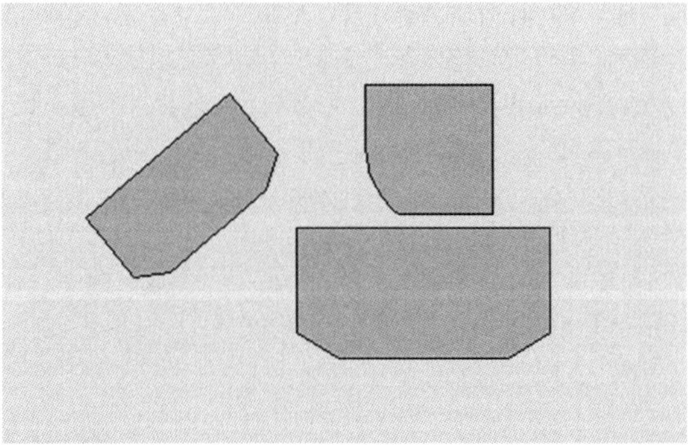

5. Markieren und beschreiben Sie die Ausführungsfehler!

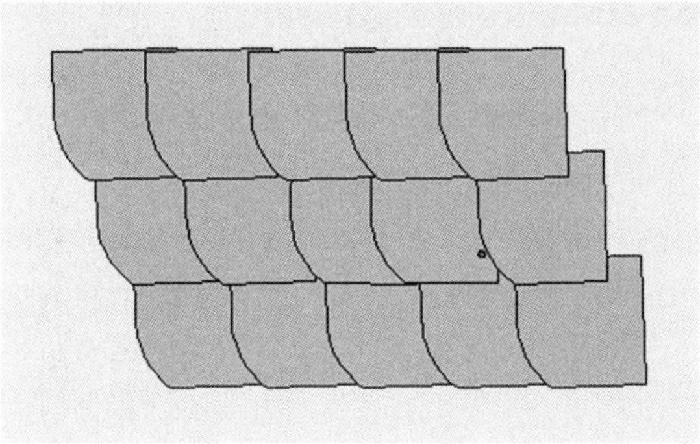

6. Beschreiben Sie 4 Fehlerquellen, die beim Herstellen der hinterlüfteten Außenwandbekleidung auftreten können.

7. Nennen Sie die Eigenschaften, die ein Dämmstoff für diese Außenwandbekleidung erfüllen muss.

Lernfeld 16 Energiesammler, Blitzschutzanlagen und Einbauteile montieren

1. Welche Schäden können durch Blitzeinschläge verursacht werden?

2. Erläutern Sie das Prinzip einer äußeren Blitzschutzanlage!

3. In wie viele Blitzschutzklassen werden Blitzschutzanlagen eingeteilt?

4. Nennen Sie die verschiedenen Anlagenteile einer Blitzschutzanlage!

5. Erläutern Sie die verschiedenen Methoden die zu der Anordnung von Fangeinrichtungen genutzt werden?

6. Wie viele Ableitungen müssen angebracht werden und wovon hängt die genaue Anzahl der Ableitungen ab?

7. Welche Arten von Erdungsanlagen werden unterschieden?

8. Kann eine Komplett-Energieversorgung lediglich mit Hilfe der Sonnenstrahlung theoretisch geleistet werden?

9. Wie groß ist die Einstrahlungsleistung der Sonne idealerweise?

10. Was für eine Flüssigkeit findet man in solarthermischen Anlagen und was bewirkt sie?

11. Welche Temperaturen können für das Solarmedium auftreten?

12. Wie groß ist das Einsparpotential einer derartigen Anlage?

13. Wie groß muss der Speicher für eine 12 m^2 solarthermische Anlage mit Heizungsunterstützung ausgelegt werden?

14. Welche Arten von solarthermischen Kollektoren gibt es?

15. Was ist bei der Installation von Röhrenkollektoren zu beachten?

16. Was ist bei der Auswahl der Dachhaken zu beachten?

17. Welche Winkel spielen bei der Ausrichtung der Anlage eine Rolle?

18. Was ist bei der Installation, sprich bei dem Anschluss von Modulen einer PV-Anlage zu beachten.

19. Spielt es eine Rolle, wenn ein Modul mehrere Stunden pro Tag durch Beispielsweise einen Schornstein abgeschattet wird? Wie würden Sie verfahren?

20. Wodurch fallen fehlerhafte Module auf ?

Lernfeld 17 Dach- und Wandflächen instand halten

1. Wie unterscheidet sich eine Inspektion von der Wartung eines Daches?
2. Nennen Sie 2 Beispiele für Wartungspunkte an einem geneigten Dach
3. Welche Vereinbarungen werden in einem Wartungsvertrag geregelt?
4. Nennen Sie typische Wartungsarbeiten an einem Dachentwässerungssystem.
5. Begründen Sie die erforderliche Sorgfalt gerade bei Entwässerungsanlagen.
6. Welche üblichen Wartungsintervalle ergeben sich für Steildachdeckungen?
7. Wozu dienen Einschlaghaken bei Schieferdeckungen?
8. Sie entdecken an einem von mehreren eingebauten Dachhaken Korrosion. Wie verhalten Sie sich?
9. Für Wartungs- und Sanierungsarbeiten an Flachdächern über Leichtbaukonstruktionen besteht im Vorfeld der Arbeiten Klärungsbedarf.

   Führen Sie dazu 2 Beispiele an.
10. Bei der Reparatur an einer Flachdachabdichtung soll Flüssigkunststoff eingesetzt werden. Was ist vor der Verarbeitung zu prüfen?
11. Beschreiben Sie den Arbeitsablauf beim Einsatz von Flüssigkunststoffen bei Flachdachreparaturen.
12. Worauf ist gerade bei Versicherungsschäden bei Reparaturarbeiten zu achten?

4. Zusatzaufgaben

4.1 Bauphysik

1. Auf welchen Wegen kann Wärmetransport stattfinden? Nennen sie Beispiele zur Verdeutlichung!
2. Was ist anschaulich die Wärmeleitfähigkeit?
3. Welche Widerstände werden dem Wärmetransport beim Durchgang durch ein Bauteil (Transmission, Wärmeleitung) entgegengesetzt? Erklären und erläutern Sie anschaulich die Ihnen bekannten Widerstände! Wodurch oder woraus ergeben sie sich?
4. Was ist der sog. „U-Wert" und was sagt er über die Qualität eines Bauteils aus?
5. Was ist der Wärmestrom, und was ist die Wärmestromdichte?
6. Was versteht man unter der „relativen Luftfeuchte"?
7. Der U-Wert einer Außenwand beträgt im Ist- Zustand $U = 0{,}4\ W/(m^2 \cdot K)$. Nach der Sanierung soll der U-Wert maximal noch $0{,}2\ W/(m^2 \cdot K)$ betragen. Berechnen Sie die erforderliche Dämmstoffdicke, wenn ein Dämmstoff der Wärmeleitfähigkeit $\lambda = 0{,}040\ W/(m \cdot K)$ verwendet wird!
8. Wovon ist abhängig, wie viel Wasserdampf ein Kubikmeter Luft aufnehmen kann?
9. Verdeutlichen Sie folgende bauphysikalischen Begriffe und nennen Sie Beispiele!
   a) Diffusion
   b) Konvektion
10. Erklären Sie anschaulich, was der s_d-Wert ist!
11. Was versteht man unter diffusionsoffen, diffusionshemmend und diffusionsdicht?
12. Warum können durch Konvektion größere Bauschäden entstehen als z. B. durch Diffusion?
13. Wie werden Baustoffe bzgl. ihres Brandverhaltens klassifiziert (deutsche Klassifizierung)?
14. Was drückt die Feuerwiderstandsklasse nach dem deutschen/nach dem europäischen System aus?

    Beispiel (Bezeichnung einer Brandwand):
    - Bezeichnung nach DIN 4102: F90
    - Bezeichnung nach DIN EN 13501: REI-M 90

15. Was versteht man grundsätzlich unter den Aufgaben des Brandschutzes?

16. Was versteht man unter harten Bedachungen, und was versteht man unter weichen Bedachungen?

17. Wie verändert sich die empfundene Lautstärke bei
a) einer Verringerung des Schallpegels um 20 dB
b) einer Erhöhung des Schallpegels um 30 dB

18. Wie berechnet man die Gewichtskraft eines Körpers?

19. Worauf ist grundsätzlich bei der Auswechslung von Sparren zwecks des Einbaus von Dachflächenfenstern zu achten?

4.2 Wirtschaft- und Sozialkunde

1. Die duale Ausbildung in Deutschland wird international anerkannt.

a) Beschreiben Sie das duale Berufsausbildungssystem.

b) Nennen Sie 2 Vor- und 2 Nachteile des dualen Berufsausbildungssystems.

c) Kreuzen Sie 2 wichtige Gesetze an, in denen die Grundlagen der Berufsausbildung auch für Dachdeckerinnen und Dachdecker geregelt sind.
O Berufsgesetz O Handwerksordnung O Mitbestimmungsgesetz O Berufsbildungsgesetz O Betriebsverfassungsgesetz

d) Erläutern Sie den Begriff Ausbildungsordnung.

2. Das Berufsbildungsgesetz (BBiG) schreibt vor, dass vor Beginn der Ausbildung ein Ausbildungsvertrag abgeschlossen werden muss.

a) Kreuzen Sie an, in welcher Form ein Ausbildungsvertrag nach BBiG abgeschlossen werden muss.
O mündlich O per Handschlag O schriftlich
O durch notarielle Beurkundung

b) Nennen Sie 4 Mindestangaben, die ein Ausbildungsvertrag nach § 11 BBiG enthalten muss.

c) Durch den Abschluss des Berufsausbildungsvertrages entstehen für den Auszubildenden und für den Ausbilder Rechte und Pflichten. Nennen Sie jeweils 3 Pflichten des Ausbilders und des Auszubildenden.

d) Am Anfang der Berufsausbildung ist für jeden Auszubildenden eine Probezeit vorgesehen. Erläutern Sie die Dauer und die Bedeutung der Probezeit.

e) Nach der Probezeit kann der Ausbilder den Auszubildenden nur noch aus wichtigem Grund kündigen. Nennen Sie 2 dieser Gründe.

3. Das Jugendarbeitsschutzgesetz (JArbSchG) berücksichtigt die besondere Situation der Jugendlichen und stellt diese auch im Dachdeckerhandwerk unter einen besonderen Schutz.

a) Beschreiben Sie, für welche Altersgruppe dieses Gesetz gültig ist.

b) Es gibt Berufsgruppen, für die das Gesetz Ausnahmeregelungen vorsieht. Nennen Sie 2 dieser Berufsgruppen.

c) Erklären Sie, wie viele Stunden pro Tag bzw. pro Woche ein Jugendlicher laut Jugendarbeitsschutzgesetz arbeiten darf.

d) Nennen Sie die Anzahl der Urlaubstage, die einem 17-jährigen Auszubildenden nach dem Jugendarbeitsschutzgesetz zustehen.

e) Erklären Sie die Ruhepausenregelung für Jugendliche laut Jugendarbeitsschutzgesetz bei einem Arbeitstag von mehr als 6 Stunden.

4. Das Mutterschutzgesetz (MuSchG) stellt die Mütter unter einen besonderen Schutz. Somit wird auch ihre besondere Situation in der Arbeitswelt berücksichtigt.

a) Begründen Sie das Kündigungsverbot nach dem Mutterschutzgesetz.

b) Wie viele Wochen vor bzw. nach der Entbindung darf eine Mutter nicht arbeiten?

c) Erläutern Sie Anspruch und Dauer der Elternzeit.

5. Menschen sind während der Arbeit erheblichen Gefahren für Gesundheit und Leben ausgesetzt.

a) Durch den technischen Arbeitsschutz soll die Gefahr am Arbeitsplatz eingeschränkt werden. Nennen Sie 2 Vorschriften des technischen Arbeitsschutzes.

b) Durch die sozialen Arbeitsschutzbestimmungen soll die Belastung der Arbeitnehmer eingeschränkt werden. Nennen Sie 2 dieser Bestimmungen.

c) Erklären Sie, was unter der Abkürzung UVV zu verstehen ist.

d) Nennen Sie die Institution, die für die Einhaltung der UVV zuständig ist.

e) Zeigen Sie 2 Folgen auf, mit denen ein Unternehmer rechnen muss, wenn er die UVV nicht beachtet.

6. Jeder Mensch hat in Deutschland ein Recht auf soziale Sicherheit. Die gesetzliche Sozialversicherung stellt einen großen Teil dieser sozialen Sicherung in Deutschland dar.

a) Nennen Sie die 5 Versicherungen unseres heutigen Sozialversicherungssystems und die aktuellen Beitragssätze.

b) Nennen Sie die Sozialversicherung, deren Beitrag zu 100 % vom Arbeitgeber bezahlt wird.

c) Wie werden Rentenzahlungen finanziert. Erläutern Sie in diesem Zusammenhang den Begriff Generationenvertrag.

d) Die Sozialversicherungen sind nach dem Solidaritätsprinzip aufgebaut. Erklären Sie in diesem Zusammenhang den Begriff Solidaritätsprinzip.

e) Nehmen Sie Stellung zu der Aussage „Eine zusätzliche, private Absicherung zu den Pflichtversicherungen ist zwingend notwendig“.

7. Der Geburtenrückgang über Jahrzehnte führt heute zu Finanzierungsproblemen in unserer gesetzlichen Sozialversicherung.

a) Kreuzen Sie eine Leistung der gesetzlichen Krankenversicherung an:
O Lohnsteuer O Ökosteuer O Kindergeld O Schulgeld
O Krankengeld

b) Welche gesetzliche Sozialversicherung wird von der BG Bau getragen?

c) Nennen Sie die beiden Beitragszahler der gesetzlichen Krankenversicherung.

d) Kreuzen Sie eine Versicherung an, die keine gesetzliche Sozialversicherung darstellt.
O Lebensversicherung O Krankenversicherung
O Rentenversicherung O Arbeitslosenversicherung

8. Ein niedriger Leitzins veranlasst viele Deutsche für eine Neuanschaffung einen Kredit aufzunehmen. Allerdings bringt eine Kreditaufnahme auch Gefahren mit sich.

a) Unterscheiden Sie in diesem Zusammenhang die Begriffe Dispositions- und Ratenkredit.

b) Nennen Sie 4 Sicherheiten, die für einen Ratenkredit infrage kommen können.

c) Führen Sie mindestens 2 Kreditsicherheiten an.

d) Ersetzen Sie die alten Begriffe des BGB durch moderne.
Gläubiger: .... Schuldner: ....

e) Wer Kredite zur Existenzgründung benötigt, braucht einen Businessplan. Führen Sie 3 wichtige Bestandteile daraus an.

9. In Deutschland gilt der Grundsatz der Vertragsfreiheit. D. h. es dürfen, von einigen Ausnahmen abgesehen, Verträge frei abgeschlossen werden.

a) Erklären Sie, wie ein Vertrag zwischen 2 oder mehreren Parteien zustandekommt.

b) Erklären Sie, welches Alter ein Jugendlicher mindestens erreicht haben muss, um eigenständig Verträge abschließen zu können.

c) In welchem Gesetz ist das Vertragsrecht für Privatleute geregelt?

d) Kreuzen Sie an, in welcher Form die folgenden Verträge abgeschlossen werden müssen.

Vertrag	Mündlich	Schriftlich	Notarielle Beurkundung
Grundstückskauf			
Zeitungskauf			
Berufsausbildungsvertrag			
Ehevertrag			
Kreditvertrag			

e) Nennen Sie 2 vertragsrechtliche Besonderheiten, die bei dem Abschluss von Abzahlungsgeschäften gelten.

f) Erläutern Sie den Unterschied zwischen einem Werk- und einem so genannten Werklieferungsvertrag.

g) Erläutern Sie den Unterschied zwischen einem Leasing- und Mietvertrag.

10. Mit dem Abschluss eines Kaufvertrages gehen Käufer und Verkäufer bestimmte Pflichten ein, die sie erfüllen müssen. Wird eine dieser Pflichten nicht erfüllt, liegt eine sogenannte Pflichtverletzung vor.

a) Nennen Sie die 4 Pflichtverletzungen, zu denen es bei der Erfüllung eines Kaufvertrages kommen kann.

b) Beschreiben Sie 4 Rechte des Käufers, wenn der Verkäufer mangelhafte Ware liefert.

c) Nennen Sie 3 Mängel, die eine Lieferung aufweisen kann.

11. Beim Kauf von Produkten sind verschiedene Gewährleistungsfristen nach BGB und VOB zu beachten.

a) Erklären Sie in diesem Zusammenhang den Begriff Gewährleistung.

b) Was bedeuten die Abkürzungen BGB und VOB?

c) Nennen Sie die Gewährleistungsfrist für Bauleistungen nach BGB und VOB.

d) Nennen Sie die Gewährleistungsfrist nach BGB für neue Güter.

e) Nennen Sie die Gewährleistungsfrist nach BGB für gebrauchte Güter.

f) Erläutern Sie in diesem Zusammenhang die Begriffe Kulanz und Garantie.

12. Mit dem Abschluss eines Kaufvertrages verpflichtet sich der Käufer gegenüber dem Verkäufer den vereinbarten Kaufpreis zu zahlen.

a) Erläutern Sie in diesem Zusammenhang die Begriffe Zahlungsziel und Zahlungsverzug.

b) Beschreiben Sie den Zweck und die Bedeutung einer Mahnung und eines Mahnbescheides.

c) Kreuzen Sie an, wann eine Rechnung an Privatleute verjährt.
O nach 6 Monaten   O nach 12 Monaten   O nach 24 Monaten
O nach 3 Kalenderjahren   O nach 5 Kalenderjahren

d) Erläutern Sie den Begriff Zwangsvollstreckung.

e) Beschreiben Sie eine Verbraucherinsolvenz.

13. Jeder Dachdeckerbetrieb steht vor der Wahl, seine Lagerhaltung zu bestimmen.

a) Nennen Sie 2 Argumente, die für und 2 Argumente, die gegen ein gut sortiertes betriebseigenes Lager sprechen.

b) Nennen Sie 2 Formulare des Lagerwesens.

c) Was versteht man in diesem Zusammenhang unter "just in time"?

d) Wer trägt das Transportrisiko bei einer Anlieferung der Werkstoffe „frei-Baustelle"?
O Kunde O Gemeinde O Lieferant O Architekt O Statiker
O Spedition

14. Marketing hat auch für das Dachdeckerhandwerk eine große Bedeutung.

a) Erläutern Sie den Begriff Marketing.

b) Nennen Sie 5 Instrumente des Marketings.

c) Nennen Sie 3 Beispiele für direkte Werbung.

d) Kreuzen Sie 2 Beispiele für indirekte Werbung an.
O TV-Werbung O Werbebriefe O Bandenwerbung
O Werbetelefonate O UNESCO

e) Unterscheiden Sie Einzel- und Gemeinschaftswerbung.

f) Warum wird eine einheitliche und saubere Berufskleidung sowie der korrekte Umgang mit den Kunden immer wichtiger?

15. In einem Handwerksbetrieb sind auch die kaufmännischen Regeln einzuhalten.

a) Was bedeuten die Abkürzungen HGB und BGB?

b) Was versteht man unter einer Inventur?

c) Kreuzen Sie an, wie das Ergebnisdokument einer Inventur bezeichnet wird.
O Arbeitsbuch O Jahrbuch O Aktiva O Passiva O Inventar

d) In welchem Zeitraum findet in der Regel eine Inventur statt?

e) Unterscheiden Sie Eigen- und Fremdfertigung.

16. Der Produktionsfaktor Kapital spielt auch im Handwerk eine immer größere Rolle.

a) Beschreiben Sie den Begriff Investition.

b) Erklären Sie den Begriff Abschreibung.

c) Erläutern Sie die Begriffe Fremd- und Eigenfinanzierung.

d) Kreuzen Sie an, auf welchen Wert bei der Vergabe von Krediten besonders zu achten ist.
O Nominalzins O effektiver Jahreszins O Richtzins
O Lombardsatz O Realzins

17. Das Betriebsklima hat maßgeblichen Einfluss auf die Leistungsbereitschaft in einem Betrieb.

a) Nennen Sie 5 Möglichkeiten, die das Betriebsklima im Dachdeckerbetrieb verbessern können.

b) Führen Sie 3 Beispiele an, wodurch eine schlechte Stimmung im Betrieb entstehen kann.

c) Welche Maßnahmen sollte man gegen Mobbing im Betrieb ergreifen?

d) Nennen Sie je 2 Beispiele, wie Sie Ihre körperliche und geistige Leistungsfähigkeit erhalten bzw. verbessern können.

e) Kreuzen Sie die Maßnahme an, mit der der Dachdecker einer typischen Berufskrankheit vorbeugen kann.
O Tanzschule O Rückenschule O Abendschule O Berufsschule
O Hundeschule

18. Bei der Bereitstellung von Gütern und Dienstleistungen sind die Produktionsfaktoren maßgebend beteiligt.

a) Nennen Sie die 4 Produktionsfaktoren.

b) Erläutern Sie den Einsatz der Produktionsfaktoren am Beispiel der Dachsteinproduktion.

c) Zeigen Sie die 5 Marktphasen eines Produktlebenszyklus auf.

d) Erläutern Sie die nachfolgenden Begriffe: Rationalisierung, Automation, Outsourcing, Qualitätssicherung, Mechanisierung, Einzelfertigung, Massenfertigung.

e) Nennen Sie je 2 Berufe mit Baustellen- und Werkstattfertigung.

f) Kreuzen Sie ein typisches Merkmal der Automation an.
O Handarbeit O Arbeitsroboter O Maschinen O Gruppenarbeit
O Einzelfertigung

19. In allen marktwirtschaftlich orientierten Staaten hat der Produktionsfaktor Kapital einen hohen Stellenwert.

a) Warum ist der Produktionsfaktor Kapital in der modernen Wirtschaft so wichtig?

b) Erläutern Sie kurz die Begriffe
- Geldkapital,
- Sachkapital,
- Sozialkapital und
- Humankapital mit je einem Beispiel.

c) Kreuzen Sie das Beispiel an, dass kein Sachkapital in einem Dachdeckerunternehmen darstellt.
O Kranwagen O Aufzug O Bankguthaben O Lagergebäude
O Fahrzeuge

d) Nennen Sie 3 Faktoren, die die Entscheidung zum Kauf eines Kranwagens für einen Dachdeckerbetrieb beeinflussen.

20. Zulieferer der vielen Handwerksbetriebe sind oft größere Industrie- bzw. Handelsbetriebe.

a) Nennen Sie 4 Abteilungen von großen Produktionsbetrieben.

b) Unterscheiden Sie Aufbau- und Ablauforganisation.

c) Erläutern Sie die folgenden Begriffe aus dem Arbeitsleben:
- Refa,
- EN,
- DIN,
- EEG,
- ENEV.

d) Unterscheiden Sie Handwerks- und Industriebetriebe nach „Art der Leistung" und „Anzahl der Beschäftigten".

e) Das Erscheinungsbild der Unternehmung spielt in der globalisierten Welt eine wichtige Rolle. Kreuzen Sie die hierfür gängige Abkürzung an.
O PR O IQ O CI O CD O EU O AG

21. In der Bundesrepublik gibt es eine Reihe von Handwerksorganisationen.

a) Erläutern Sie kurz die Institutionen Innung und Handwerkskammer.

b) Nennen Sie je 2 Aufgaben der Innung und der Handwerkskammer.

c) Kreuzen Sie die oberste Organisation des gesamten deutschen Handwerks an.
O Deutscher Bundestag O Zentralverband des deutschen Handwerks O Deutscher Handwerkstag

d) In welcher Handwerksorganisation ist die Mitgliedschaft für Betriebsinhaber Pflicht?

e) Welche Aufgaben hat die BG Bau?

22. Im Dachdeckerhandwerk und im Bedachungshandel gibt es eine Reihe von Genossenschaften.

a) Nennen Sie die allgemeine Abkürzung für eine Genossenschaft.

b) Beschreiben Sie den Zweck einer Genossenschaft.

c) Nennen Sie ein Beispiel für eine Genossenschaft aus Ihrem beruflichen Umfeld.

d) Kreuzen Sie einen Begründer des Genossenschaftsgedankens an.
O Marx O Adenauer O Raiffeisen O Kohl O Merkel
O Schmidt O Gauck

23. Für den Existenzgründer ist die richtige Wahl der Unternehmensform eine wichtige strategische Entscheidung.

a) Worüber entscheidet die Wahl der Rechtsform?

b) Für klein- und mittelständische Unternehmen ist die Einzelunternehmung die klassische Rechtsform. Zeigen Sie Vor- und Nachteile dieser Rechtsform auf.

c) Die Vielzahl der Insolvenzen der letzten Jahre hat die GmbH auch für Handwerkbetriebe immer beliebter werden lassen. Nennen Sie 4 Inhalte, die der Gesellschaftsvertrag einer GmbH mindestens enthalten muss.

d) Kreuzen Sie die Unternehmensform an, die nicht zu den Personengesellschaften zählt.
O GmbH & Co. KG O GbR O OHG O AG O KG

e) Erläutern Sie die Rechte eines Komplementärs und eines Kommanditisten.

f) Warum gilt die GbR, auch BGB-Gesellschaft genannt, als einfachste Rechtsform?

Zusatz-aufgaben

24. Die größten deutschen Unternehmen sind Aktiengesellschaften. Es gibt aber auch große Dachdeckerunternehmen die als AG geführt werden.

a) Was versteht man unter dem DAX?

b) Welche Organe hat eine Aktiengesellschaft?

c) Wie nennt man die Gewinnausschüttung pro Aktie?

d) Nennen Sie die Faktoren, die den Kurswert einer Aktie bestimmen.

e) Nennen Sie 3 große DAX-Unternehmen und die Branche in denen sie tätig sind.

25. Ergänzen Sie den Lückentext mit den nachfolgenden Begriffen:

Gemeinkosten, Mehrwertsteuer, Zuschlag für Wagnis und Gewinn, Bruttoangebotspreis

Addiert man zu den Einzelkosten die ....,
so ergeben sich die Selbstkosten.
Hierzu wird der .... gerechnet und so bekommt man den Nettoangebotspreis.
Addiert man noch die .... hinzu, so ergibt sich der ....

26. Bedachungsbetriebe haben ebenso wie andere Unternehmen auch unterschiedliche Kosten.

a) Nennen Sie 2 Einzelkostenarten.

b) Kreuzen Sie 4 typische Gemeinkosten an.

O Miete O Materialverbrauch O Werbung O Lohnkosten
O Leasingraten O Lagerkosten

c) Erläutern Sie den Unterschied zwischen Einzel- und Gemeinkosten.

d) Erklären Sie je an einem Beispiel fixe und variable Kosten.

27. Die VOB enthält die wichtigsten Bestimmungen zur Vergabe von Bauaufträgen und die Ausführung von Bauleistungen.

a) Erläutern Sie in diesem Zusammenhang den Begriff Ausschreibung.

b) Nennen Sie 2 Inhalte eines Leistungsverzeichnisses.

c) Erklären Sie den Begriff Einheitspreis.

d) Was versteht man in diesem Zusammenhang unter einem Listenpreis?

28. Die Bundesrepublik hat eine Vielzahl Steuern, die von Unternehmen, Arbeitgebern, Arbeitnehmern und Verbrauchern getragen werden.

a) Erläutern Sie den Unterschied zwischen direkten und indirekten Steuern.

b) Nennen Sie 2 große Ausgabenpositionen des Bundes.

c) Führen Sie 2 Besitzsteuern an.

d) Kreuzen Sie eine sogenannte Verbrauchsteuer an.
O Umsatzsteuer O Lohnsteuer O Kirchensteuer O Tabaksteuer
O Grundsteuer

29. Das Lohnniveau in der Bundesrepublik ist im internationalen Vergleich hoch. Führen Sie 5 zusätzliche Lohnnebenkosten an, die Arbeitgeber in Deutschland bezahlen müssen.

30. Das Grundgesetz garantiert im Artikel 9 den Tarifparteien die Tarifautonomie.

a) Was versteht man unter Tarifautonomie?

b) Nennen Sie die beiden Tarifpartner des Dachdeckerhandwerks.

c) Führen Sie 2 Streitpunkte bei Tarifverhandlungen an.

d) Kreuzen Sie 3 Inhalte eines Rahmentarifvertrages an.
O Kündigung O Stundenlohn O Jahresurlaub O Lohnzulagen
O Gehalt O Schlichtung

e) Erklären Sie die so genannten „Spielregeln für den Arbeitskampf".

31. Nach dem Betriebsverfassungsgesetz können in Betrieben Betriebsräte gewählt werden.

a) Erläutern Sie den Begriff Betriebsobmann.

b) Führen Sie 3 Mitwirkungs- bzw. Mitbestimmungsbereiche von Betriebsräten an.

c) Beschreiben Sie die Hauptaufgabe eines Jugendvertreters.

d) Welche Voraussetzungen gelten für das aktive und passive Wahlrecht bei den Betriebsratswahlen?

32. Zum Arbeitsleben gehört auch in schwierigen Auseinandersetzungen eine Arbeitsgerichtsbarkeit.

a) Nennen Sie 3 Stufen der Arbeitsgerichtsbarkeit.

b) Was ist nach dem Betriebsverfassungsgesetz eine Einigungsstelle?

c) Welche Vorteile bietet die Mitgliedschaft in der Gewerkschaft, falls es zu einer gerichtlichen Auseinandersetzung zwischen Arbeitgeber und Arbeitnehmer kommt?

33. Die Wirtschaftsordnung der Bundesrepublik hat einen besonderen Charakter.

a) Wie nennt man die Wirtschaftsordnung der Bundesrepublik?

b) Kreuzen Sie einen bekannten Mitbegründer unserer Wirtschaftsordnung an.
O Karl Marx O Walter Ulbricht O Ludwig Erhard O Keynes
O Friedrich Engels

c) Nennen Sie mindestens 2 soziale Maßnahmen des Staates.

d) Das Ziel der Einkommens- und Vermögenspolitik der Sozialen Marktwirtschaft ist die gerechte Verteilung der Einkommen und Vermögen. Wodurch wird in erster Linie die Höhe des Einkommens in einer Industriegesellschaft bestimmt?

34. Die körperliche Beanspruchung im Dachdeckerhandwerk ist recht hoch. Darum sollten schon Auszubildende an ihre Gesundheit denken und vor allem richtige Hebetechniken beherrschen. Beurteilen Sie durch Ankreuzen die nachfolgenden Aussagen, ob sie richtig oder falsch sind:

Richtig	Falsch	Aussagen aus dem Bereich Betriebliches Gesundheitsmanagement
		Ausgleichsübungen am Arbeitsplatz helfen gegen Verspannungen des Muskel-Skelettsystems.
		Gesundheitskurse der gesetzlichen Krankenversicherung machen nur Sinn, wenn man schon körperliche Beschwerden hat.
		Durch ergonomische Arbeitsplatzgestaltung werden Arbeitstechniken und Arbeitsbedingungen optimiert, um Mitarbeiter möglichst wenig zu belasten.
		Ich kann durch meine Hebetechnik und meine Körperhaltung beim Arbeiten keinerlei Einfluss auf die Belastung meines unteren Rückens nehmen.
		Bandscheiben sind starre Zwischenwirbelscheiben.
		Die Muskulatur hat Einfluss auf die Körperhaltung.
		Die Bandscheiben bei körperlicher Arbeit einseitig zu belasten, ist günstig.
		Rücken- und Bauchmuskeln haben Auswirkung auf die Körperhaltung.
		Maßnahmen der betrieblichen Gesundheitsförderung können die Arbeitszufriedenheit erhöhen und das Betriebsklima verbessern.

35. Der Mensch ist ein Wesen, welches in der Gesellschaft mit anderen Menschen lebt, auf die es angewiesen ist. Die Entwicklung des Menschen vollzieht sich überwiegend in Gruppen.

a) Erklären Sie den Begriff Gesellschaft.

b) Nennen Sie 3 Faktoren, die eine Gruppe braucht, um als solche angesehen zu werden.

c) Unterscheiden Sie zwischen einer Primär- und einer Sekundärgruppe und geben Sie zu jedem Gruppentyp ein Beispiel.

d) Ordnen Sie sich selbst einer Primär- und Sekundärgruppe zu und nennen Sie ein gemeinsames Ziel.

36. Menschen haben in Gruppen verschiedene Aufgaben und es werden unterschiedliche Erwartungen an sie gestellt. Sie übernehmen in der Gruppe eine ganz spezielle Rolle.

a) Nennen Sie 4 Rollenausprägungen eines Familienvaters in seiner Rolle als Vater.

b) Unterscheiden Sie in diesem Zusammenhang zwischen formalen und informellen Rollen.

c) Geben Sie jeweils 2 Beispiele für eine formale und informelle Rolle.

d) Ein Mensch übernimmt in seinem Leben eine Vielzahl von Rollen. Nehmen Sie Stellung zu dieser Aussage.

37. Stimmt eine zugeteilte oder gewählte Rolle nicht mit den eigenen Zielen überein, kommt es zu einem Konflikt. Es wird zwischen Interrollen- und Intrarollenkonflikten unterschieden.

a) Erläutern Sie anhand von 2 Beispielen, wodurch in einer Gruppe ein Konflikt entstehen kann.

b) Nennen Sie 2 Rollenkonflikte, in denen Sie sich schon befunden haben.

c) Unterscheiden Sie zwischen einem Interrollen- und einem Intrarollenkonflikt.

d) Beschreiben Sie aus Ihrem eigenen Erfahrungsbereich einen Interrollen- und einen Intrarollenkonflikt.

38. Es gibt eine Vielzahl von Menschen in Deutschland, die einer gesellschaftlichen Randgruppe angehören.

a) Erklären Sie in diesem Zusammenhang den Begriff Randgruppe.

b) Nennen Sie 4 Beispiele für gesellschaftliche Randgruppen.

39. In der Phase des Erwachsenwerdens muss ein Jugendlicher viele Aufgaben bewältigen. Darüber hinaus wird er in dieser Phase mit ersten Problemen konfrontiert.

a) Nennen Sie 4 Aufgaben, die ein Jugendlicher beim Erwachsenwerden bewältigen muss.

b) Nennen Sie 3 Probleme, mit denen ein Jugendlicher konfrontiert werden kann.

c) Nennen Sie eine Institution, die bei Drogenproblemen Hilfe leisten kann.

d) Nennen Sie 2 Drogen, die in Deutschland zu den legalen Drogen gezählt werden.

e) Nennen Sie 3 Gründe, die einen Jugendlichen dazu bringen können, Drogen zu konsumieren.

40. Untersuchungen haben ergeben, dass es Mobbing inzwischen in fast jeder Schulklasse gibt. Aber auch im Internet kommt es immer häufiger zu Mobbingattacken.

a) Erklären Sie den Begriff Mobbing.

b) Was wird unter dem Begriff Cyber-Mobbing verstanden?

c) Welche Folgen können Mobbingattacken für die Opfer haben. Nennen Sie 2 dieser Folgen.

41. Medien beeinflussen immer stärker unseren Alltag. Ein Leben ohne Computer oder Handy können sich viele Jugendliche nicht mehr vorstellen.

a) Erklären Sie in diesem Zusammenhang den Begriff Massenmedien.

b) Nennen Sie 3 Beispiele für Massenmedien.

c) Nennen Sie 3 Funktionen, die Medien in einer Demokratie erfüllen sollen.

d) Wodurch kann die Erfüllung der in Aufgabe c) genannten Funktionen erschwert werden bzw. wodurch kann es zu Problemen kommen?

e) Erklären Sie den Begriff „Neue Medien“ und führen Sie dazu 3 Beispiele an.

f) Beurteilen Sie, wie sich die Medienlandschaft in den nächsten Jahren entwickeln wird.

42. Das Internet ermöglicht eine weltweite Vernetzung und Kommunikation. Für viele junge Menschen ist die Benutzung des Internets selbstverständlich.

a) Nennen Sie 4 Möglichkeiten, die Ihnen das Internet bietet.

b) Nennen Sie 3 Gefahren, die das Internet mit sich bringen kann.

c) Nennen Sie 3 Chancen, die das Internet mit sich bringen kann.

d) Erklären Sie in diesem Zusammenhang den Begriff Blog.

e) Nennen Sie Maßnahmen zu einem sicheren Umgang mit Ihren Daten im Netz.

43. Facebook zählt zu einem der bekanntesten sozialen Netzwerke auf der Welt und hat mittlerweile über eine Milliarden Nutzer. Daneben existieren noch weitere soziale Netzwerke.

a) Erklären Sie den Begriff „soziales Netzwerk".

b) Nennen Sie 3 Vorteile, die ein soziales Netzwerk mit sich bringt.

c) Nennen Sie 3 Gefahren, zu denen es in sozialen Netzwerken kommen kann.

d) Wie finanzieren sich soziale Netzwerke und welche Gefahr ist damit verbunden?

e) Nennen Sie 4 Funktionen, die ein soziales Netzwerk bietet.

f) Der „gläserne Mensch" ist ein oft genannter Begriff im Bereich des Datenschutzes. Erklären Sie, was unter diesem Begriff verstanden wird.

44. Umfragen haben ergeben, dass 95 % der deutschen Haushalte mittlerweile mindestens über ein Fernsehgerät und ein Smartphone verfügen.

a) Nennen Sie 3 negative Auswirkungen, die ein zu hoher Fernsehkonsum bzw. ausgiebige Smartphonenutzungen mit sich bringen können.

b) Unterscheiden Sie zwischen öffentlich rechtlichen und privaten Fernsehsendern.

c) Was bedeutet in diesem Zusammenhang die Abkürzung GEZ?

d) Wie finanzieren sich private Fernsehsender?

45. Immer wieder wird das Ergebnis der letzten Bundestagswahl thematisiert.

a) Erläutern Sie das Mischwahlsystem der Bundesrepublik.

b) Kreuzen Sie an, wer den/die Bundeskanzler/in wählt.
O Bundestag O Bundesrat O Bundesversammlung O Landtage
O wahlberechtigte Deutsche

c) Nennen und erläutern Sie die 5 Wahlgrundsätze.

46. Wahlen sind immer gut für Schlagzeilen in der Presse.

a) Unterscheiden Sie zwischen aktivem und passivem Wahlrecht.

b) Kreuzen Sie 3 Städte an, in denen Länderparlamente ihren Sitz haben.
O Aachen O Bonn O Düsseldorf O Hannover O Kiel
O Köln O Paris O Nürnberg

c) Die Medien benutzen immer eine Vielzahl von politischen Fachausdrücken. Erläutern Sie kurz die nachfolgenden Begriffe:
- Minderheitsregierung,
- Große Koalition,
- Rot-rot-grüne Koalition,
- Fraktionszwang,
- Pattsituation,
- Koalition,
- Parlamentarier,
- Kabinett,
- Opposition

47. Der Deutsche Bundestag wird vom Volk gewählt.

a) Kreuzen Sie die Staatsgewalt an, der er zuzuordnen ist.
O Legislative O Exekutive O Judikative

b) Kreuzen Sie an, wie oft planmäßige Wahlen zum Deutschen Bundestag stattfinden.
O jährlich O alle 2 Jahre O alle 4 Jahre O alle 5 Jahre
O auf Bürgerantrag hin

c) Nennen Sie 2 wichtige Aufgaben des Bundestages.

d) Was versteht man unter einer Fragestunde im Bundestag?

48. Abgeordnete des Bundestages genießen besondere Rechte.

a) Erläutern Sie die „Immunität" der Abgeordneten.

b) Was versteht man unter Diäten?

c) Kreuzen Sie die Bedeutung der Abkürzung MdB an.
O Mitteldeutscher Bürger O Minister des Bundes
O Mitglied des Bundestages

d) Wie oft kann ein Bundestagsabgeordneter wiedergewählt werden?

49. Der Bundesrat steht nicht so oft im Rampenlicht wie z.B. der Bundestag.

a) Erläutern Sie die Rolle des Bundesrates in der Gesetzgebung des Bundes.

b) Beschreiben Sie die Bedeutung von Landtagswahlen auf die Zusammensetzung des Bundesrats.

c) Kreuzen Sie eine Aufgabe des Bundesratsvorsitzenden an.
O Bürgermeister O Vertreter des Bundeskanzlers
O Vertreter des Bundespräsidenten

d) Erklären Sie den Begriff „imperatives Mandat".

50. Die Bundestagswahlen führen oft zu einer neuen Bundesregierung.

a) Nennen Sie mindestens 2 Bedingungen, um an Bundestagswahlen in der Bundesrepublik Deutschland aktiv teilnehmen zu können.

b) Erläutern Sie kurz, ob und wie ein gewählter Kanzler wieder abwählt werden kann.

c) Kreuzen Sie die regelmäßige Legislaturperiode des Bundestags an.
O 2 Jahre O 3 Jahre O 4 Jahre O 5 Jahre O 7 Jahre O 8 Jahre O 10 Jahre

d) Nennen Sie die derzeit im Bundestag vertretenen politischen Parteien mit Abkürzung und deren Bedeutung.

e) Benennen Sie die aktuellen Bundesminister bzw. Bundesministerinnen.

Bundesministerium für Verteidigung ➜		Bundesministerium für Arbeit und Soziales ➜	
Bundesministerium für Umwelt ➜		Bundesministerium für Wirtschaft ➜	
Bundesaußenministerium ➜		Bundesministerium der Finanzen ➜	

51. Bei den letzten Kommunalwahlen hatten fast alle Auszubildenden im Dachdeckerhandwerk bereits das aktive Wahlrecht.

a) Nennen Sie das gesetzliche Mindestalter für Kommunalwahlen.

b) Nennen Sie 2 Gründe für die aktive Teilnahme an Wahlen.

c) Wer wählt den Bürgermeister?

52. Die aktuelle Politik wird von den politischen Parteien getragen.

a) Nennen Sie mindestens 4 Einnahmequellen der Parteien.

b) Nennen Sie mindestens 2 Aufgaben der Parteien in unserer Demokratie.

c) Führen Sie Möglichkeiten an, wodurch der Bürger direkt Einfluss nehmen kann auf die politischen Entscheidungen des Stadt- oder Gemeinderates.

d) Wodurch kann es zu einem Parteienverbot kommen?

53. Die Bundesrepublik Deutschland ist ein föderalistischer Staat.

a) Erklären Sie in diesem Zusammenhang den Ausdruck Föderalismus.

b) Nennen Sie das Staatsorgan, durch das die Bundesländer bei der Gesetzgebung des Bundes mitwirken.

c) Kreuzen Sie die ehemalige, erste Hauptstadt der Bundesrepublik Deutschland an:
O Köln   O Essen   O Dortmund   O Bonn   O Düsseldorf

d) Nennen Sie eine weitere europäische „Bundesrepublik".

e) Aus wie vielen Bundesländern besteht die Bundesrepublik?

54. Abstimmungen im Bundestag können nach verschiedenen Verfahren durchgeführt werden.

a) Erläutern Sie einige Begriffe dazu:
- Abstimmung per Akklamation,
- Hammelsprung,
- namentliche Abstimmung,
- freies Mandat

b) Wer führt im Bundestag die Abstimmungen durch?

55. Der Bundespräsident ist der ranghöchste Politiker der Bundesrepublik Deutschland.

a) Nennen Sie 2 Aufgaben des Bundespräsidenten.

b) Kreuzen Sie an, wer den Bundespräsidenten wählt?
O Bundesrat   O Bundestag   O Bundesversammlung
O Bundesminister   O das Volk

c) Nennen Sie den jetzigen Bundespräsidenten.

d) Wie lange dauert die maximale Amtszeit eines Bundespräsidenten?

e) Aus welchen Mitgliedern setzt sich die Bundesversammlung zusammen?

56. Der Bundeskanzler ist der wichtigste Politiker der Bundesregierung.

a) Wer wählt den Bundeskanzler?

b) Erläutern Sie die Ausdrücke „Vertrauensfrage“ bzw. „konstruktives Misstrauensvotum“.

c) Nennen Sie 2 Aufgabenbereiche des Bundeskanzlers.

d) Was versteht man unter der „Richtlinienkompetenz“ des Bundeskanzlers?

57. Bei allen Dach- und Fassadenarbeiten ist der Abfall zu trennen.

a) Kreuzen Sie 3 Reststoffe an, die kostengünstig wiederaufbereitet werden können.
O Dachsteine O Farbreste O Schweißbahnreste O Schiefer
O Metalle O PVC

b) Kreuzen Sie 2 Begründungen an, warum das Verbrennen von Reststoffen, wie z.B. ölimprägniertes Bauholz, Verpackungsfolien usw., streng untersagt ist.
O Seitenschutz O Brandschutz O Umweltschutz O Sichtschutz
O Gehörschutz

c) Nennen Sie die ökonomischen und ökologischen Vorteile für die Trennung von Reststoffen.

d) Was bedeutet die Abkürzung TRGS, führen Sie dazu ein Beispiel an.

58. Bauholz ist ein begehrter Werkstoff. Umweltschutz, gerade auch der Wälder, ist ein hohes Gut.

a) Kreuzen Sie 2 sinnvolle Einsatzbereiche für Bauholz in Dachkonstruktionen an:
O Dachentwässerung O Blitzschutz O Tragelattung
O Deckunterlage O Brennstoff

b) Kreuzen Sie 2 Vorteile von Bauholz aus ökologischer Sicht an:
O schwer O gesundheitlich unbedenklich O Lebensmittel
O steuerfrei O nachwachsender Rohstoff

c) Was versteht man unter Nachhaltigkeit beim Abholzen von Wäldern?

d) Nennen Sie 2 Vorteile eines Holzhauses aus ökonomischer Sicht.

59. Weltweit hat eine Politik zur Sicherung des Klimas und der Umwelt einen hohen Stellenwert.

a) Erläutern Sie die folgenden Begriffe aus dem Bereich des Umweltschutzes:
- Schadstoffreduktion,
- Regenerative Energie,
- Emissionshandel,
- anthropogener Treibhauseffekt,
- Energiewende.

b) Erläutern Sie am Beispiel der CO_2-Emissionen durch den Straßenverkehr Ursachen und Folgen von Umweltgefährdungen sowie Maßnahmen zur Vermeidung.

60. Der Umweltschutz gehört nach aktuellen Umfragen zu den wichtigsten Aufgaben, die unsere Politiker lösen müssen.

a) Erläutern Sie den Begriff Ozonloch.

b) Warum fordern viele Umweltverbände ein Verbot von sogenannten Billigfliegern?

c) Was versteht man in Städten unter einer Umweltzone?

d) Womit ist zu rechnen, wenn es nicht gelingt, den Treibhauseffekt zu stoppen?

e) Führen Sie ein Beispiel für umweltschonende Maßnahmen bei Dachdeckerarbeiten an.

61. Die Sanierung von asbesthaltigen Deckwerkstoffen und Wandbekleidungen wird auf Jahre ein Arbeitsfeld der Dachdecker bleiben.

a) Kreuzen Sie an, was unter Asbest zu verstehen ist:
O Naturfaser O Chemiefaser O Giftgas
O hochentzündliche Masse O explosives Gemisch

b) Was versteht man unter ASI-Arbeiten?

c) Führen Sie geeignete Bestandteile der persönlichen Schutzausrüstung bei Asbestarbeiten an.

d) Erläutern Sie die sichere Entsorgung asbesthaltiger Stoffe.

e) Beschreiben Sie die Gefährdung der Gesundheit durch Asbest.

62. Die vernichtenden Erfahrungen aus der Diktatur des Nationalsozialismus hatten Einfluss auf die freiheitlich-demokratische Grundordnung der Bundesrepublik.

a) Beschreiben Sie den Begriff Diktatur.

b) Erläutern Sie das Ermächtigungsgesetz aus dem Jahr 1933.

c) Was versteht man bis heute unter Antisemitismus?

d) Erläutern Sie die Begriffe Pressefreiheit und das Recht auf freie Meinungsäußerung.

63. Das Grundgesetz wird als Mutter aller Gesetze der Bundesrepublik Deutschland bezeichnet.

a) Nennen Sie 5 Grundrechte, die im Grundgesetz verankert sind.

b) Seit wann existiert unser Grundgesetz?

c) Welches Gericht wacht über die Einhaltung des Grundgesetzes?

d) Warum gilt unser Grundgesetz weltweit als vorbildlich?

64. Die meisten Staaten der Erde bezeichnen ihre Regierungsform als demokratisch.

a) Was versteht man unter Grundformen einer direkten Demokratie?

b) Beschreiben Sie die Grundform einer repräsentativen Demokratie.

c) Führen Sie mindestens einen Staat an, der diese repräsentative Demokratie lebt.

d) Nennen Sie mindestens 2 Merkmale eines demokratischen Staates.

65. Häufig fordern Bürger mehr direkte Einflussmöglichkeiten auf politische Entscheidungen.

a) Erläutern Sie die Risiken, Abstimmung per moderner Informationstechnologie wie z.B. per Mobiltelefon durchzuführen.

b) Was spricht für und was gegen eine Wahl des Bundeskanzlers direkt durch das Volk?

66. Ergänzen Sie jeweils die fehlenden Begriffe zur föderalen Struktur der Bundesrepublik Deutschland.

Bundesland:	*Hessen*		*Nordrhein-Westfalen*		*Thüringen*	
Landeshauptstadt:		*Kiel*		*Dresden*		*Hannover*
Bundeshauptstadt:						

67. Das höchste deutsche Gericht ist oft am politischen Geschehen maßgeblich beteiligt.

a) Was bedeutet die Abkürzung BVerfG?

b) Nennen Sie 2 Zuständigkeitsbereiche des BVerfG.

c) Erläutern Sie möglichst an einem Beispiel das sogenannte Normenkontrollverfahren.

d) Kreuzen Sie den Sitz des höchsten deutschen Gerichts an:
O Berlin O Bonn O Karlsruhe O Kassel O Luxemburg
O Straßburg

e) Kreuzen Sie 2 Parteien an, die wegen Verstößen gegen das Grundgesetz verboten wurden:
O SPD O SRP O Graue Panther O KPD
O Liberale O ACDC

68. Ergänzen Sie jeweils die fehlenden Begriffe zur Gewaltenteilung im Staat.

Staatsgewalt	Gesetzgebende Gewalt		
Fachbegriff		Exekutive	
Beispiel			Richter/Gerichte

69. Die Einigung Europas gilt als wichtiger Pfeiler für die Friedenssicherung in der Welt.

a) Kreuzen Sie einen Staat an, der nicht Mitglied der Europäischen Union ist.
O Lettland O Litauen O Zypern O Kroatien O Schweiz
O Österreich

b) Kreuzen Sie einen Staat an, der die Mitgliedschaft in der Europäischen Union beantragt hat.
O Lettland O USA O Serbien O Russland O Israel

c) Kreuzen Sie 2 Tagungsorte des Europäischen Parlamentes an.
O Limburg O London O Straßburg O Brüssel O Genf

d) Was versteht man unter dem Europäischen Qualifikationsrahmen (EQR)?

e) Warum gilt für das Europaparlament die so genannte 5%-Klausel nicht?

f) Erläutern Sie kurz die nachfolgenden europäischen Institutionen:
- Europäischer Gerichtshof,
- EU-Kommission,
- Europäischer Rat,
- Europaparlament

70. Die Vereinten Nationen (UN) bilden eine Art Weltparlament.

a) Nennen Sie 2 Hauptaufgaben der Vereinten Nationen.

b) Kreuzen Sie an, in welcher Stadt der Sitz der UN ist.
O Genf O Den Haag O New York O Leningrad O Eslohe
O Toki

c) Nennen Sie 2 mögliche Sanktionen der UN, kriegstreibende Staaten zu befrieden.

d) Kreuzen Sie 3 UN-Organisationen an:
O UNESCO O Bundespräsident O Bundesratspräsident
O WHO O UNICEF O Unimog

e) Was ist der Weltsicherheitsrat und aus welchen Mitgliedern setzt er sich zusammen?

f) Erläutern Sie das Vetorecht der ständigen Mitglieder im Weltsicherheitsrat.

71. Die Vereinten Nationen versuchen auch die wirtschaftliche Entwicklung der ärmeren Länder zu fördern.

a) Kreuzen Sie 2 UN-Organisationen an, die Kredite an Entwicklungsländer vergeben.
O Weltbank O Europäische Zentralbank O ZDF O IWF

b) Welche UN-Organisation kümmert sich um die Flüchtlinge?

c) Welche Aufgaben sollen die „Blauhelme“ der UN erfüllen?

d) Wie kann man absolute wirtschaftliche Armut beschreiben?

72. Durch die Einführung der europäischen Währung sind im Finanzwesen eine Reihe neuer Begriffe geschaffen worden.

a) Erläutern Sie kurz die Begriffe:
- EZB,
- IBAN,
- ESM,
- Staatsbankrott.

b) Der Euro ist neben dem US-Dollar die bedeutendste Währung der Welt. Nennen Sie 2 Hauptaufgaben der Europäischen Zentralbank.

c) Nennen Sie 2 EU-Staaten, die den Euro nicht eingeführt haben.

d) Kreuzen Sie den Sitz der Europäischen Zentralbank an.
O Genf O Brüssel O Luxemburg O Straßburg
O Frankfurt/Main O London

73. Die NATO ist historisch entstanden aus der unsicheren Zeit nach dem 2. Weltkrieg.

a) Was bedeutet die Abkürzung NATO?

b) Führen Sie 2 Hauptaufgaben der NATO an.

c) Kreuzen Sie an, welcher Staat kein Mitglied in der NATO ist:
O USA O Kanada O Frankreich O Türkei O Russland

d) Kreuzen Sie an, in welcher Stadt die NATO ihr Hauptquartier unterhält:
O Genf O New York O Brüssel O Berlin O Oslo

74. Nennen Sie die Wirtschaftssubjekte, zwischen denen im erweiterten Wirtschaftskreislauf die Geld- und Güterströme fließen.

75. Deutschland zählt zu den führenden Wirtschaftsnationen der Welt.

a) Warum hat Wissen und Bildung für uns einen so hohen Stellenwert?

b) Nennen Sie je 2 Standortfaktoren, die für und gegen Deutschland als Industriestandort sprechen.

c) Stellen Sie Chancen und mögliche Probleme eines Auslandsaufenthalts gegenüber.

4.3 Dach- und Flächenberechnungen

4.3.1 Formeln Flächenberechnungen

Vierecke

Das Quadrat

- 4 gleich lange Seiten
- 4 Eckwinkel mit 90°
- 2 gleich lange Diagonalen
- Diagonalen stehen zueinander senkrecht

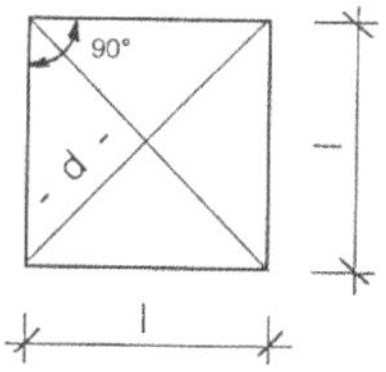

$A = l \cdot l$
$U = 4 \cdot l$

Das Rechteck

- 2 paarweise gleich lange parallele Seiten
- 4 Eckwinkel mit 90°
- 2 gleich lange Diagonalen

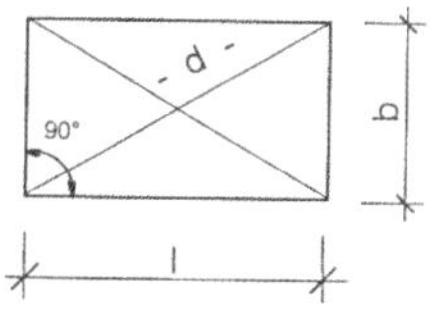

$A = l \cdot b$
$U = 2 \cdot (l + b)$

Das Parallelogramm (Rhomboid)

- 2 paarweise gleich lange parallele Seiten
- Die **Länge (b)** ist der senkrechte Abstand der Parallelen.
- Die Diagonalen sind ungleich lang.

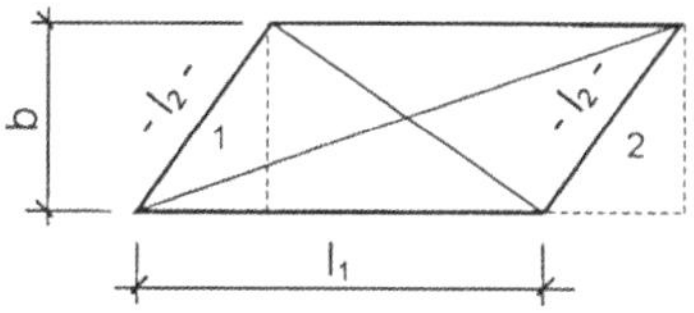

$A = l_1 \cdot b$
$U = 2 \cdot (l_1 + l_2)$

Die Raute (Rhombus)

- 4 gleich lange paarweise parallele Seiten
- Die **Länge (b)** ist der senkrechte Abstand der Parallelen.
- Die Diagonalen stehen senkrecht aufeinander.

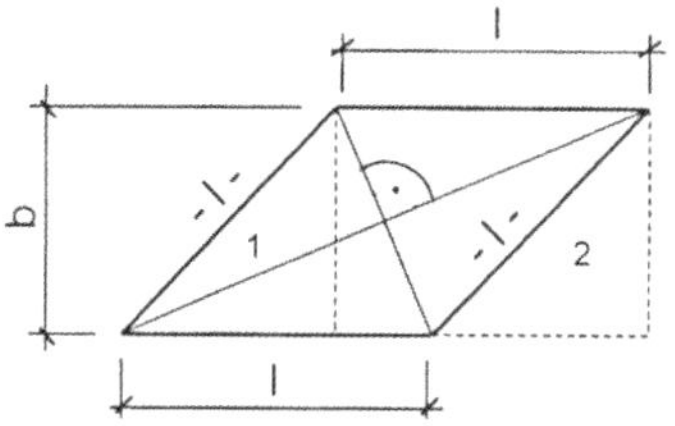

$A = l \cdot b$
$U = 4 \cdot l$

Das Trapez

- nur 2 parallele Seiten
- Die **Länge (b)** ist der **senkrechte** Abstand der beiden parallelen Seiten.

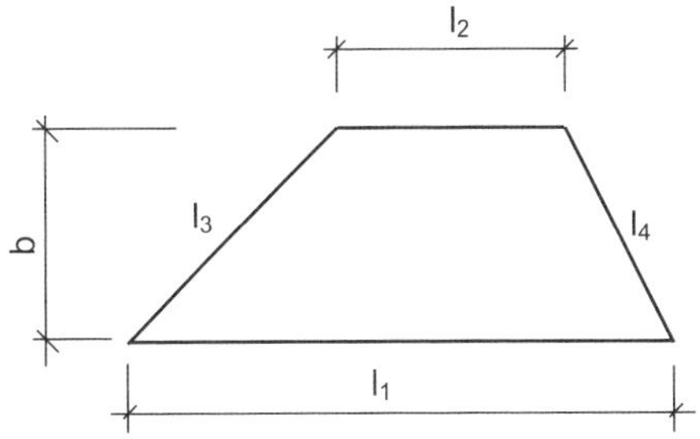

$$A = \frac{l_1 + l_2}{2} \cdot b$$

$$U = l_1 + l_2 + l_3 + l_4$$

Hinweis zur Taschenrechnereingabe bei der Berechnung von Trapezflächen:

A = l_1 [+] l_2 [=] [÷] 2 [x] b [=] Ergebnis

Dreiecke

Die Dreiecksarten werden unterschieden nach der **Größe der Winkel** und nach der **Größe der Seiten**. Die Winkelsumme im Dreieck beträgt immer **180°**.

*Dreiecksarten nach der **Größe der Winkel:***

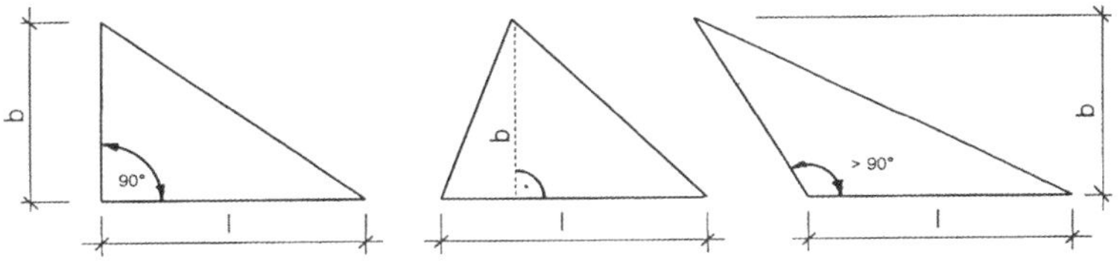

rechtwinklig 1 Winkel = 90° | spitzwinklig jeder Winkel < 90° | stumpfwinklig 1 Winkel > 90°

*Dreiecksarten nach der **Größe der Seiten:***

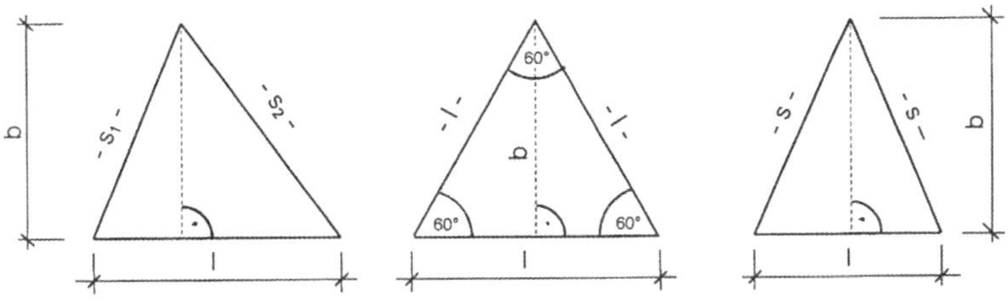

ungleichseitig | gleichseitig | gleichschenklig

Dreiecke sind halbe Rechtecke oder halbe Parallelogramme. Die **Fläche von Dreiecken** berechnet sich daher nach folgender Formelgleichung:

$$A = \frac{l \cdot b}{2}$$

l und **b** stehen jeweils **senkrecht** aufeinander.

Der **Umfang** von Dreiecken ergibt sich aus der Summe der 3 Seitenlängen.

Kreis

Beim Kreis stehen der **Umfang (U)** und der **Durchmesser (d)** in einem bestimmten Verhältnis zueinander.

Wird der Umfang eines Kreises durch seinen Durchmesser geteilt, ergibt sich immer die **Kreiszahl π = 3,1415...** $(= \frac{U}{d})$.

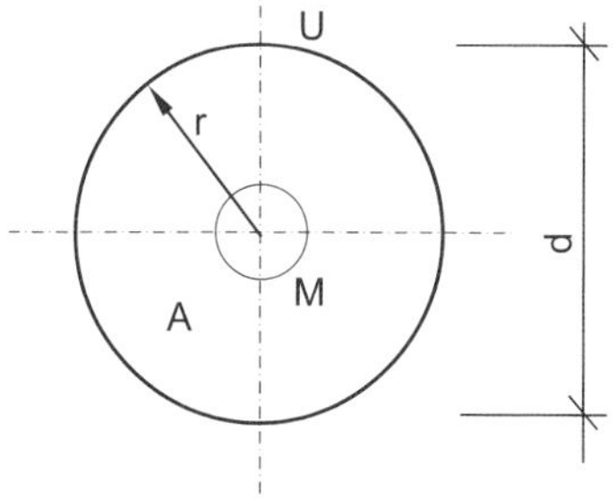

M = Mittelpunkt
r = Radius = $\frac{d}{2}$
d = Durchmesser = $2 \cdot r$
A = Kreisfläche
U = Kreisumfang

Kreisfläche : $A = \pi \cdot r^2$ oder $A = \frac{\pi \cdot d^2}{4}$

Kreisumfang : $U = \pi \cdot d$ oder $U = 2 \cdot \pi \cdot r$

Kreisring

Die Fläche eines Kreisrings ist die Differenz der Flächeninhalte zwischen dem großen (äußeren) und dem kleinen (inneren) Kreis.

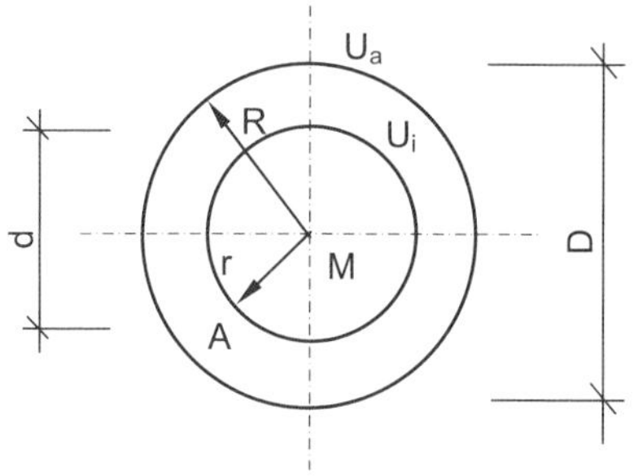

M = Mittelpunkt
D = Durchmesser außen
d = Durchmesser innen
R = Radius äußerer Kreis
r = Radius innerer Kreis
A = Kreisringfläche
U_a = Kreisringumfang außen
U_i = Kreisringumfang innen

Kreisringfläche: $A = (D^2 - d^2) \cdot \frac{\pi}{4}$ oder $A = (R^2 - r^2) \cdot \pi$

Kreisringumfang:
$U_a = \pi \cdot D$ oder $U_a = 2 \cdot \pi \cdot R$
$U_i = \pi \cdot d$ oder $U_i = 2 \cdot \pi \cdot r$

Kreisausschnitt

Der Kreisausschnitt ist die Fläche eines Kreises, die von 2 **Radien (r)** und dem zugehörigen **Kreisbogen (b)** begrenzt wird.
Die Fläche des Kreisausschnittes und die zugehörige Bogenlänge hängen von der Größe des **Radius (r)** und des **Mittelpunktwinkels (α)** ab.

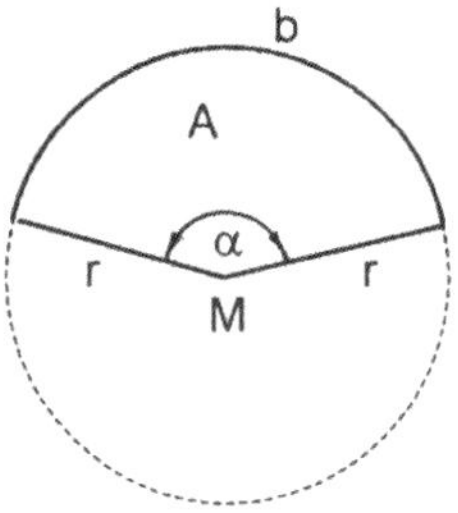

M = Mittelpunkt

r = Radius = $\frac{d}{2}$

α = Mittelpunktswinkel

b = Bogenlänge

A = Kreisausschnittsfläche

Kreisausschnittfläche: $A = \frac{\pi \cdot r^2 \cdot \alpha}{360°}$ oder $A = \frac{b \cdot r}{2}$

Bogenlänge: $b = \frac{r \cdot \pi \cdot \alpha}{180°}$ oder $b = \frac{d \cdot \pi \cdot \alpha}{360°}$

Kreisabschnitt

Der Kreisabschnitt ist die Fläche eines Kreises, die von der **Sehne (s)** und dem zugehörigen **Kreisbogen (b)** begrenzt wird.

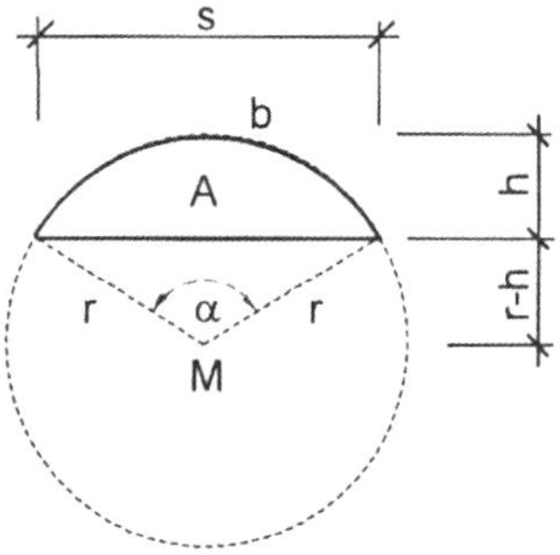

M = Mittelpunkt

r = Radius = $\frac{d}{2}$

α = Mittelpunktswinkel

b = Bogenlänge

A = Kreisabschnittsfläche

s = Sehne

h = Stichhöhe

Kreisabschnittfläche und Kreisradius:

$$r = \frac{h}{2} + \frac{s^2}{8 \cdot h}$$

A = Kreisausschnitt – Dreieck

$$A = \frac{\pi \cdot r^2 \cdot \alpha}{360°} - \frac{s \cdot (r - h)}{2}$$

$$A \approx \frac{2}{3} \cdot s \cdot h \text{ (Näherung)}$$

Ellipse

Eine Ellipse wird bestimmt durch die beiden zueinander senkrecht stehenden **Durchmesser D** und **d.**

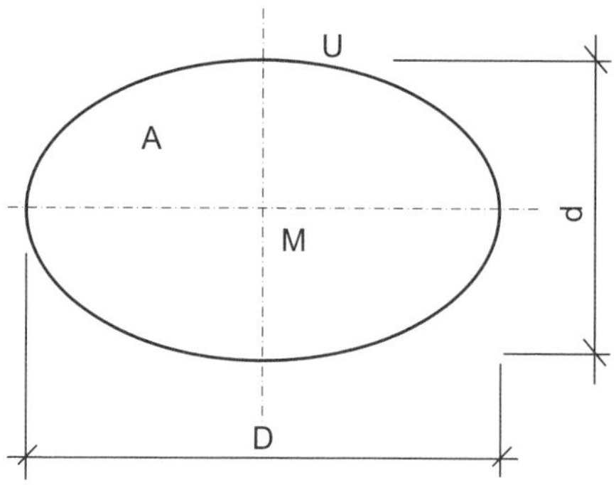

M = Mittelpunkt

D = großer Durchmesser

d = kleiner Durchmesser

R = großer Radius = $\frac{D}{2}$

r = kleiner Radius = $\frac{d}{2}$

A = Flächeninhalt der Ellipse

U = Umfang der Ellipse

Ellipsenfläche: $\mathbf{A = \frac{\pi}{4} \cdot D \cdot d}$ **oder** $\mathbf{A = \pi \cdot R \cdot r}$

Ellipsenumfang: $\mathbf{U = \frac{\pi}{2} \cdot (D + d)}$ **oder** $\mathbf{U = \pi \cdot (R + r)}$

4.3.2 Aufgaben Flächenberechnungen

1. Berechnen Sie:

- die Giebelflächen
- die Dachflächen mit den gegebenen Trauflängen

a)

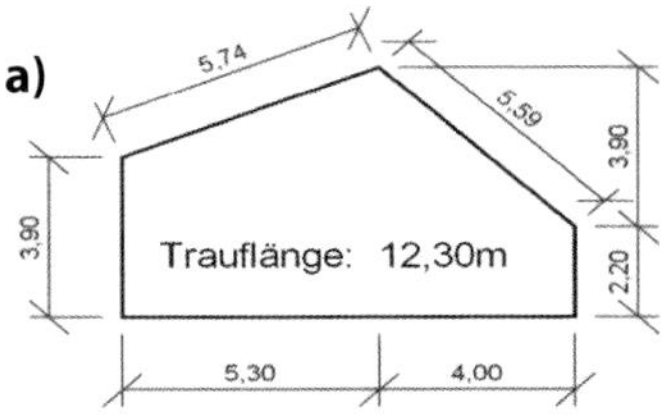

b)

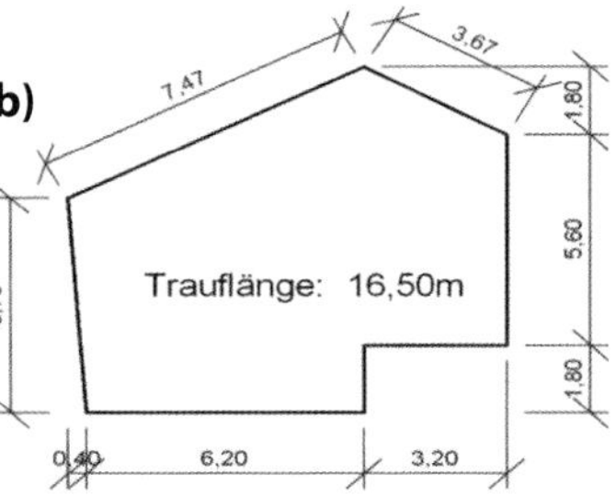

c)

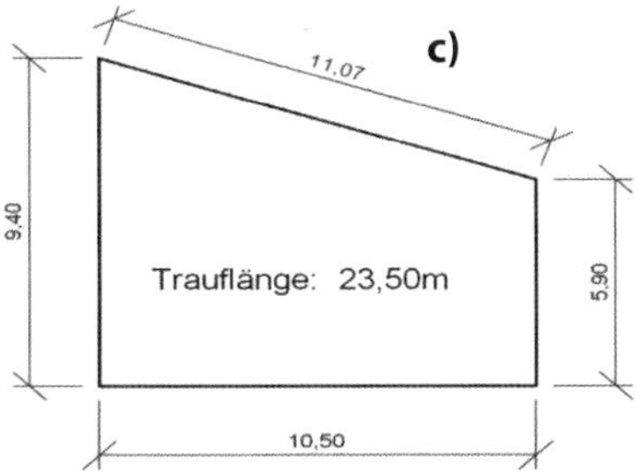

d)

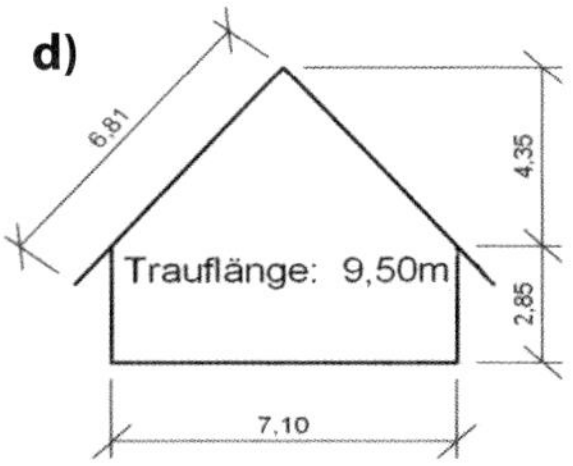

e)

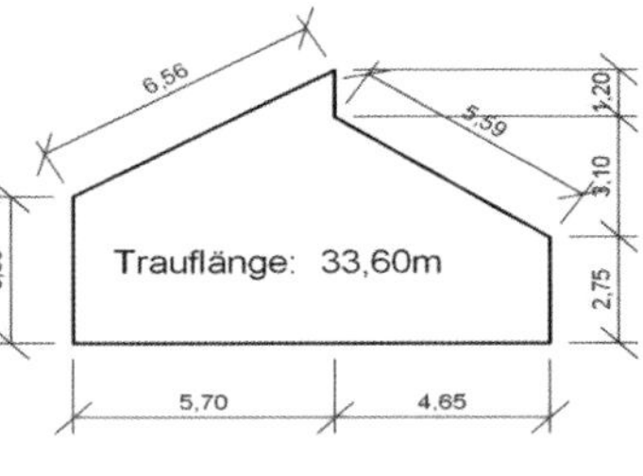

f)

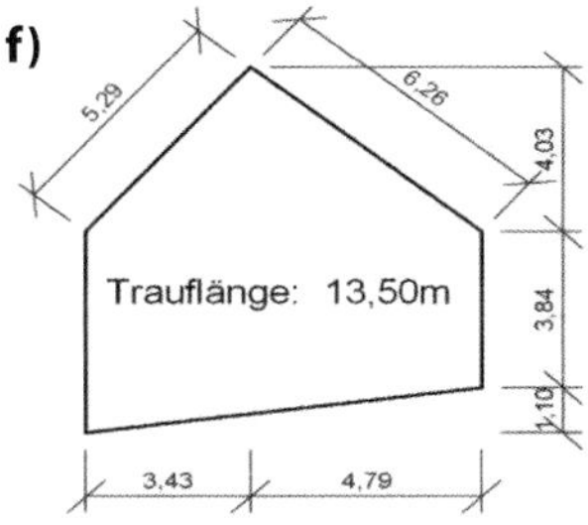

2. Berechnen Sie:
- die Giebelflächen, bei Abb. e) die Parkfläche, abzüglich der Öffnungen
- die Dachflächen
- das Volumen

a)

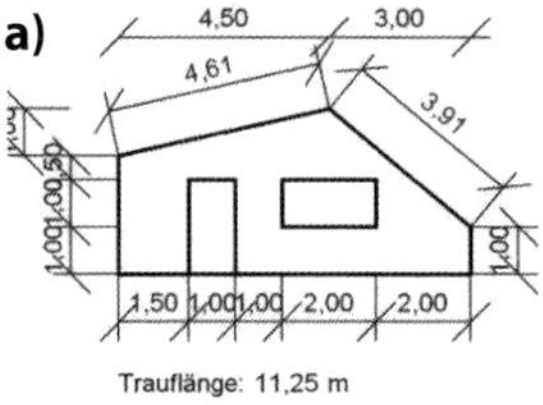

b)

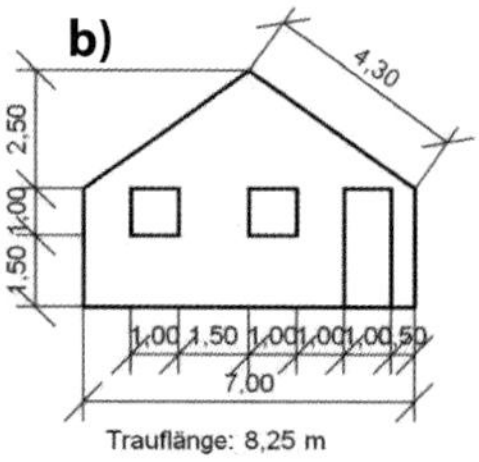

c)

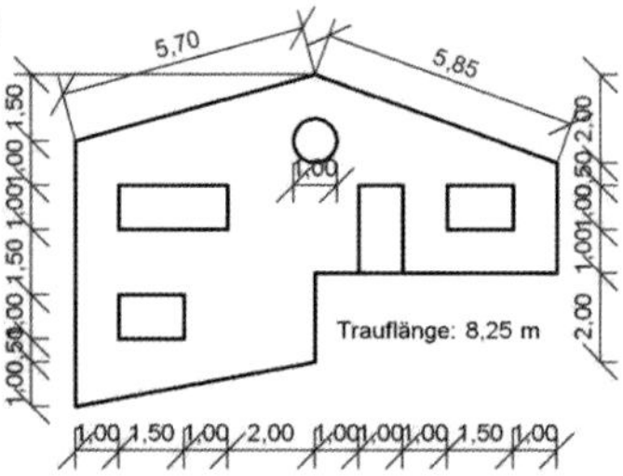

d)

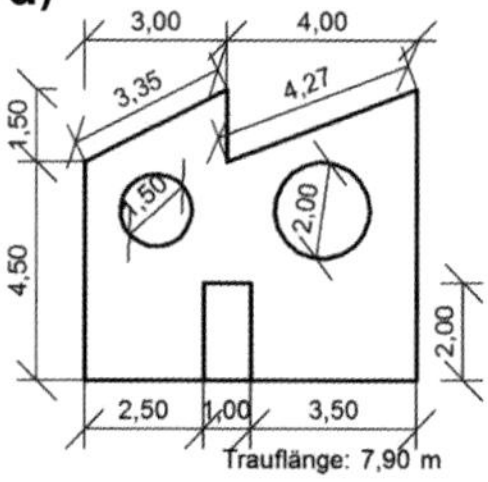

Ein Parkdeck mit zwei kreisförmigen Ausschnitten

e)

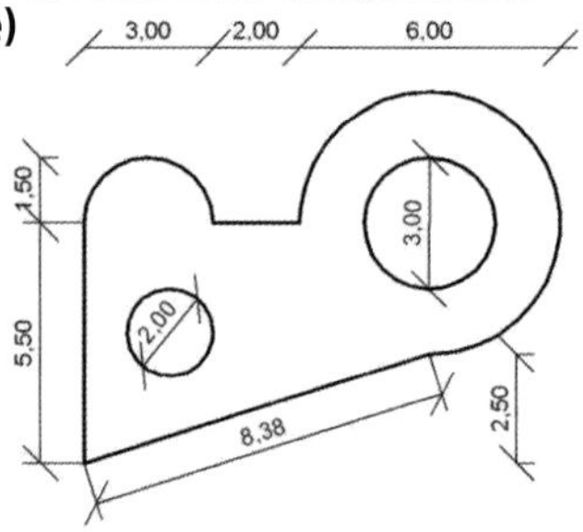

f)

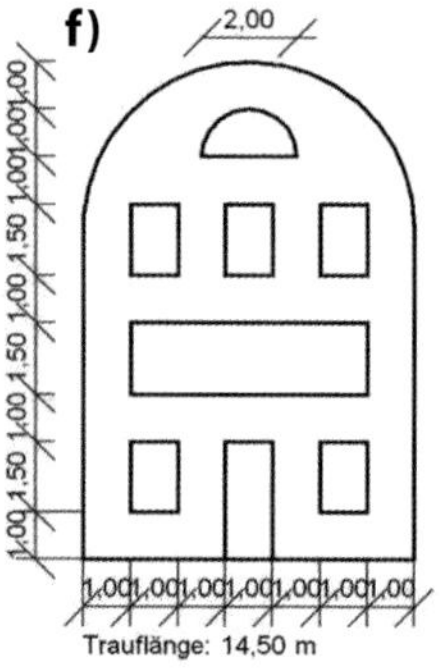

3. Berechnen Sie für die Flachdachflächen:

- die Dachfläche
- den Dachrand (plus Innenränder)

a)

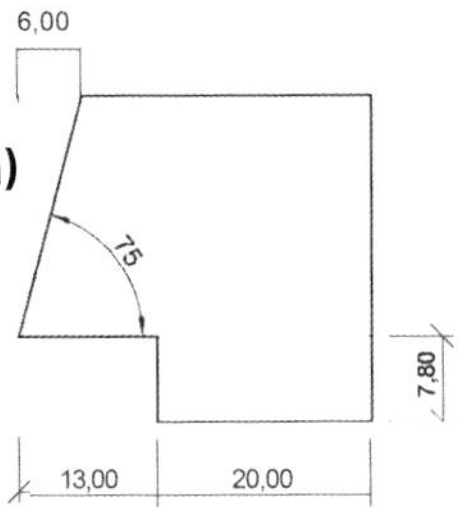

b)

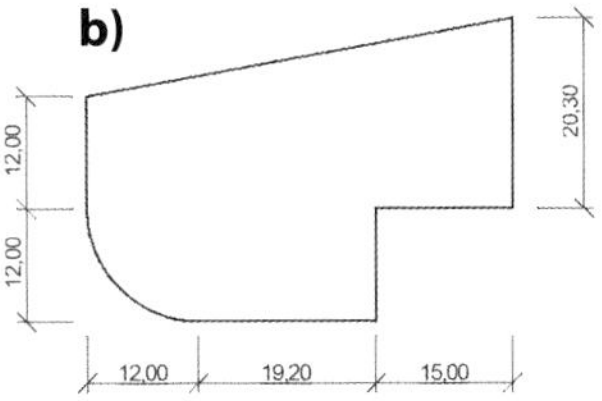

c)

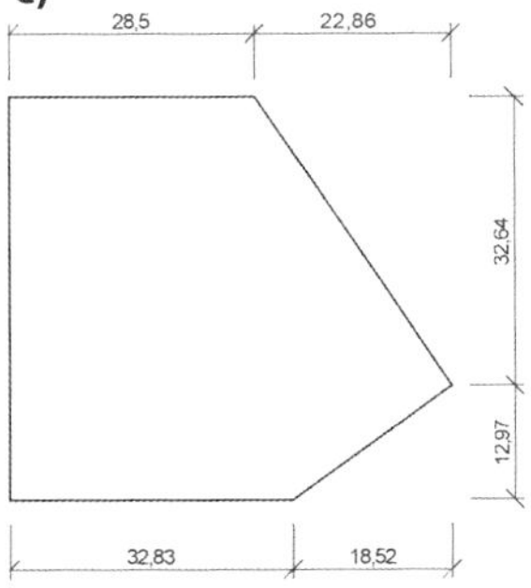

d)

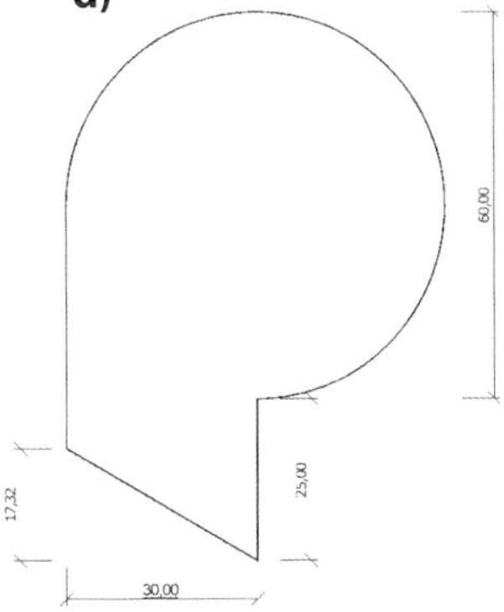

e) Sechseck-Flachdach

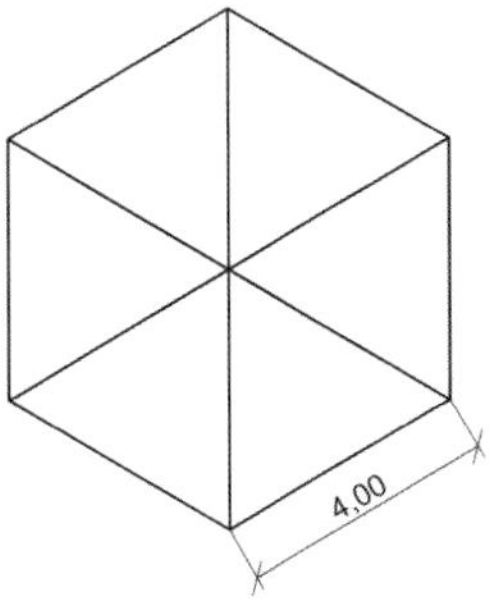

f) Balkonanbau

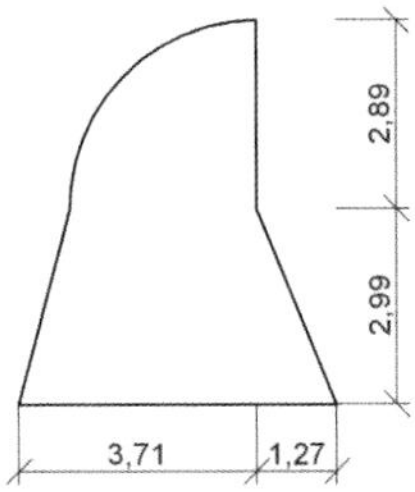

g) Flachdach

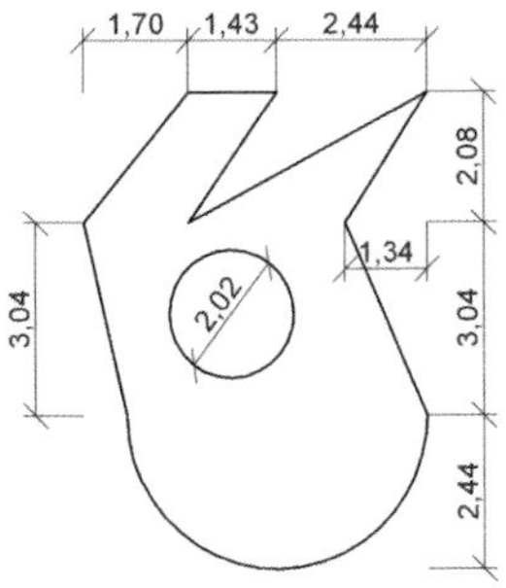

h) rundes Flachdach mit Sechseckaussparung

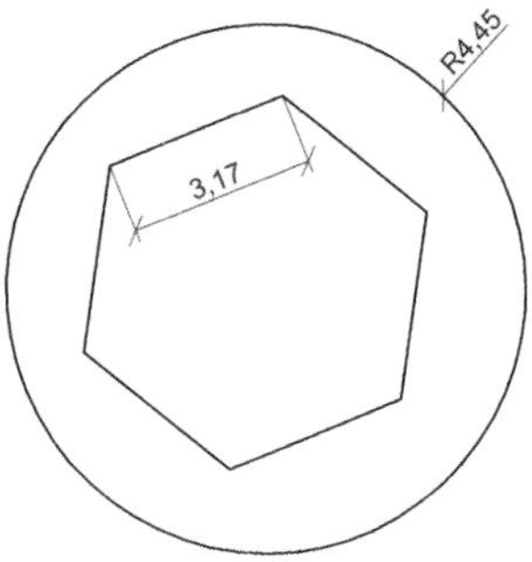

Zusatz-aufgaben

Längen- und Flächenberechnungen bei Dächern

4. Berechnen Sie für folgende Dächer:
- die Länge der Hauptsparren
- die Dachneigungen in %
- die Gesamtdachflächen

a) Pultdach
Trauflänge: 22,40 m

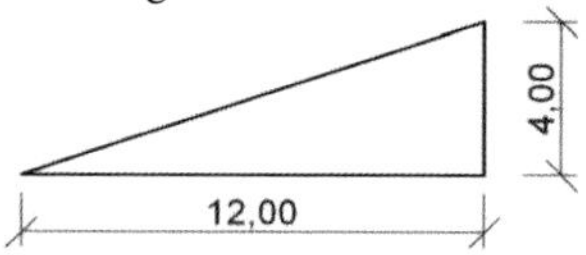

b) unsymmetrisches Satteldach
Trauflänge: 11,25 m

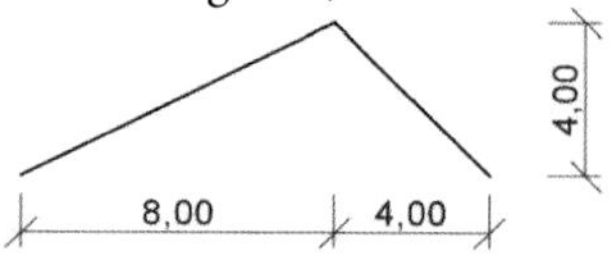

c) Sheddach (unregelmäßig)
Trauflänge: 11,50 m

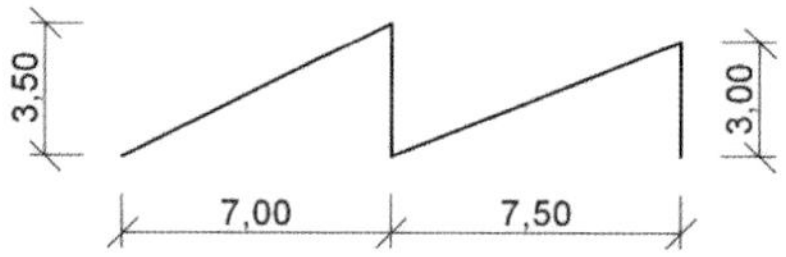

d) Tonnendach
Trauflänge: 9,50 m

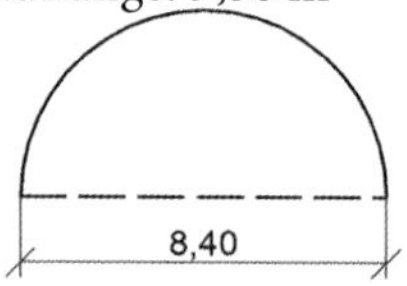

e) Flachdach mit Entwässerung
Trauflänge: 16,40 m

f) symmetrisches Mansarddach
Trauflänge: 18,30 m

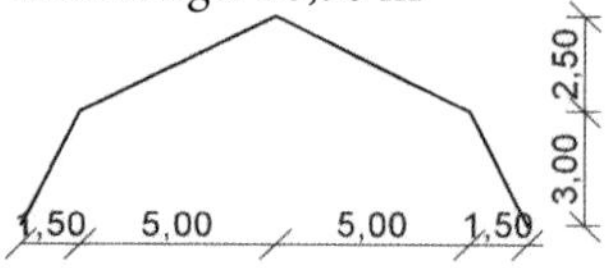

g) unsymmetrisches Mansarddach
Trauflänge: 15,30 m

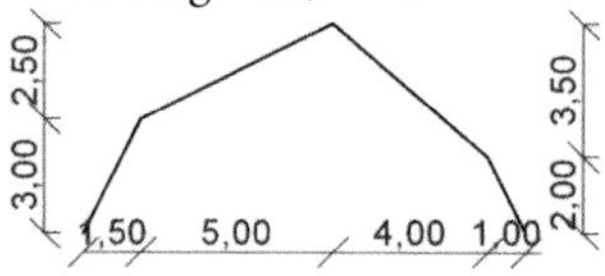

h) Flachdach mit Entwässerung
Trauflänge: 22,60 m

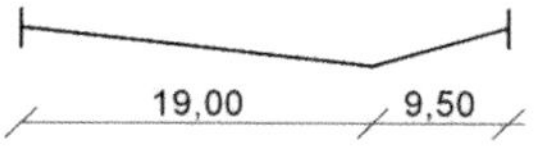

5. Berechnen Sie für folgende Dächer:
- die Länge der Hauptsparren
- die Dachneigung in %
- die Länge der Grate
- die Gesamtdachfläche

a)

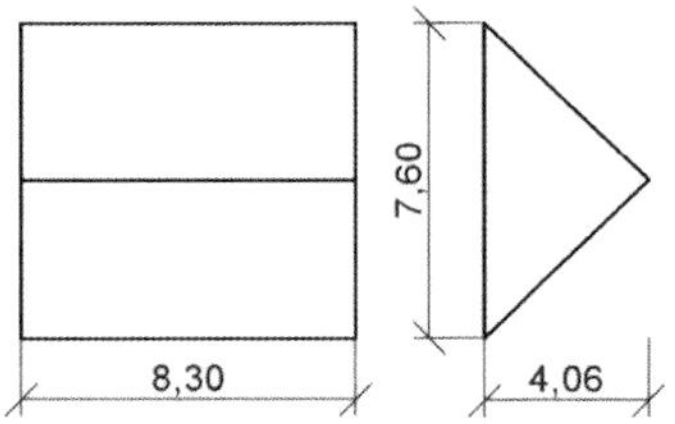

b)

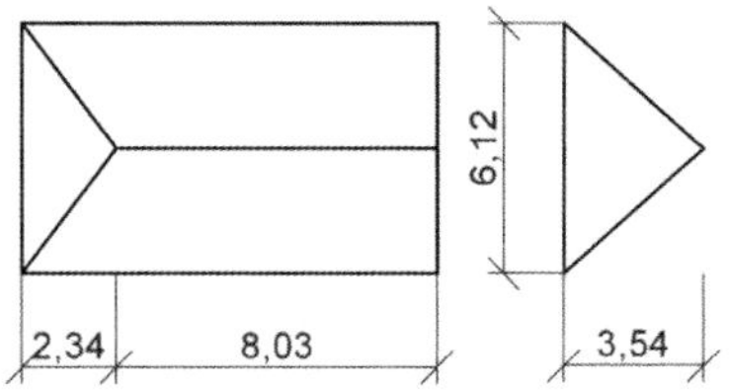

c)

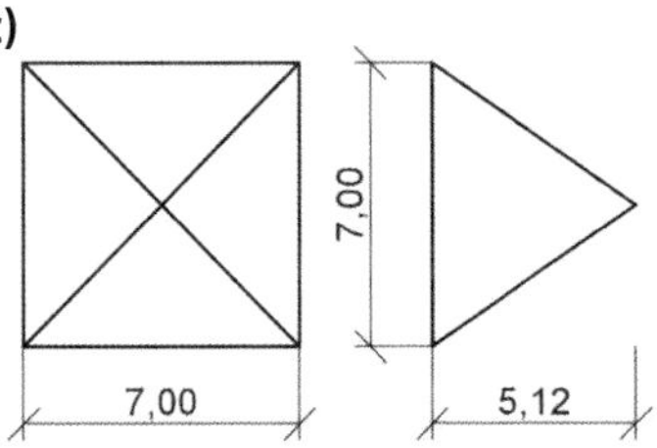

d)

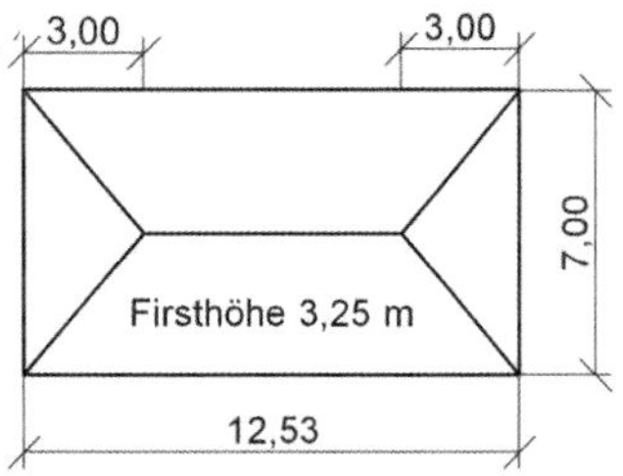

e)

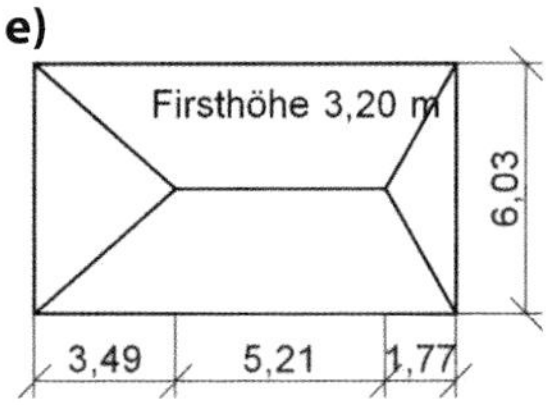

f)

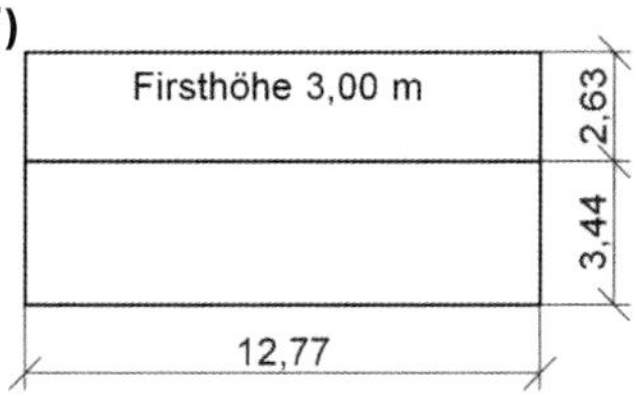

g)

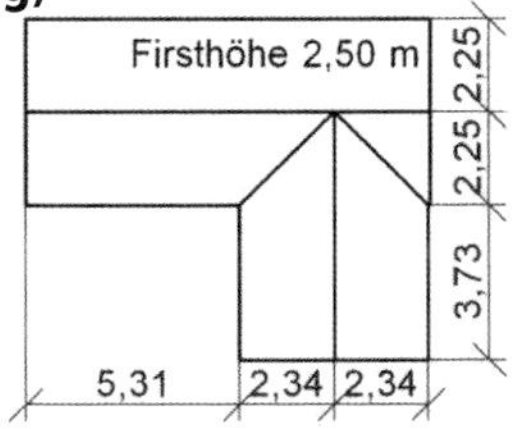

h)

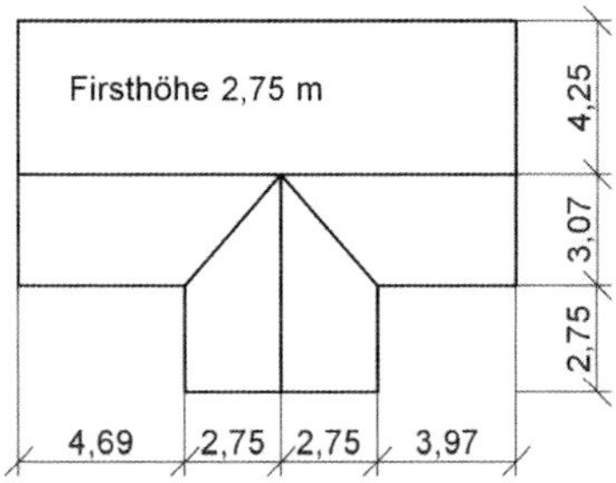

6. Gegeben ist das Walmdach laut Skizze. Gesucht sind
- die Länge aller Hauptsparren
- die Längen der Grate
- die Dachneigung in %
- die Gesamtdachfläche

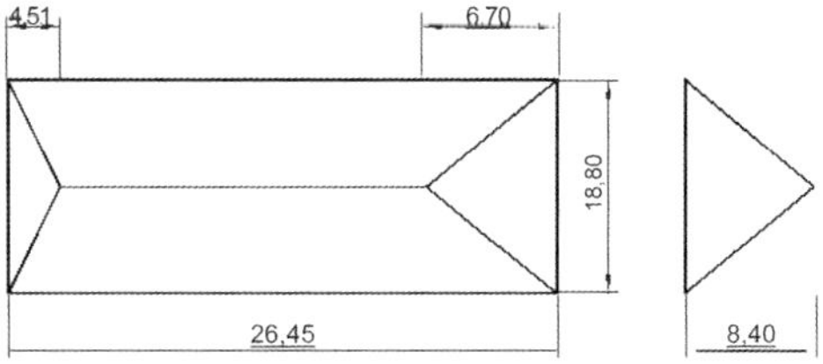

7. Ein kegelförmiges Dach hat einen Durchmesser von d = 6,00 m und eine Dachhöhe von 4,50 m. Berechnen Sie
- die Sparrenlänge
- die Dachfläche
- das Dachvolumen

8. Ein kegelförmiges Dach hat einen Durchmesser von d = 9,00 m und eine Dachhöhe von 7,00 m. Berechnen Sie
- die Sparrenlänge
- die Dachfläche
- das Dachvolumen

9. Ein kegelförmiges Dach hat ein Volumen von 80 m^3 und eine Dachhöhe von 7,00 m. Berechnen Sie
- die Sparrenlänge
- die Dachfläche

10. Berechnen Sie für folgende Dächer:
- die Länge der Hauptsparren
- die Dachneigungen in %
- die Gesamtdachflächen

a)

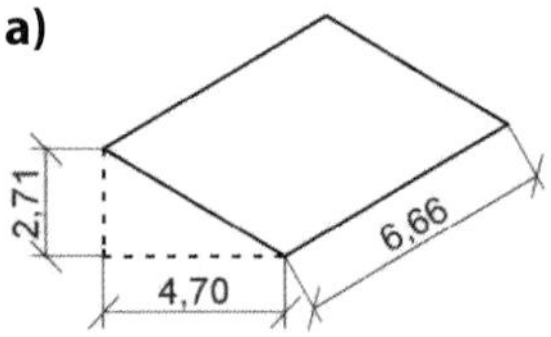

b)

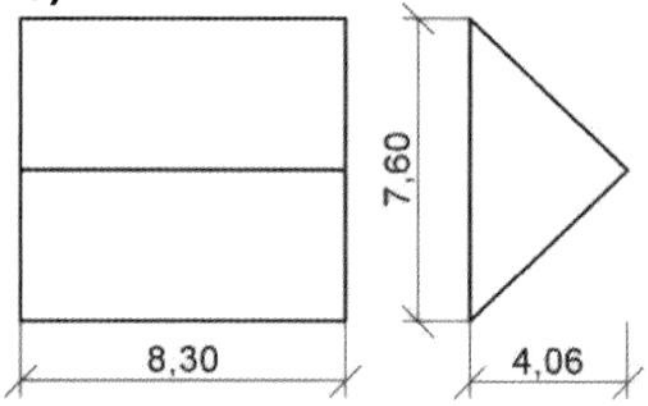

c)

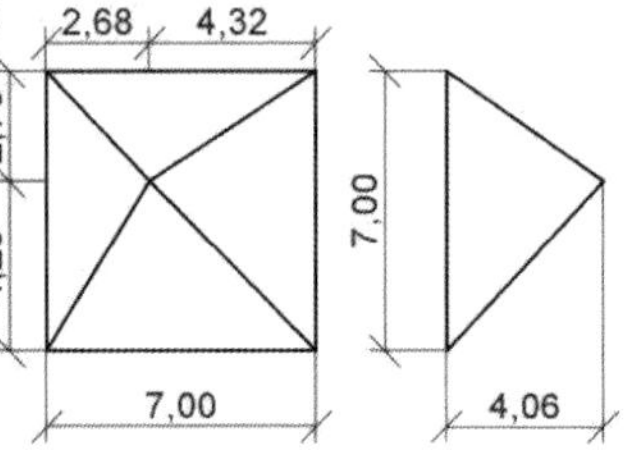

d)

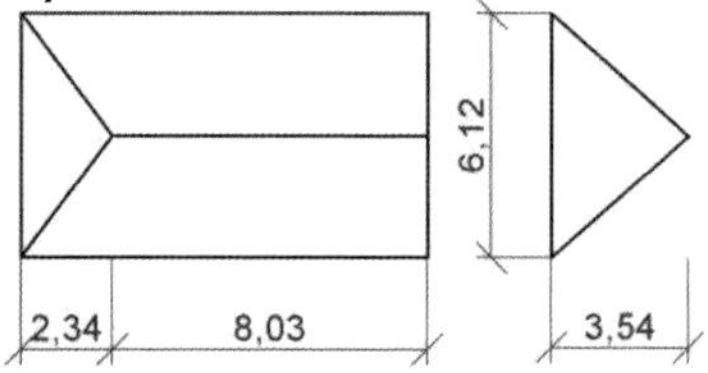

e)

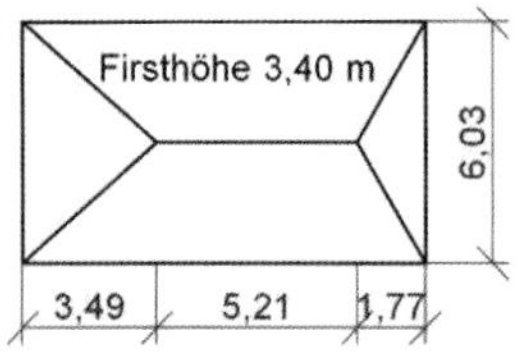

f)

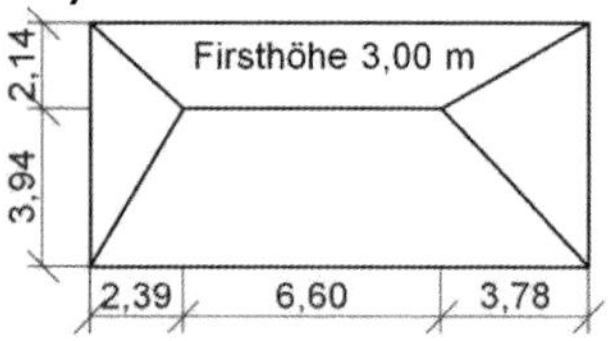

g)

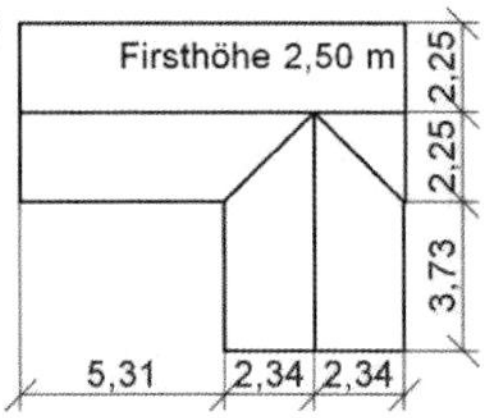

h)

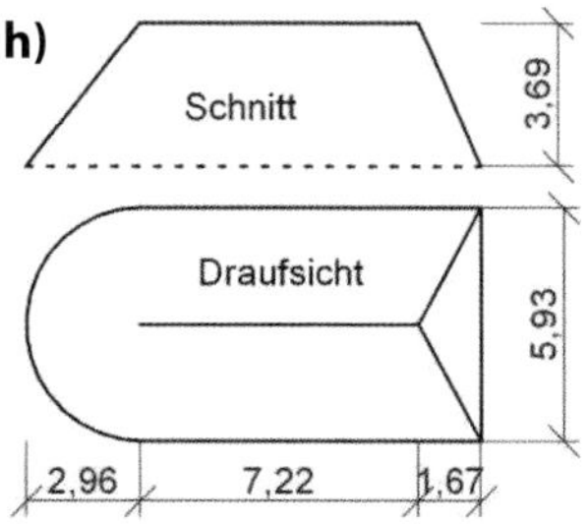

4.3.3 Formeln Dachberechnung

Pultdach

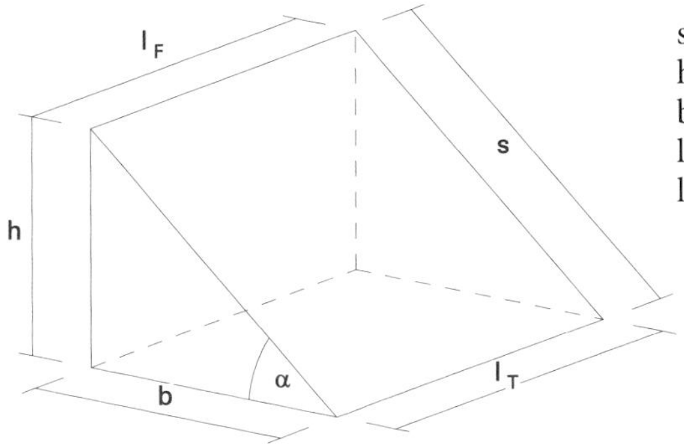

s = Sparrenlänge
h = Dachhöhe
b = Dachbreite
l_T = Trauflänge
l_F = Firstlänge

Dachhöhe: $h_{First} = b \cdot \tan\alpha$

Sparrenlänge: $s = \frac{b}{\cos\alpha}$ bzw. $s = \frac{h_{First}}{\sin\alpha}$

Dachfläche: $A_D = s \cdot l_T$ bzw. $A_D = s \cdot l_F$

Satteldach mit gleichen Dachneigungen

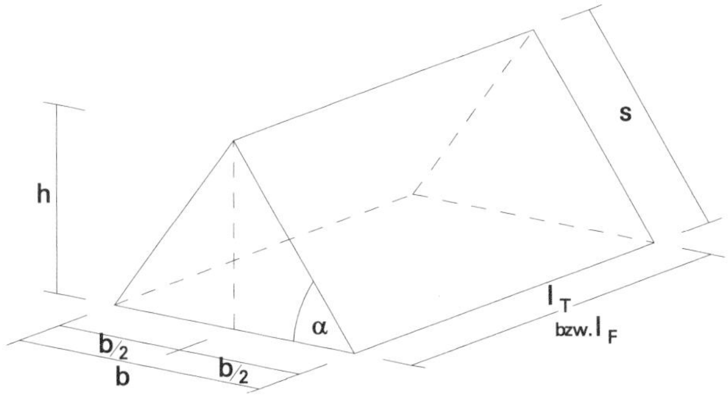

Dachhöhe: $h_{First} = \frac{b}{2} \cdot \tan\alpha$

Sparrenlänge: $s = \frac{b/2}{\cos\alpha}$ bzw. $s = \frac{h_{First}}{\sin\alpha}$

Dachfläche: $A_D = 2 \cdot s \cdot l_T$ bzw. $A_D = 2 \cdot s \cdot l_F$

Zusatz-aufgaben

Satteldach mit verschiedenen Dachneigungen

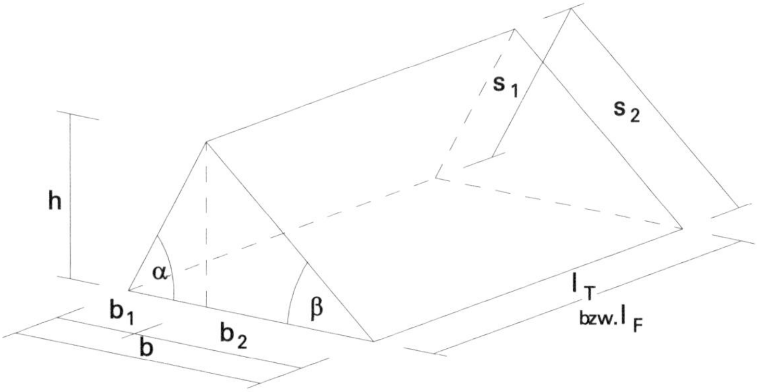

Dachteilbreite: $b_1 = \frac{b_{ges} \cdot \tan\beta}{\tan\alpha + \tan\beta}$

$b_2 = \frac{b_{ges} \cdot \tan\alpha}{\tan\alpha + \tan\beta}$ bzw. $b_2 = b_{ges} - b_1$

Firsthöhe: $h_{First} = b_1 \cdot \tan\alpha$ bzw. $h_{First} = b_2 \cdot \tan\beta$

$s_1 = \frac{b_1}{\cos\alpha}$ bzw. $s_1 = \frac{h_{First}}{\sin\alpha}$

Sparrenlänge: $s_2 = \frac{b_2}{\cos\beta}$ bzw. $s_2 = \frac{h_{First}}{\sin\beta}$

Dachfläche: $A_D = s_1 \cdot l_T + s_2 \cdot l_T$

$A_D = (s_1 + s_2) \cdot l_T$

Zeltdach bzw. Pyramidendach mit mittigem Gratanfallpunkt

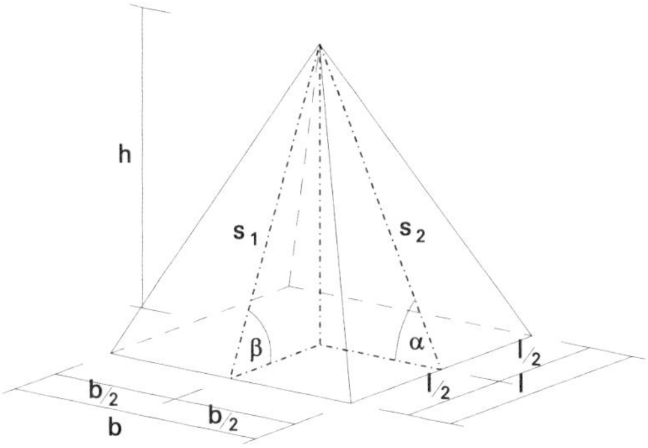

Dachhöhe: $h_{First} = \frac{b}{2} \cdot \tan\alpha$ bzw. $h_{First} = \frac{l}{2} \cdot \tan\beta$

Sparrenlänge: $s_1 = \frac{l/2}{\cos\beta}$ bzw. $s_1 = \frac{h_{First}}{\sin\beta}$

$s_2 = \frac{b/2}{\cos\alpha}$ bzw. $s_2 = \frac{h_{First}}{\sin\alpha}$

Gratlänge: $l_{Grat} = \sqrt{\left(\frac{b}{2}\right)^2 + s_1^2}$ bzw. $l_{Grat} = \sqrt{\left(\frac{l}{2}\right)^2 + s_2^2}$

Dachfläche: $A_D = s_1 \cdot b + s_2 \cdot l$

Kegeldach

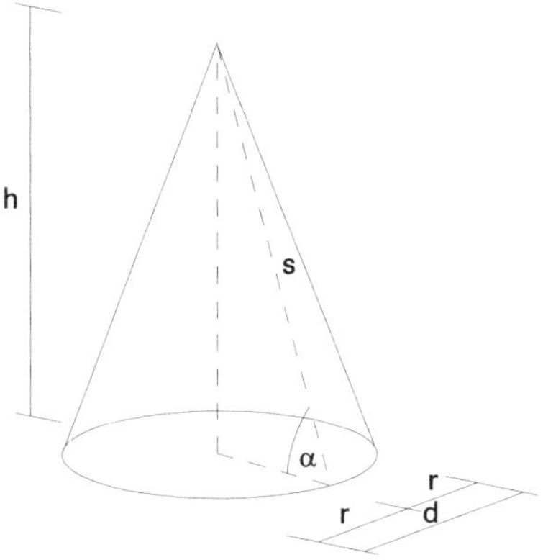

Dachhöhe: $h_{First} = r \cdot \tan\alpha$

Sparrenlänge: $s = \frac{r}{\cos\alpha}$ bzw. $s = \frac{h_{First}}{\sin\alpha}$

Dachfläche: $A_D = \pi \cdot r \cdot s$

Walmdach mit gleichen Dachneigungen

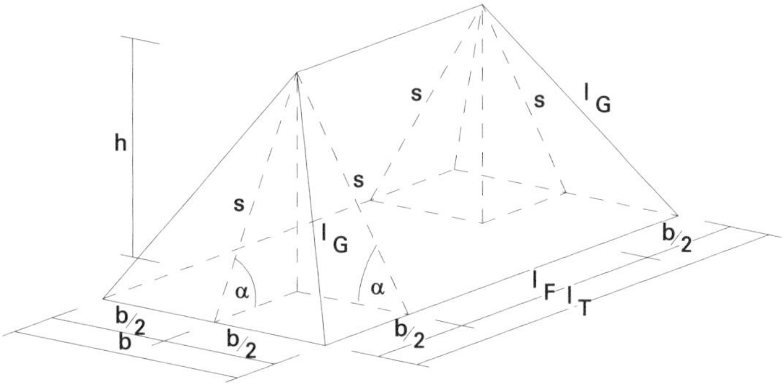

Dachhöhe: $h_{First} = \frac{b}{2} \cdot \tan\alpha$

Sparrenlänge: $s = \frac{b/2}{\cos\alpha}$ bzw. $s = \frac{h_{First}}{\sin\alpha}$

Gratlänge: $l_{Grat} = \sqrt{\left(\frac{b}{2}\right)^2 + s^2}$

Firstlänge: $l_{First} = l_T - b$

Walmfläche: $A_{Walm} = \frac{b \cdot s}{2}$

Sattelfläche: $A_{Sattel} = \frac{l_T + l_F}{2} \cdot s$

Dachfläche: $A_D = 2 \cdot s \cdot l_T$

Generell gilt: $A_D = \frac{A_{Grundfläche}}{\cos\alpha}$

Walmdach mit unterschiedlichen Dachneigungen und mittigem First

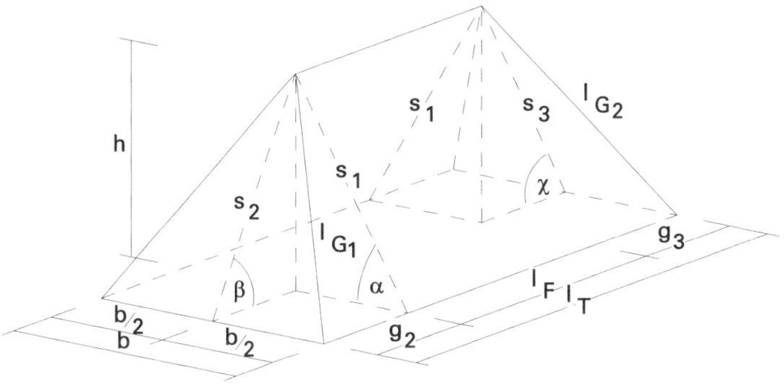

Dachhöhe: $$h_{First} = \frac{b}{2} \cdot \tan\alpha$$

Sparrenlänge: $$s_1 = \frac{b/2}{\cos\alpha} \quad \text{bzw.} \quad s_1 = \frac{h_{First}}{\sin\alpha}$$

$$s_2 = \frac{h_{First}}{\sin\beta}$$

$$s_3 = \frac{h_{First}}{\sin\chi}$$

Sparrengrundmaße: $$g_2 = \frac{h_{First}}{\tan\beta} \qquad g_3 = \frac{h_{First}}{\tan\chi}$$

Gratlänge: $$l_{Grat1} = \sqrt{\left(\frac{b}{2}\right)^2 + s_2^2} \quad \text{bzw.} \quad l_{Grat1} = \sqrt{g_2^2 + s_1^2}$$

$$l_{Grat2} = \sqrt{\left(\frac{b}{2}\right)^2 + s_3^2} \quad \text{bzw.} \quad l_{Grat2} = \sqrt{g_3^2 + s_1^2}$$

Firstlänge: $$l_{First} = l_T - g_2 - g_3$$

Dachfläche: $$A_D = (l_T + l_{First}) \cdot s_1 + \frac{b \cdot s_2}{2} + \frac{b \cdot s_3}{2}$$

Schleppgaube

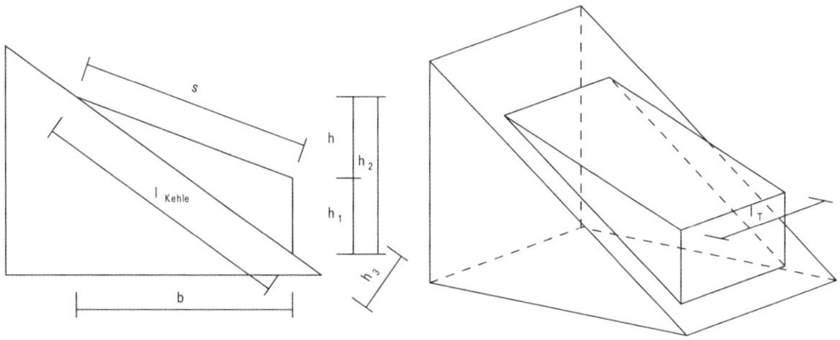

Sparrenlänge: $$s = \sqrt{h^2 + b^2}$$ oder $$s = \frac{b}{\cos\alpha}$$

α = Neigung der Schleppgaube

Dachfläche: $$A_D = s \cdot l_T$$

Kehllänge: $$l_{Kehle} = \sqrt{h_2^2 + b^2}$$ oder $$l_{Kehle} = \frac{b}{\cos\beta}$$

β = Neigung der Hauptdachfläche

Wangenfläche gesamt: $$A_{Wange} = \frac{l_{Kehle} \cdot h_3}{2} \cdot 2 = l_{Kehle} \cdot h_3$$ oder

$$A_{Wange} = \frac{b \cdot h_1}{2} \cdot 2 = b \cdot h_1$$

Spitzgaube

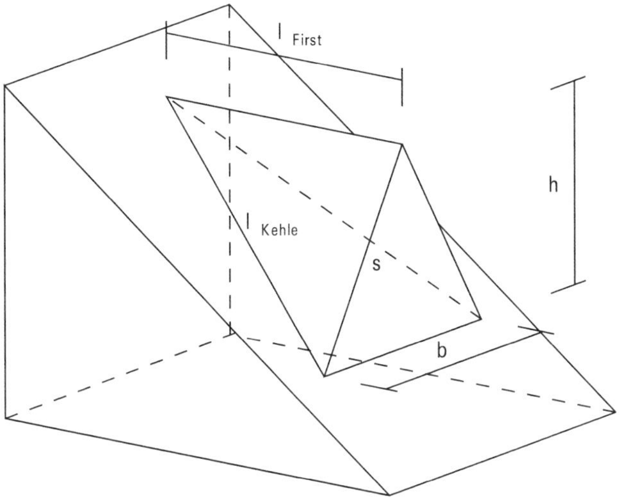

Sparrenlänge: $s = \sqrt{\left(\frac{b}{2}\right)^2 + h^2}$ oder $s = \frac{b/2}{\cos\alpha}$

α = Neigung der Spitzgaube

Höhe: $h = \frac{b}{2} \cdot \tan\alpha$

Firstlänge: $l_{First} = \frac{h}{\tan\beta}$

β = Neigung der Hauptdachfläche

Kehllänge: $l_{Kehle} = \sqrt{s^2 + l_{First}^2}$

Dachfläche: $A_{Spitzgaube} = \frac{l_{First} \cdot s}{2} \cdot 2 = l_{First} \cdot s$

Sattelgaube

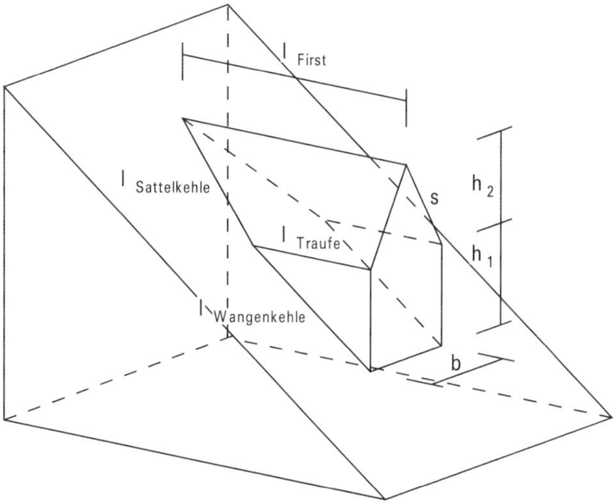

Sparrenlänge: $s = \sqrt{\left(\frac{b}{2}\right)^2 + h_2^2}$ bzw. $s = \frac{\frac{b}{2}}{\cos\alpha}$

α = Neigung der Sattelgaube

Höhe 2: $h_2 = \frac{b}{2} \cdot \tan\alpha$

Firstlänge: $l_{First} = l_{Traufe} + \frac{h_2}{\tan\beta}$

β = Neigung der Hauptdachfläche

Trauflänge: $l_{Traufe} = \frac{h_1}{\tan\beta}$

Dachfläche gesamt: $A_{Dachfläche} = \frac{l_T + l_F}{2} \cdot s \cdot 2$

Wangenkehle: $l_{Wangenkehle} = \sqrt{l_{Traufe}^2 + h_1^2}$

Sattelkehle: $l_{Sattelkehle} = \sqrt{(l_{First} - l_{Traufe})^2 + s^2}$

Dachberechnungsschema für zusammengesetzte Dächer

Vorgaben: Das Hauptdach und der Anbau haben jeweils mittige Firste.

Bezeichnungen:

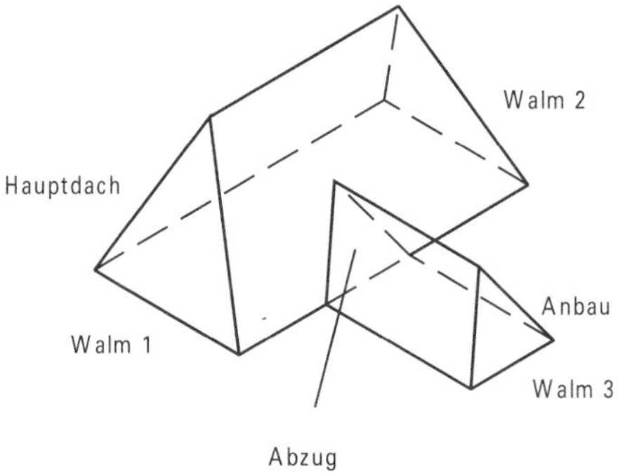

Berechnungen am Hauptdach:

Dachhöhe:

$$h_{First-Hauptdach} = \frac{b}{2} \cdot \tan\alpha$$

α = Neigung der Sattelflächen des Hauptdaches

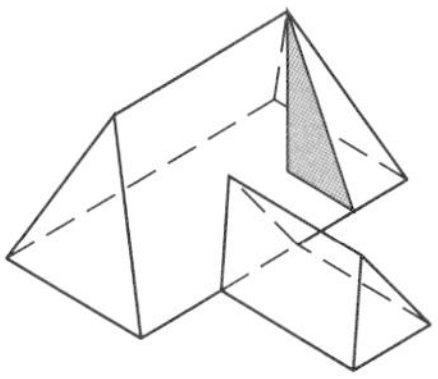

Sparrenlängen:

$$s_{Sattel-Hauptdach} = \frac{\frac{b}{2}}{\cos\alpha}$$ bzw.

$$s_{Sattel-Hauptdach} = \frac{h_{First}}{\sin\alpha}$$

β = Neigung der Walmfläche 1

γ = Neigung der Walmfläche 2

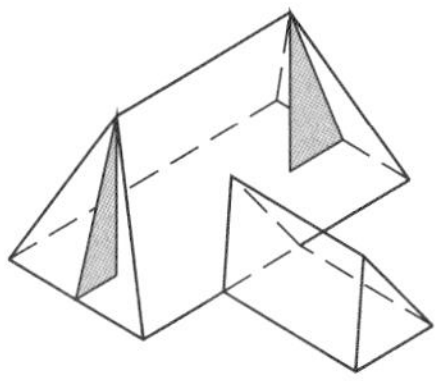

$$s_{Walm-1} = \frac{h_{First}}{\sin\beta} \qquad s_{Walm-2} = \frac{h_{First}}{\sin\gamma}$$

Grundmaße:

$$g_{Walm-1} = \frac{h_{First}}{\tan\beta} \qquad g_{Walm-2} = \frac{h_{First}}{\tan\gamma}$$

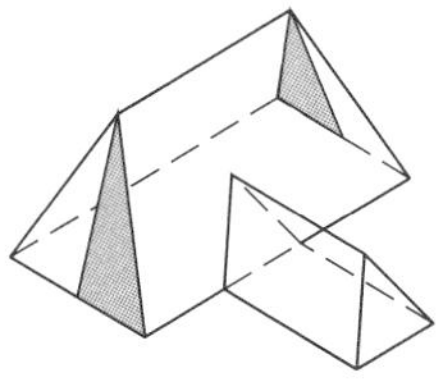

Firstlänge:

$$l_{First-Hauptdach} = l_{Traufe} - g_{Walm-1} - g_{Walm-2}$$

Gratlängen:

$$l_{Grat-Walm-1} = \sqrt{\left(\frac{b}{2}\right)^2 + s_{Walm-1}^{\ 2}}$$

$$l_{Grat-Walm-2} = \sqrt{\left(\frac{b}{2}\right)^2 + s_{Walm-2}^{\ 2}}$$

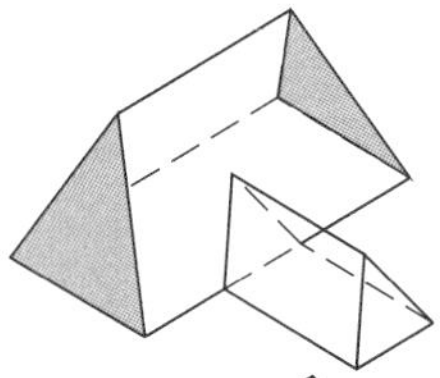

Dachflächen:

$$A_{Walm-1} = \frac{s_{Walm-1} \cdot b}{2}$$

$$A_{Walm-2} = \frac{s_{Walm-2} \cdot b}{2}$$

$$A_{Sattel-Hauptdach} = \frac{l_{First} + l_{Traufe}}{2} \cdot s_{Sattel-Hauptdach}$$

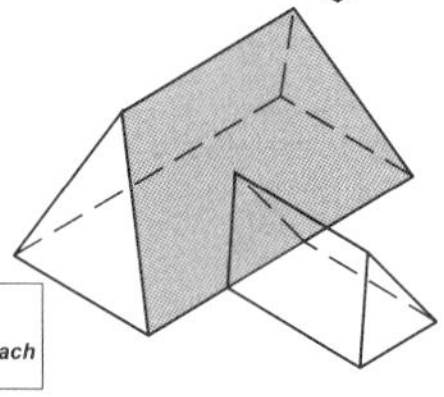

Zusatz-aufgaben

Berechnungen am Nebendach:

Dachhöhe:

$$h_{First-Nebendach} = \frac{b}{2} \cdot \tan\delta$$

δ = Neigung der Sattelflächen des Nebendaches

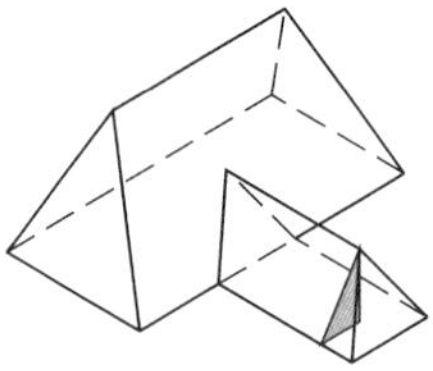

Sparrenlängen:

$$s_{Sattel-Nebendach} = \frac{b/2}{\cos\delta}$$ bzw.

$$s_{Sattel-Nebendach} = \frac{h_{First}}{\sin\delta}$$

ε = Neigung der Walmfläche 3

α = Neigung der Abzugsfläche = Neigung Sattel Hauptdach

$$s_{Walm-3} = \frac{h_{First}}{\sin\varepsilon} \qquad s_{Abzug} = \frac{h_{First}}{\sin\alpha}$$

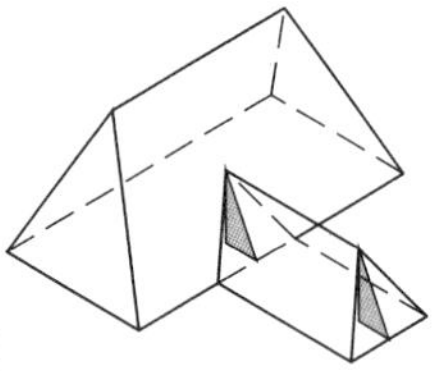

Grundmaße:

$$g_{Walm-3} = \frac{h_{First}}{\tan\varepsilon} \qquad g_{Abzug} = \frac{h_{First}}{\tan\alpha}$$

Firstlänge:

$$l_{First-Nebendach} = l_{Traufe} + g_{Abzug} - g_{Walm-3}$$

Gratlänge:

$$l_{Grat-Walm-3} = \sqrt{\left(\frac{b}{2}\right)^2 + s_{Walm-3}^{\;2}}$$

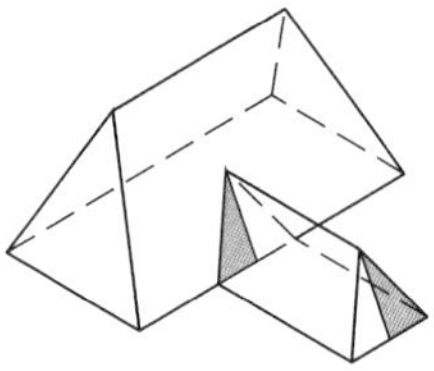

Kehllänge:

$$l_{Kehle} = \sqrt{\left(\frac{b}{2}\right)^2 + s_{Abzug}^{\;2}}$$

Dachflächen:

$$A_{Walm-3} = \frac{s_{Walm-3} \cdot b}{2}$$

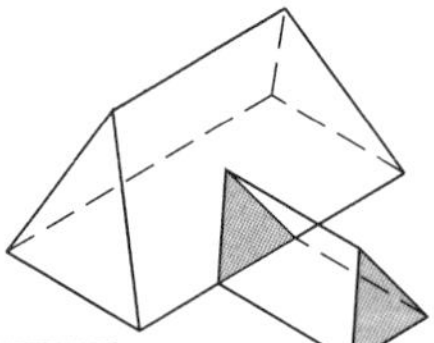

$$A_{Abzug} = \frac{s_{Abzug} \cdot b}{2}$$

$$A_{Sattel-Nebendach} = \frac{l_{First} + l_{Traufe}}{2} \cdot s_{Sattel-Nebendach}$$

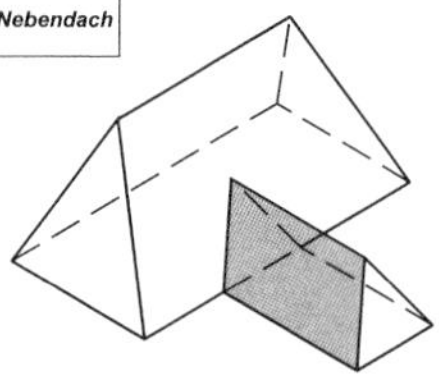

Falls alle Dachneigungen gleich sind, lässt sich die Dachfläche für das gesamte Dach wie folgt berechnen:

$$A_D = \frac{A_{Grundfläche}}{\cos\alpha}$$

4.3.4 Aufgaben Dachberechnung

Prozent- und Dreisatzrechnen

11. Ein symmetrisches Satteldach hat eine Höhe von 9,50 m und eine Gebäudebreite von 14,00 m.

Wie viel Prozent Neigung hat das Dach?

12. Ein Pultdach hat eine Höhe von 6,50 m und eine Gebäudebreite von 15,00 m. Wie viel Prozent Neigung hat das Dach?

13. Eine Dachfläche soll mit 1.560 Dachziegeln eingedeckt werden. Wie viele Dachziegel muss der Chef bestellen, wenn er mit 5 % Verschnitt kalkuliert?

14. Eine Dachfläche mit 125 m^2 soll mit Unterspannbahn eingedeckt werden. Wie viel Unterspannbahn muss geliefert werden, wenn für Überdeckung 10 % und für Verschnitt 5 % einkalkuliert werden?

15. Eine Dachfläche von 130 m^2 wird mit Dachziegeln eingedeckt (Flachdachziegel mit 14 Ziegeln/m^2). Aufgrund von Dachaufbauten und Kehlen wird ein Verschnitt von 12,5 % eingerechnet. Wie viele Ziegel werden benötigt? Wie viel Unterspannbahn wird benötigt (15 % Verschnitt)?

16. Für einen Flachdachziegel müssen 28 % Neigung eingehalten werden. Wie hoch muss ein Pultdach ausgeführt werden, wenn die Gebäudebreite 9,50 m ist?

17. Ein symmetrisches Satteldach ist 9,30 m hoch und hat eine Steigung von 52 %. Wie breit ist die Giebelseite?

18. Insgesamt 7 Dachdecker benötigen für die Eindeckung von 3 Häusern 4,5 Tage. Der Chef zieht vor Arbeitsbeginn 2 Arbeiter von der Baustelle ab. Wie lange dauern nun die Arbeiten?

19. Für 146 m^2 Dachfläche werden 2.190 Dachziegel benötigt. Wie viele Dachziegel werden für
a) 54 m^2 Dachfläche,
b) 187 m^2 Dachfläche benötigt?
c) Wie viel m^2 Dachfläche können mit 3.400 Dachziegeln gedeckt werden?

20. Wie viel kostet 1 lfdm Latten, wenn ein Bund 10 Latten à 3,50 m hat, einen Querschnitt von 3 × 5 (cm) und 1 m^3 Holz 305,00 € kostet?

21. Ein Dachdecker hat für einen Auftrag 21 Paletten à 480 Ziegel bestellt. Für das Dach werden 19,5 Paletten benötigt.

Berechnen Sie die Stückzahl an zu viel bestellten Ziegeln. Wie viel % wurden mehr bestellt.

22. Insgesamt 4 Dachdecker trinken an 4 Tagen 4 Flaschen Mineralwasser. Wie viele Flaschen Mineralwasser trinken 5 Dachdecker an 5 Tagen?

23. Insgesamt 6 Dachdecker benötigen für die Eindeckung von 4 Häusern 5 Tage. Der Chef schickt vor Arbeitsbeginn 2 Arbeiter zusätzlich auf die Baustelle. Wie lange dauern nun die Arbeiten?

Werkstoffbedarfsberechnung

24. Berechnen Sie für eine Dachfläche den Bedarf an Holz in m^3, wenn für 1 m^2 3,25 lfdm Latten benötigt werden.

Für Verschnitt werden 4 % angenommen. Die Dachfläche beträgt 135 m^2 und die Maße der Traglattung sind 3 × 5 (cm).

25. Ein Krüppelwalmdach hat folgende Maße:

L_T = 14,00 m, b = 9,00 m; Krüppelwalmbreite = 5,00 m;
DN allseitig 48°, Doppeldeckung, Biberformat 15,5 × 37,5 (cm)

a) Berechnen Sie alle Einzel- und Gesamtlängen.
b) Berechnen Sie die gesamte Dachfläche.
c) Materialberechnung:
1) Anzahl an Rollen Schalungsbahn, wenn 1 Rolle 1,15 m breit ist und 15 m^2 Eindeckfläche hat.
2) Anzahl an Bunde Latten 3 × 5 (cm), wenn 1 Bund 10 Latten à 4,00 m beinhaltet. Für die Konterlattung werden 1,73 lfdm/m^2 und für Verschnitt 5 % berechnet.
3) Gesamtstückzahl an Biberschwanzziegeln bei 9 % für Bruch und Verschnitt.
4) Anzahl an First- und Gratziegeln, wenn 1 Ziegel 42 cm lang ist und eine SÜ von 6 cm hat.

26. Wie viele Betonbiber (17 × 42 cm, Nase 5 cm) werden für eine Kronendeckung benötigt, wenn die max. Lattweite 34 cm und die gesamte Dachfläche 175 m^2 beträgt?

Für Bruch und Verschnitt werden 5 % angenommen.

27. Berechnen Sie die tatsächliche Decklänge (Lattweite) für eine Reformpfanne (25 × 43 cm), wenn:

S = 9,30 m; LAF = 8 cm; TÜ = 6 cm; HÜ = 7 cm

28. Ein Satteldach hat eine Trauflänge von 8,12 m und eine Sparrenlänge von 5,81 m. Berechnen Sie den Ziegelbedarf pro m^2 und die Gesamtstückzahl bei 6 % Verschnitt an Falzziegeln (28 × 41 cm) bei einer Decklänge von 34,2 cm und einer Deckbreite von 20,3 cm.

29. Walmdach mit Walmdachanbau

Ein Walmdach hat eine Trauflänge von 9,00 m und eine Dachbreite von 5,00 m. Der Walmdachanbau liegt mittig in der Haupttraufe und ist 3,00 m breit und 3,00 m lang. Die Dachneigung beträgt allseitig 50°. Das Dach soll mit Biberschwanzziegeln im Format 15,5 × 38 in Kronendeckung eingedeckt werden. Der Firstabstand beträgt 8 cm und der Traufüberstand 6 cm.

a) Erstellen Sie eine Skizze vom Dach und berechnen Sie alle Einzel- und Gesamtlängen sowie die Einzeldachflächen und A_{ges}.

b) Berechnen Sie folgende Werkstoffmengen:
1) Anzahl der Ziegel in St./m² für das Hauptdach,
2) Anzahl der Ziegel in St./m² für den Anbau,
3) Gesamtstückzahl bei 12 % für Bruch und Verschnitt,
4) lfdm an Traglattung bei 15,5 % für Verschnitt,
5) Gesamtstückzahl an First- und Gratziegeln, wenn ein Ziegel 38 cm lang ist und eine SÜ von 6 cm hat.

30. Walmdach mit Walmdachmansarde

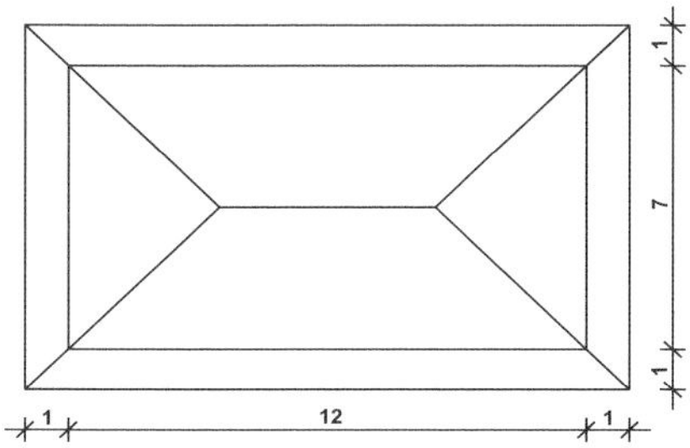

DN_{HD} 38°

DN_{M} 60°

a) Berechnen Sie A_{ges} und die Gesamtdachfläche der Mansarde.

b) Berechnen Sie alle Längen des Daches.

c) Berechnen Sie die Gesamtstückzahl an Biberschwanzziegeln im Format 15,5 × 37,5 (cm), wenn das Hauptdach in Doppeldeckung und die Mansarde in Kronendeckung gedeckt wird. Für Bruch und Verschnitt werden 5 % angenommen.

d) Berechnen Sie den Lattenbedarf bei 6 % für Verschnitt. Für die Konterlattung werden 1,73 lfdm/m² angenommen.

e) Berechnen Sie die Gesamtstückzahl an First- und Gratziegeln, wenn 1 Ziegel 42 cm lang ist und die SÜ mit 5 cm vom Hersteller festgelegt wurde.

31. Abgewalmtes Satteldach mit Walmdachanbau

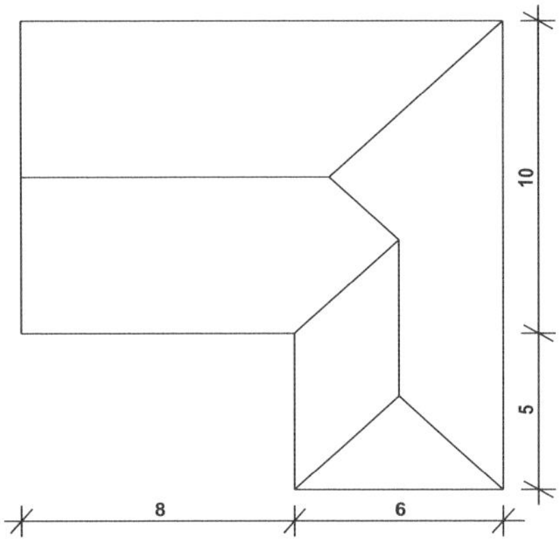

S_{HD} = 8,00 m

DN allseitig gleich

a) Berechnen Sie A_{ges}.

b) Berechnen Sie alle Längen des Daches.

c) Berechnen Sie die Anzahl an Rollen Schalungsbahn, wenn 1 Rolle 15 m lang und 1,50 m breit ist und für SÜ und HÜ 15 cm vorgegeben sind.

d) Berechnen Sie die Gesamtstückzahl an Biberschwanzziegeln vom Format 18 × 38 cm. Die Eindeckung erfolgt als Doppeldeckung. Für Bruch und Verschnitt werden 12 % angenommen.

e) Berechnen Sie die Gesamtstückzahl an First- und Gratziegeln, wenn 1 Ziegel 42 cm lang ist und die Überdeckung mit 6 cm vom Hersteller festgelegt wurde.

f) Berechnen Sie die Anzahl an Bunde Latten, wenn für die Konterlattung 1,73 lfdm/m² festgelegt wurden und 1 Bund 8 Latten à 4,50 m enthält. Für Verschnitt werden 5 % vorgegeben.

32. Krüppelwalmdach mit Satteldachanbau

Draufsicht

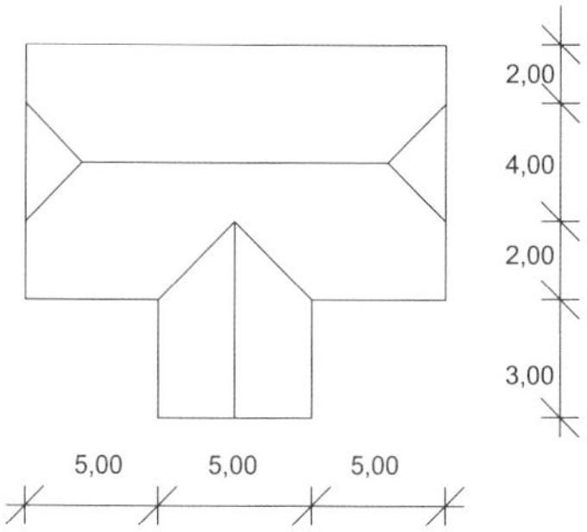

Dh_{KW} = 2,22 m

a) Berechnen Sie alle Einzel- und Gesamtlängen sowie die Einzelflächen und die Gesamtdachfläche.

b) Errechnen Sie die tatsächliche Höhenüberdeckung vom Hauptdach und vom Anbau, wenn der TÜ = 7 cm und der LAF = 8 cm beträgt. Das Biberformat ist 15,5 × 38 (cm) und es soll eine Doppeldeckung hergestellt werden.

c) Berechnen Sie folgende Materialmengen:
1) Gesamtstückzahl an Biberschwanzziegeln bei 9 % Zuschlag für Bruch und Verschnitt,
2) Lattenbedarf in lfdm bei 13 % Verschnitt,
3) First- und Gratziegel, wenn ein Ziegel 42 cm lang ist und eine SÜ von 6 cm hat und mit einem Zuschlag von 3 % für Bruch und Verschnitt gerechnet wird.

33. Walmdach mit Krüppelwalm und Walmmansarde

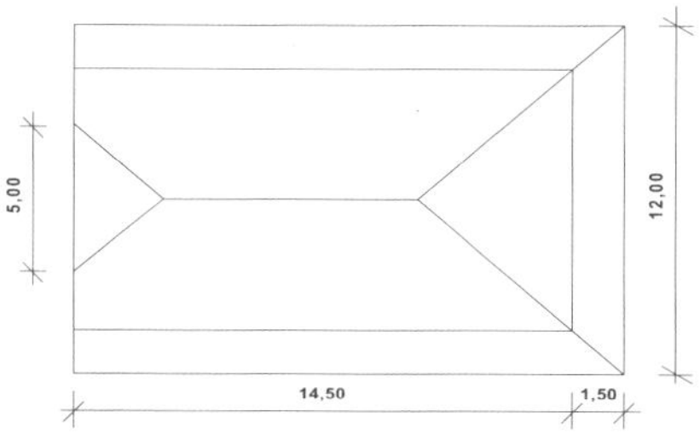

Dh_M = 2,00 m
Dh_{HD} = 6,50 m

a) Berechnen Sie alle Einzelflächen und A_{ges}.

b) Berechnen Sie alle Einzel- und Gesamtlängen.

c) Berechnen Sie die Anzahl an Rollen Schalungsbahn, wenn 1 Rolle 25 m lang und 1,50 m breit ist und für SÜ und HÜ 15 cm vorgegeben sind.

d) Berechnen Sie die Gesamtstückzahl an Biberschwanzziegeln vom Format 18 × 38 cm. Die Eindeckung vom Oberdach erfolgt als Doppeldeckung, die der Mansarde als Kronendeckung. Für Bruch und Verschnitt werden 12 % angenommen.

e) Berechnen Sie die Gesamtstückzahl an First- und Gratziegeln, wenn 1 Ziegel 42 cm lang ist und die Überdeckung mit 6 cm vom Hersteller festgelegt wurde.

f) Berechnen Sie die Anzahl an Bunde Latten, wenn für die Konterlattung 1,73 lfdm/m² festgelegt wurden und 1 Bund 8 Latten à 4,50 m enthält. Für Verschnitt werden 5 % vorgegeben.

34. Walmdach mit Giebel und Anbau, allseits gleich geneigt

Das unten abgebildete, allseitig gleich geneigte Dach soll mit Biberschwanzziegeln vom Format 15,5 × 36,5 (cm) neu eingedeckt werden.

Der Kunde möchte eine Doppeldeckung.

a) Ermitteln Sie dafür eine Materialliste, wenn Folgendes gegeben ist:
LAF = 10 cm
TÜ = 8 cm
HÜ = 8 cm

Für die Materialliste sind folgende Werte zu ermitteln:
1) Stückzahl/m^2 an Biberschwanzziegeln (Sparrenlänge vom Hauptdach)
2) Gesamtstückzahl an Bibern bei 9 % für Verschnitt und Bruch
3) Traglattenbedarf in lfdm bei 4 % Verschnitt
4) Gesamtstückzahl an First- und Gratziegeln bei einem Bedarf von 3,5 St./m

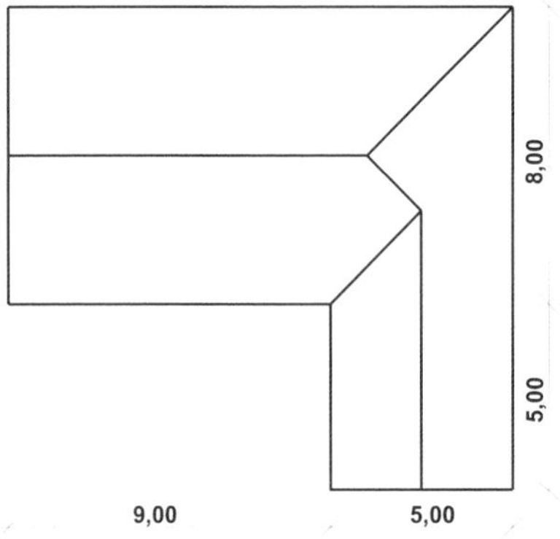

S_H = **6,25 m**
S_A = **3,91 m**

b) Errechnen Sie die Lattenmenge in m pro m^2, wenn die Lattenweite für eine Kronendeckung 290 mm beträgt und 8 % Zuschlag für Verschnitt angenommen werden.

c) Das Dach eines Mehrfamilienhauses soll neu gedeckt werden. Wie viele Europaletten mit 272 Ziegeln/Palette sind für 425 m^2 zu bestellen, wenn pro m^2 Dachfläche 14,5 Stück Dachziegel benötigt werden?

d) Wie viel m^2 Schalung (24 mm dick) erhält man aus 1,25 m^3 Schalungsbrettern?

35. Walmdach mit 2 Satteldachanbauten

Draufsicht: Die Dachhöhe des Hauptdaches beträgt 5,50 m.

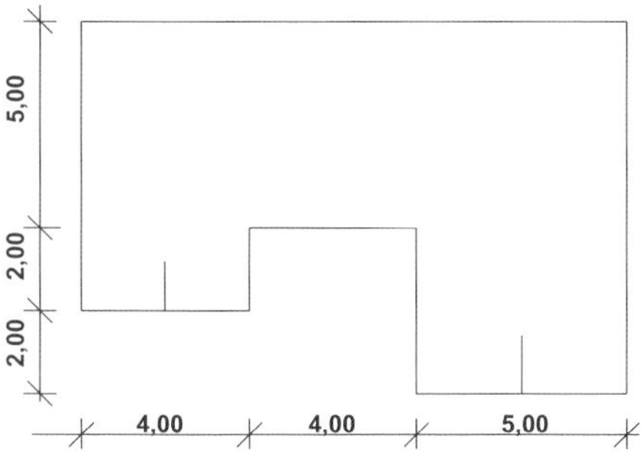

a) Zeichnen Sie eine rechtwinklige Parallelprojektion im M 1:100 und ermitteln Sie alle wahren Dachlinien zeichnerisch.

b) Berechnen Sie alle Einzel- und Gesamtlängen des Daches.

c) Berechnen Sie alle Einzelflächen und die Gesamtdachfläche (Nummerierung im Uhrzeigersinn ausgehend von der linken Dachfläche).

d) Werkstoffbedarf:

1) Berechnen Sie die Anzahl an Rollen Unterspannbahn, wenn eine Rolle 25 m² hat und für die Seiten- und Höhenüberdeckung 15 cm vorgeschrieben sind.
Für Verschnitt werden 3 % angenommen.
2) Berechnen Sie die Anzahl an Bunde Dachlatten, wenn ein Bund 10 Latten à 3,50 m beinhaltet und für den Verschnitt 7% angenommen werden.
Konterlatte 1,73 lfdm/m², Doppeldeckung.
3) Berechnen Sie die Gesamtstückzahl an Biberschwanzziegeln des Formats 15,5 × 37,5 (cm) mit 6 % Zuschlag für Bruch und Verschnitt.
Der Traufüberstand beträgt 9 cm und der Firstabstand 8 cm.
4) Die Anzahl an First- und Gratziegeln bei einer Stückzahl pro m von 2,8 Stück.
5) Die Anzahl an Traufbohlen, wenn eine Traufbohle 3,00 m lang und 12 cm breit ist.
Für den Verschnitt werden 4 % Zuschlag angenommen.

36. Abgewalmtes Hauptdach mit Walmdachanbauten

Draufsicht: Die Dachneigung beträgt 60°.

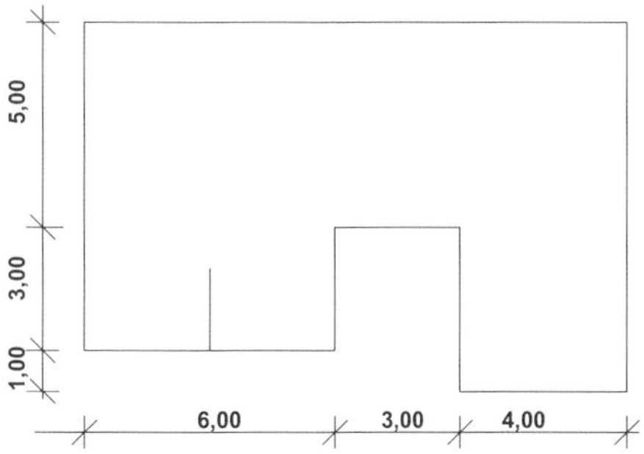

a) Zeichnen Sie eine rechtwinklige Parallelprojektion im M 1:100 und ermitteln Sie alle wahren Dachlinien zeichnerisch.
b) Berechnen Sie alle Einzel- und Gesamtlängen des Daches.
c) Berechnen Sie alle Einzelflächen und die Gesamtdachfläche (Nummerierung im Uhrzeigersinn ausgehend von der linken Dachfläche).
d) Werkstoffbedarf:
1) Berechnen Sie die Anzahl an Rollen Unterspannbahn, wenn eine Rolle 40 m^2 hat und für die Seiten- und Höhenüberdeckung 15 cm vorgeschrieben sind.
Für Verschnitt werden 3 % angenommen.
2) Berechnen Sie die Anzahl an Bunde Dachlatten, wenn ein Bund 8 Latten à 4,50 m beinhaltet und für den Verschnitt 6 % angenommen werden.
Konterlatte 1,73 lfdm/m^2, Kronendeckung.
3) Berechnen Sie die Gesamtstückzahl an Biberschwanzziegeln des Formats 18 × 38 (cm) mit 8 % Zuschlag für Bruch und Verschnitt. Der Traufüberstand beträgt 6 cm und der Firstabstand 10 cm.
4) Berechnen Sie die Anzahl an First- und Gratziegeln bei einem Bedarf pro m von 3,0 Stück.

37. Abgewalmtes Satteldach mit zwei Walmdachanbauten

Der Bauherr möchte sein Dach mit engobierten Biberschwanzziegeln im Format 15,5 × 37,5 (cm) umdecken lassen.

a) Dafür möchte er eine rechtwinklige Parallelprojektion im M 1:100 mit einer Ermittlung aller wahren Dachflächen und eine Materialzusammenstellung von Ihnen erhalten.

Grundriss: Die Sparrenlänge vom Hauptdach beträgt 8,50 m.

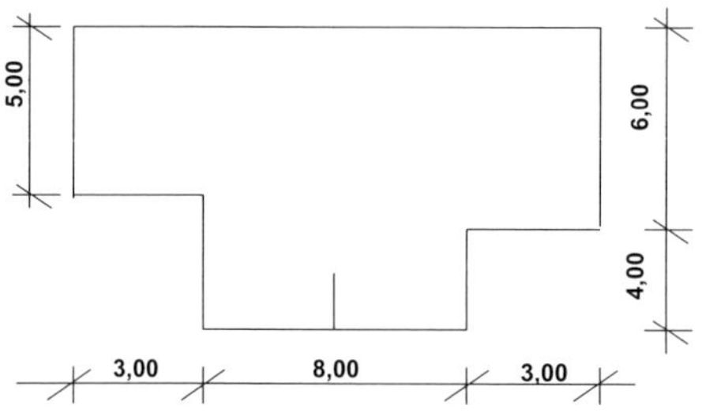

b) Ermitteln Sie die Anzahl der Rollen Unterspannbahn, wenn eine Rolle 50 m^2 hat und für die SÜ und HÜ 15 cm vom Hersteller verlangt werden.
Für Verschnitt werden 2 % angenommen.
c) Ermitteln Sie die die Anzahl an Bunde Dachlatten, wenn ein Bund 8 Latten mit je 4,00 m Länge enthält. Der Sparrenabstand beträgt 65 cm. Für Verschnitt werden 4 % angenommen.
d) Ermitteln Sie die die Anzahl an Paketen und Paletten Biberschwanzziegeln, wenn ein Paket 12 Ziegel und die Palette 40 Pakete enthält. Für Bruch und Verschnitt werden 8 % angenommen.
e) Ermitteln Sie die die Anzahl an First- und Gratziegeln, wenn pro lfdm Meter 2,78 Stück verwendet werden.

38. Zusammengesetztes Walmdach mit Walmdachanbauten

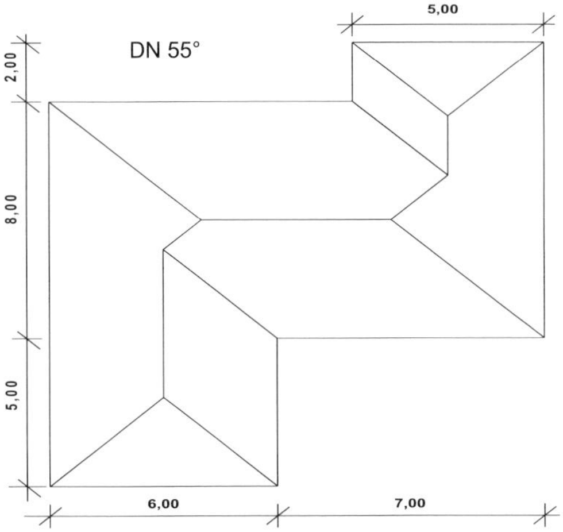

a) Zeichnen Sie eine rechtwinklige Parallelprojektion im M 1:100 und ermitteln Sie alle wahren Dachlängen zeichnerisch.

b) Berechnen Sie alle Einzel- und Gesamtlängen.

c) Berechnen Sie alle Einzelflächen und die Gesamtdachfläche (Nummerierung im Uhrzeigersinn ausgehend von der linken Dachfläche).

d) Werkstoffbedarf:

1) Berechnen Sie die tatsächliche Lattweite, wenn der TÜ = 7 cm, der LAF = 8 cm und das Biberformat mit 18 × 38 (cm) vorgegeben sind.
2) Berechnen Sie die Anzahl an Bunde Traglatten, wenn 1 Bund 8 Latten à 4,50 m beinhaltet und für Verschnitt 6 % angenommen werden.
3) Berechnen Sie die St./m² und die Gesamtstückzahl an Biberschwanzziegeln bei 6 % Verschnitt.
4) Berechnen Sie die Anzahl an Kehlblechen, wenn 1 Blech 50 cm breit und 2,00 m lang ist. Die HÜ beträgt 10 cm und als Verschnitt werden 2 % angegeben.

39. Mansarddach mit Anbauten

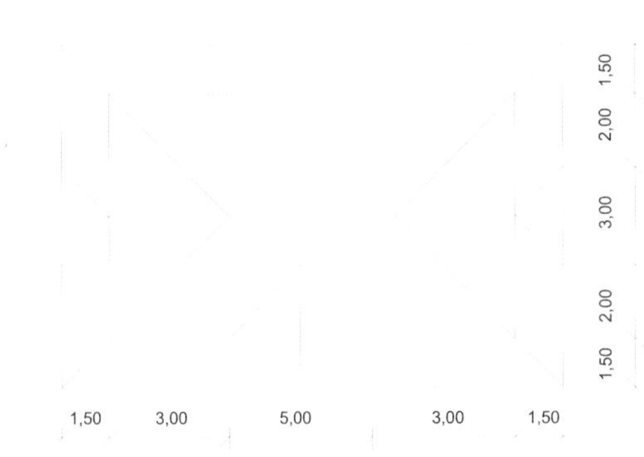

DH_M = 3,20 m
DH_{HD} = 6,50 m

Werkstoffbedarf: Schieferplatten Format 20 × 40 (cm)
First vom Hauptdach und Anbau wird mit Firstblech eingedeckt

a) Zeichnen Sie im M 1:100 dieses Dach in einer rechtwinkligen Parallelprojektion und ermitteln Sie alle Dachlängen zeichnerisch.
b) Berechnen Sie alle Einzel- und die Gesamtlängen.
c) Berechnen Sie die Dachneigung des Hauptdaches und der Mansarde in Grad und Prozent.
d) Berechnen Sie die Gesamtdachfläche.
e) Stellen Sie eine Materialliste für folgende Materialien zusammen:
1) Schalung in m^3 bei 5 % Verschnitt und d = 24 mm.
2) Vordeckung (Schalungsbahn) in Rollen bei 3 % Verschnitt, wenn eine Rolle 25 m^2 hat und für Seiten- und Höhenüberdeckung die Mindestüberdeckung vorgegeben ist
3) Gesamtstückzahl an Schieferplatten Format 20 × 40 (cm) bei 8 % für Bruch und Verhau (HÜ wie Bogenschnitt 30 × 30 (cm))
4) Gesamt lfdm Meter an Firstblech bei 7 % Zuschlag für Überdeckung

Luftfeuchte

40. Ein Dach hat ein Volumen von 395 m^3. Wie viel Liter Wasser sind in der Raumluft enthalten, wenn das Hygrometer eine rel. Luftfeuchtigkeit von 76 % anzeigt und die Luft maximal 21,5 g/m^3 Wasser aufnehmen kann?

41. In einem Raum sind 8,00 Liter Wasser bei 80 % Luftfeuchtigkeit in der Raumluft enthalten. Welches Volumen hat der Raum, wenn die Luft max. 23 g/m^3 Wasser aufnehmen kann?

42. Die max. Luftfeuchtigkeit in einem Dachraum weist 22,4 g/m^3 Wasser auf. Das Hygrometer misst einen Wert von 15,6 g/m^3 Wasser. Wie hoch ist die Luftfeuchtigkeit?

43. Ein Dach hat ein Volumen von 230 m^3. Wie viel Liter Wasser sind in der Raumluft enthalten, wenn das Hygrometer eine rel. Luftfeuchtigkeit von 69 % anzeigt und die Luft maximal 20,5 g/m^3 Wasser aufnehmen kann?

44. Die max. Luftfeuchtigkeit in einem Dachraum weist 20,7 g/m^3 Wasser auf. Das Hygrometer misst einen Wert von 15,1 g/m^3 Wasser. Wie hoch ist die Luftfeuchtigkeit?

45. In einem Raum sind 6,13 Liter Wasser bei 65 % Luftfeuchtigkeit in der Raumluft enthalten. Welches Volumen hat der Raum, wenn die Luft max. 22,3 g/m^3 Wasser aufnehmen kann?

5. Übungsaufgaben zur Vorbereitung auf die Abschlussprüfung

5.1 Dachdeckungen und Außenwandbekleidungen

Teil A Steildach (90 Minuten)

Projektbeschreibung

Das Dach eines Wohnhauses soll im Rahmen der Dachsanierung mit einer neuen Dacheindeckung eingedeckt werden. Die Dacheindeckung erfolgt mittels Falzziegel „ RUSTIKAL".

Auf die vorhandenen Sparren wird eine Schalung mit einer neuen Konterlattung und neuen Traglatten aufgebracht.

Aufgaben

1. Nennen Sie 2 Vorteile einer Deckung mit Dachsteinen gegenüber einer Dachziegeldeckung.
2. Unterscheiden Sie 4 Dachsteinarten.
3. Geben Sie die Mindesthöhenüberdeckungsmaße bei profilierten Dachsteinen mit hochliegendem Seitenfalz an.
4. Nennen Sie vier Faktoren, die bei der Berechnung der Windsogsicherung für die Größe der Windlast auf Dachdeckungen maßgebend sind.
5. Müssen Dachsteine einer Dacheindeckung in jedem Fall mechanisch gegen Windsoglasten befestigt werden? (2 Nennungen)
6. Nennen Sie vier Gründe, warum bei der Ausführung von Kehlen besondere Sorgfalt geboten ist?
7. Nehmen Sie rechnerisch die Latteneinteilung eines Satteldaches für den Falzziegel „RUSTIKAL" mit einer 30/50-Lattung vor.

   Ermitteln Sie hierzu die Traglattenabstände.

   Skizzieren und bemaßen Sie die ersten 3 Latten von der Traufe.

   Maße in cm sind auf die erste Stelle nach dem Komma zu runden!

Gesamtdecklänge:	GDL = 6,07 m
Dachneigung:	$\alpha = 50°$
Deckmaterial:	Falzziegel „Rustikal"
Lattabstand Traufe:	32,5 cm.

   Weitere Angaben sind auf dem Produktdatenblatt zu entnehmen.

Übungs-aufgaben

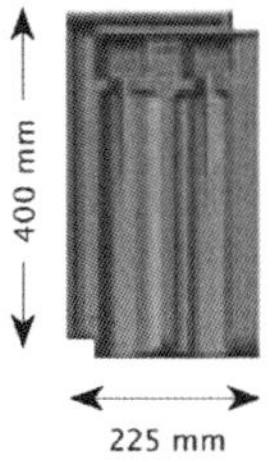

Technische Daten			
Größe:	ca. 225 x 400 mm		
	min. ca.	i. M. ca.	max. ca.
Deckbreite:	197 mm	199 mm	201 mm
Decklänge:	328 mm	338 mm	348 mm
	max. ca.	i. M. ca.	min. ca.
Ziegelbedarf:	15,5 Stk./m²	14,9 Stk./m²	14,3 Stk./m²
Gewicht:	ca. 3 kg/Stk.	ca. 45 kg/m²	
Minipack: 7 Stk.	Palette: 280 Stk.		

Dach-neigung

- Regeldachneigung 25°
- mit Unterspannung ≥ 18°
- mit Unterdeckung verschweißt/verklebt ≥ 16°
- mit regensicherem Unterdach ≥ 14°
- mit wasserdichtem Unterdach ≥ 10°

Pultdach-Ausführung**
Bei Sonderanfertigungen ist die Decklänge auf Anfrage bei CREATON erhältlich.

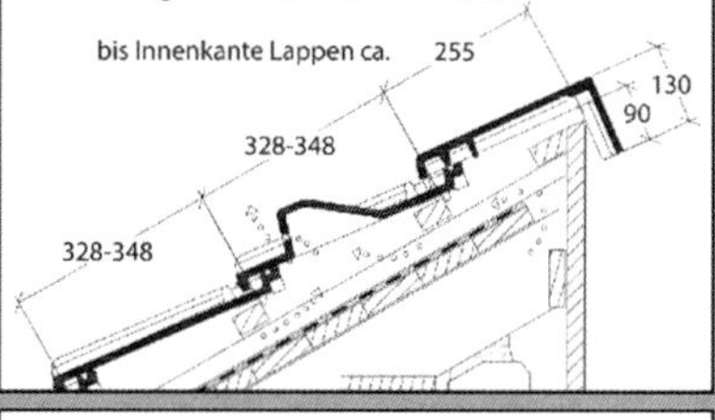

Ortgangausbildung mit Ortgangziegel links mit Ortgangbrett*/**

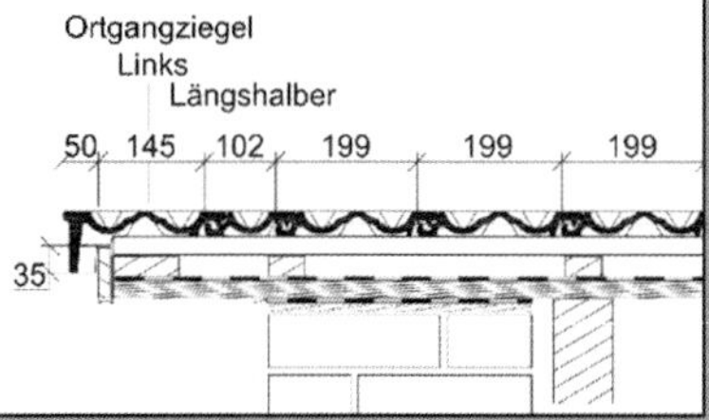

Ortgangausbildung mit Ortgangziegel rechts mit Ortgangbrett*/**

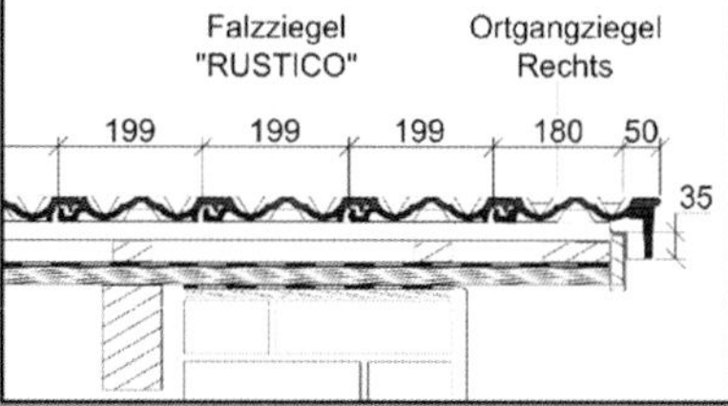

* Laut dem Regelwerk des ZVDH soll bei Ortgangziegeln der Abstand zwischen Innenkante Ortganglappen und Außenkante Giebelwand bzw. Außenkante Bekleidung mindestens 1 cm betragen.

LAF-/FLA-Werte in mm für 30/50-Lattung											
Firstziegel	DN	10°	15°	20°	25°	30°	35°	40°	45°	50°	55°	60°
PRU	LAF	-	-	75	70	65	65	60	60	55	-	-
2,5 Stk./lfm.	FLA	-	-	75	70	65	55	50	45	40	-	-
LAF-/FLA-Werte in mm für 40/60-Lattung												
Firstziegel	DN	10°	15°	20°	25°	30°	35°	40°	45°	50°	55°	60°
PRU	LAF	-	-	75	65	60	60	55	50	40	-	-
2,5 Stk./lfm.	FLA	-	-	85	80	75	65	60	55	50	-	-
LAF = Lattenabstand zum Firstschnittpunkt, FLA = Firstlattenabstand												

Bedarf Decklänge	Bedarf Deckbreite
Ortgänge, Längshalber	Pultziegel
ca. 3,0 Stk./lfm.	ca. 5,0 Stk./lfm.

Dachquerschnitt**
Entlüftung über Lüfterziegel
Lüftungsquerschnitt ca. 15 cm²/Lüfterziegel.

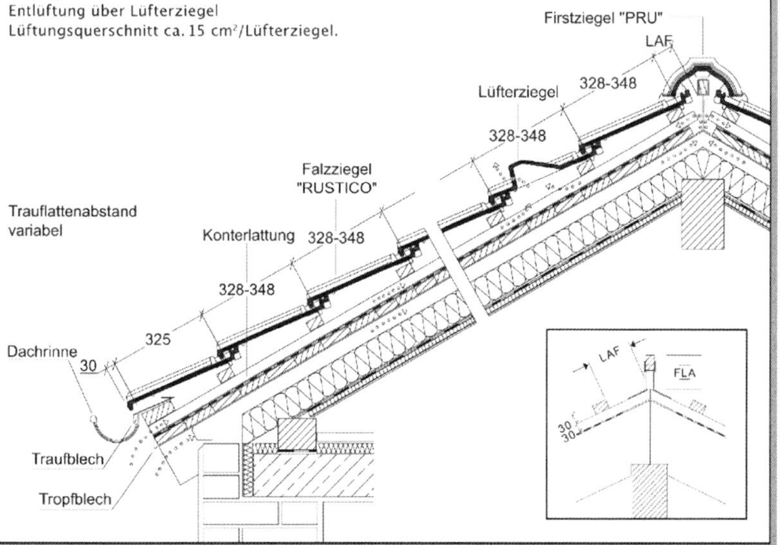

** Die dargestellte technische Zeichnung ist nur ein Konstruktionsbeispiel.

8. Berechnen Sie die Firsthöhen des Hauptdaches und des Anbaus.

9. Ermitteln für das Hauptdach die Hauptsparrenlänge des Walms.

10. Berechnen Sie für das Hauptdach die Dachfläche des Walms.

11. Berechnen Sie den längeren Grat des Anbaus.

12. Bestimmen Sie die Firstlänge des Hauptdaches.

13. Vervollständigen Sie die Dreitafelprojektion des Daches im M 1:130.

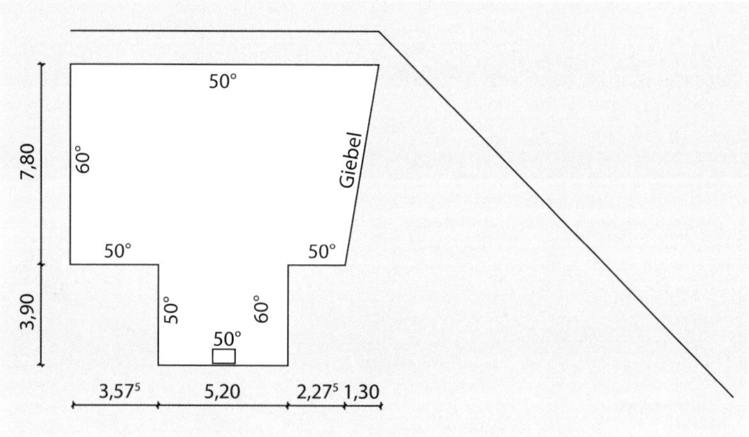

14. Stellen Sie die Sattelfläche des Anbaus mit den Dachneigungen von 60° und den Walm des Anbaus mit 50° in deren wahren Größen auf dem Vorgabeblatt dar (Abwicklung, Ausklappung).

Hinweis: Die Dachneigungen der beiden Dachflächen sind zusätzlich eingerahmt!

Teil B Außenwandbekleidung (60 Minuten)

Projektbeschreibung

Die schraffiert dargestellte Außenwand der Bergstation einer Seilbahn soll eine Doppelstehfalzdeckung aus Titanzinkblechen erhalten. Die kreisförmige Außenwand mit einem Radius von 9,00 m steht auf ebenem Gelände, der Bergabhang hat ein Gefälle von 34°. Zur Einfahrt der Seilbahnkabine hat die Bergstation talseitig einen Winkel von 90° zu dem Bergrücken.

Die Bergstation hat ein 3,00m × 2,50m großes Eingangstor. Ein Spritzwassersockel bleibt bei der Beantwortung der gestellten Aufgaben unberücksichtigt. Die gesamte Außenwand wird mit einem Randabschlussprofil eingefasst. Alternativ möchte der Bauherr gerne eine Bekleidung mit kleinformatigen Schieferplatten in Altdeutscher Ausführung.

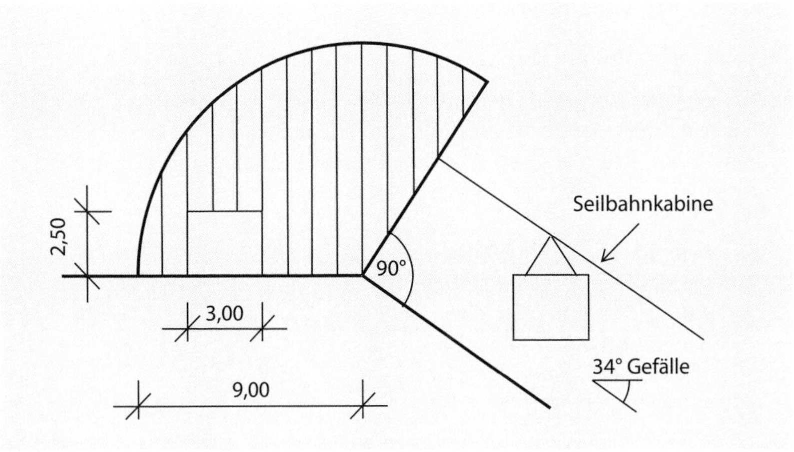

Aufgaben

1. Welche 3 besonderen Materialeigenschaften müssen bei Metallen beachtet werden?
2. Welche Aufgaben haben Trennschichten bei Metallbekleidungen?
3. Skizzieren und beschreiben Sie jeweils einen Winkel- und einen Doppelstehfalz.
4. Wann werden bei einer Metallbekleidung Querfalze erforderlich?
5. Benennen und skizzieren Sie 3 Möglichkeiten einer Querfalzausbildung.
6. Führen Sie 4 Unterschiede bei einer Altdeutschen Schieferdeckung zwischen einer Bekleidung an einer Außenwand und einer Deckung auf einem Steildach an.
7. Berechnen Sie die zu bekleidende Außenwandfläche dieser Bergstation in m^2.
8. Zeichnen Sie einmal für die Außenwand der Bergstation M. 1:10 eine Gegengebindereihe und eine Deckreihe in waagerechtern Bogenschnitt Deckung (Deutsche Deckung) mit Schablonen 20/20 , je 4 cm Höhen- und Seitenüberdeckung, eingebundenen Orten auf einer Länge von 1.00 m. Verdeckte Linien bitte einzeichnen (stricheln).
9. Titanzink hat eine Wärmeausdehnungszahl von 0,022 mm/mK. Um welche Länge dehnen sich diese Metallbleche aus, wenn sie eine Länge von 9,00 m haben und wenn die maximale Temperatur 79 °C und die minimale Temperatur –27 °C beträgt?
10. Berechnen Sie den Materialbedarf an Schieferdecksteinen (mit Abzug der Flächenränder), wenn die Außenwand in einer Altdeutschen Bekleidung mit einem normalen Hieb ausgeführt wird. Gehen Sie hierbei von einer Gesamtfassadenfläche von 85,00 m^2 aus. Für die gebogene Umrandungslänge (Ortganglänge) können Sie 20,00 m annehmen. Der Verschnittzuschlag soll 8 % betragen.

5.2 Abdichtungen (90 Minuten)

Projektbeschreibung

Das dargestellte Bürogebäude erhält ein Flachdach. Die Abdichtung der Betondecke erfolgt über der Wärmedämmung. Geplant ist eine Kiesschüttung auf dem Dach. Alternativ soll eine Begrünung des Daches untersucht werden.

Aufgaben

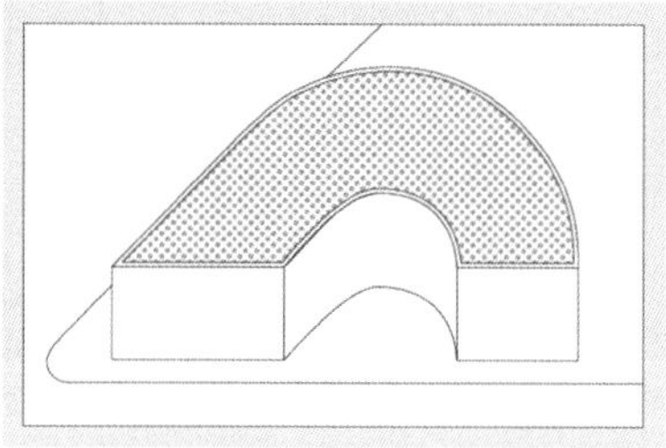

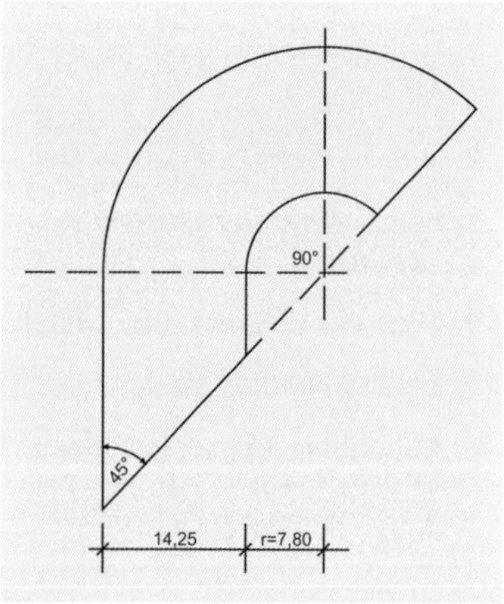

1. Beschreiben Sie den Schichtenaufbau des Flachdachs mit Kiesschüttung. Benennen Sie die Schichten und beschreiben Sie Ihre Funktion. Die Abdichtung erfolgt über der Dämmung. Beachten Sie die Reihenfolge des Einbaus.
2. Warum lohnt sich der Einbau einer ausreichend dimensionierten Dämmung? (3 Nennungen).
3. Als Alternative überlegt man das Flachdach zu begrünen. Welche zusätzlichen Funktionsschichten müssen bei einem mehrschichtigen Aufbau aufgebracht werden? Erläutern Sie kurz die Funktion dieser Schichten?
4. Nennen und begründen Sie die Vorteile eines begrünten Dachaufbaus gegenüber einer Kiesschicht für die Entwässerung des Daches?
5. Nennen und beschreiben Sie 3 Verfahren, wie bituminöse Dachbahnen eingebaut werden können.
6. Erläutern Sie die Anschlusshöhen der Abdichtung an Wand und Attika in Abhängigkeit vom Dachgefälle. Erstellen Sie eine Tabelle.
7. Was versteht man unter einem rückläufigen Stoß? Beschreiben und skizzieren Sie diesen an einem aufgehenden Bauteil (z. B. Attika)
8. Berechnen Sie die gesamte Attikalänge des Gebäudes.
9. Berechnen Sie die gesamte Dachfläche.
10. Berechnen Sie die Anzahl der Bitumenrollen für die Deckoberlage (DO). Bitumenbahn: 7,50 × 1,00 m, Überlappung: 8 cm, Verschnitt: 3 %.

    Annahme: Die Dachfläche soll eine Fläche von 725 m^2 haben.
11. Berechnen Sie die maximale Dämmhöhe an der Attika bei 2 % Gefälle.

    Die Dämmhöhe am Einlauf beträgt 12 cm. Der Einlauf befindet sich in der Mittelachse des Gebäudes.

12. Berechnen Sie das Gewicht der Kiesschüttung für 725 m^2 Dachfläche bei einer Schichthöhe von 8 cm und einer Schüttdichte von 1,85t/m^3.

13. Welche Substrathöhe ergibt sich bei gleicher Belastung durch eine Dachbegrünung. Dichte des Substrats: 1,35t/m^3.

14. Berechnen Sie den U- Wert des Dachaufbaus.

Innenputz	d = 1,5 cm	λ = 0,70 W/mK
Stahlbetondecke	d = 22 cm	λ = 2,30 W/mK
Dämmung	d = 16 cm	λ = 0,030 W/mK

Wird die Forderung der GEG von U=0,20 W/m²K erreicht bzw. unterschritten?

15. Vervollständigen und beschriften Sie auf dem Zeichenblatt einen Attikaanschluss im Maßstab 1: 5. Die Dämmstoffdicke soll 16 cm, die Höhe der Kiesschicht 10 cm betragen. Achten Sie auf die richtige Anschlusshöhe, wenn das Flachdach 2% Gefälle haben soll.

Übungs-aufgaben

5.3 Wirtschafts- und Sozialkunde (60 Minuten)

Aufgaben

1. Auch gültige Kaufverträge werden im Alltag oft nicht erfüllt.

Erläutern Sie kurz folgende Begriffe.
a) Zahlungsziel, **b)** Zahlungsverzug, **c)** Mahnbescheid,
d) Privatinsolvenz, **e)** BGB

2. Es gibt verschiedene Möglichkeiten Arbeit zu entlohnen. Erklären Sie kurz folgende Begriffe.
a) Akkordlohn, **b)** Stundenlohn, **c)** Prämienlohn, **d)** Gehalt,
e) Lohnzuschlag

3. Banken vergeben Kredite in der Regel nur dann, wenn Sicherheiten vorhanden sind.
a) Nennen Sie 3 mögliche Sicherheiten, die Banken akzeptieren.
b) Die Kreditwürdigkeit wird meist von der Schufa überprüft. Was bedeutet Schufa?

4. Unterscheiden Sie Lohntarifvertrag und Rahmentarifvertrag nach Inhalt und Laufzeit.

5. Ohne Geld ist Wirtschaften heute kaum vorstellbar.
a) Wie könnte sich eine allgemeine Zinserhöhung auf die konjunkturelle Entwicklung auswirken?
b) Kreuzen Sie den Sitz der EZB und der Deutschen Bundesbank an.
O Bonn O Berlin O Karlsruhe O Frankfurt a. M. O München
O Hamburg
c) Was versteht man unter einer Subvention?
d) Kreuzen Sie ein staatliches Kreditinstitut an, das u. a. Startups und Existenzgründungen fördert.
O Deutsche Bank AG O KfW-Bank O Kölner Bank GmbH
O EZB O Landtagsbank
e) Führen Sie 2 wichtige Punkte eines Businessplans bei Existenzgründungen an.

6. Produkten wird ein sogenannter Lebenszyklus zugeordnet. Nennen Sie 5 Marktphasen.

7. In der VOB sind für die Vergabe von Bauleistungen bestimmte vertragliche Rahmenbedingungen geschaffen worden.
a) Was bedeutet die Abkürzung VOB.
b) Erläutern Sie den Begriff „Ausschreibung einer Dachdeckung".
c) Kreuzen Sie einen Inhalt aus einem Leistungsverzeichnis an.
O Steuersatz O Menge und Umfang der Leistung O Stundenlohn O Einheitspreis
d) Nennen Sie die Gewährleistungsfrist für Bauleistungen nach der VOB.

8. Erläutern Sie den Begriff Marketing und nennen Sie 4 Instrumente des Marketings.

9. Die Bundesrepublik Deutschland hat eine Vielzahl von Steuerarten.
a) Was versteht man unter indirekten Steuern, nennen Sie auch ein Beispiel.
b) Nennen Sie 2 direkte Steuern.
c) Kreuzen Sie eine Steuer an, die zwischen dem Bund, den Ländern und den Gemeinden anteilig aufgeteilt wird.
O Grundsteuer O LKW-Maut O Tabaksteuer O Einkommenssteuer O Gewerbesteuer

10. Die Wirtschaftsordnung der Bundesrepublik Deutschland hat einen besonderen Charakter.
a) Führen Sie die Bezeichnung für unsere Wirtschaftsordnung an.
b) Nennen Sie 4 der gesetzlichen Sozialversicherungen unserer Wirtschaftsordnung.

11. Die Währung einiger EU-Staaten wuchsen nach den Maastricher Verträgen zu einer gemeinsamen Währung zusammen, dem Euro.
a) Nennen Sie 2 EU-Staaten, die ihre nationalen Währungen beibehalten haben.
b) Nennen Sie 2 Stabilitätskriterien für Staaten, die den Euro einführen wollen.
c) Was ist die Eurozone?

12. Der Umweltschutz gehört zu den wichtigsten Aufgaben unserer Politik(er).
a) Erläutern Sie den Ausdruck Ozonloch
b) Warum fordern viele Umweltverbände ein Verbot von sogenannten Billigfliegern?
c) Was versteht man in Ballungsräumen unter Umweltzone?
d) Beschreiben Sie Auswirkungen des Treibhauseffektes,
e) Nennen Sie Beispiele für die Nutzung von Dachflächen zur Energieerzeugung.

13. Wichtiges Kennzeichen einer parlamentarischen Demokratie ist die Opposition.
   a) Erläutern Sie die Hauptaufgabe der Opposition in der Demokratie.
   b) Nennen Sie zwei derzeitige Oppositionsparteien im Deutschen Bundestag.
   c) Beschreiben Sie 2 Möglichkeiten, wie Sie persönlich politischen Einfluss ausüben könnten.

14. In den Nachrichten hören Sie immer wieder politische Fachausdrücke. Was bedeuten die folgenden Bezeichnungen?
   a) Fraktionszwang, **b)** Klimagipfel, **c)** Petitionsausschuss,
   d) Ampelkoalition, **e)** Populismus

15. In jedem Jahr finden eine Reihe von Wahlen zu Parlamenten statt. Was bedeuten die Abkürzungen aus der politischen Parteienlandschaft?
   a) CDU, **b)** SPD, **c)** FDP, **d)** AfD **e)** GroKo

16. In der Bundesrepublik Deutschland ist eine Vielfalt von Medien.
   a) Erklären Sie in diesem Zusammenhang den Ausdruck Printmedien.
   b) Nennen Sie 2 Beispiele für soziale Netzwerke.
   c) Beschreiben Sie den Begriff Datendiebstahl.
   d) Beschreiben Sie Merkmale einer Computersucht.

17. Die Grundrechte der Deutschen sind im Grundgesetz festgeschrieben.
   a) Beschreiben Sie das Grundgesetz der Bundesrepublik Deutschland.
   b) Erläutern Sie EINES aus der Auswahl der angeführten Grundrechte:
   (1) Asylrecht oder (2) Recht auf Eigentum oder (3) Meinungsfreiheit
   c) Führen Sie an, wie das von Ihnen gewählte Grundrecht in der Alltagspraxis gehandhabt wird, wo werden Ihrer Meinung nach in Einzelfällen Grenzen überschritten.

6. Lösungen

Lernfeld 1 Einrichten einer Baustelle

1. Verordnung über die Berufsausbildung zum Dachdecker.

2. 1. Ausbildungsjahr: Berufsfeldbreite Grundbildung

2. Ausbildungsjahr: Vertiefung und Erweiterung der Grundbildung

3. Ausbildungsjahr: berufsprofilgebende Schwerpunktbildung im Hinblick auf die Gesellenprüfung, z. B.
a) Dachdeckungstechnik, **b)** Abdichtungstechnik, **c)** Außenwandbekleidungstechnik, **d)** Energietechnik an Dach und Wand oder **e)** Reetdachtechnik

3. Fachkompetenzen sind Fähigkeiten, berufstypische Aufgaben und Sachverhalte selbstständig und eigenverantwortlich zu bewältigen. Sozialkompetenzen sind Fähigkeiten und persönliche Einstellungen, die das soziale Miteinander von Menschen fördern.

4. Auf Baustellen arbeiten viele Fachkräfte, die jedoch alle ein gemeinsames Ziel, die Fertigstellung des Gebäudes, haben. Verständnis für andere, Sorgfalt, Rücksicht usw. sind dazu erforderlich.

5. In der Stufenausbildung Bau erfolgen je nach erreichter Stufe der Berufsausbildung unterschiedliche Bildungsabschlüsse.

6. Der Geselle ist befähigt, selbstständig Dachdeckerarbeiten zu planen, durchzuführen und zu kontrollieren.

7. Nicht bestandene Prüfungsteile können zweimal wiederholt werden. Der Auszubildende kann dazu eine Verlängerung der Ausbildungsdauer verlangen.

8. Steildachdeckung, Flachdachabdichtung, Dachbegrünung, Aussenwandbekleidung, Reetdachtechnik, Energietechnik an Dach und Wand, Bauklempnerarbeiten

9. Betriebe mit 5 bis 20 Beschäftigten können einen Betriebsobmann wählen, bei mehr Beschäftigten besteht der Betriebsrat aus 3, 5 oder mehr Personen.

10. Die Jugend- und Auszubildendenvertretung vertritt die Interessen der Jugendlichen und Auszubildenden im Betrieb. Sie wacht darüber, dass die zu ihren Gunsten erlassenen Gesetze, Verordnungen, Unfallverhütungsvorschriften usw. eingehalten werden.

11. Industriegewerkschaft Bauen-Agrar-Umwelt (IG BAU) und Zentralverband des Deutschen Dachdeckerhandwerks (ZVDH).

12. Die Tarifpartner ZVDH und IG BAU handeln ohne staatlichen Einfluss die Tarifverträge selbstständig aus.

13. Handwerksbetriebe stellen meist individuelle Güter oder Einzelstücke, z. B. Dächer, her. Sie verarbeiten auch industrielle Produkte, z. B. Dachfenster, oder bauen diese zusammen, z. B. Metallbedachungen. Industrieunternehmen produzieren meist Güter in Massenfertigung und mit einem hohen Mechanisierungsgrad, der sehr viel Kapitaleinsatz erfordert.

14. Dachdeckerarbeiten werden meist in der näheren Umgebung des Firmensitzes ausgeführt. Die Mehrzahl der Dachdeckerbetriebe sind Klein- oder Mittelbetriebe, überwiegend mit weniger als 50 Mitarbeitern.

15. **Industriebauteile:** Wohnraumdachfenster; Abdichtungs- und Bitumenbahnen; Dämmstoffe

Einbaubereiche: Steildach; Flachdach; Außenwand

16. Die LBO legt landesweit fest, welche Anforderungen, z. B. der Lichteinfall bei Dachwohnungen, bei einem Bauvorhaben zu berücksichtigen sind.

17. Ein Flächennutzungsplan gibt vor, wie die Flächen einer Stadt- bzw. Gemeinde genutzt werden dürfen, z. B. Nutzung als Wohngebiet, Gewerbegebiet usw.

18. Baubeschreibung, Lageplan, Entwurfszeichnung, Standsicherheitsnachweis.

19. Tiefbauamt, Umweltamt, Feuerwehr, …

20. Eine Ausschreibung ist ein Verfahren zur Ermittlung der günstigsten Anbieter. Dazu fordert der Bauherr oder sein Bauplaner mehrere Handwerksbetriebe auf, ihre Angebote auf Grundlage eines vorgegebenen Leistungsverzeichnisses schriftlich einzureichen.

21. Ein Leistungsverzeichnis ist eine Aufstellung aller zu erbringenden (handwerklichen) Leistungen sowie die dafür geforderte Qualität.

22. Fachsoftware für Ausschreibung, Vergabe und Abrechnung im Bauwesen.

23. Ein Bauzeitenplan enthält die Angaben und Termine, welche Arbeiten von allen Gewerken zu welchem Zeitpunkt am Bau ausgeführt werden.

24. Bauliche, technische oder auch energetische Wiederherstellung von Dächern auf den neuesten Stand nennt man Dachsanierung.

25. Baustellen sind das Aushängeschild des Unternehmens. Zu beachten sind u. a. Absperrmaßnahmen, Sozialeinrichtungen, Strom- und Wasserversorgung, ausreichender und gesicherter Lagerplatz.

26. Bei Just-in-time-Lieferungen werden die erforderlichen Werkstoffe, z. B. für Dachdeckerarbeiten, nicht vorab, sondern erst dann angeliefert, wenn sie auf der Baustelle benötigt werden.

27. Großbaustellen sind im Allgemeinen bereits von anderen Gewerken eingerichtet worden. Tagesbaustellen, z. B. für kleinere Dacharbeiten, muss der Dachdeckerbetrieb selbst einrichten, d. h. Verkehrswege sichern, Kran bereitstellen, Absturzsicherungen einrichten usw.

28. Bauschuttrutschen befördern Abfälle und Altwerkstoffe staubarm und sicher vom Dach in einen entsprechenden bereitgestellten ebenerdigen Abfallbehälter.

29. Bauschutt wird getrennt erfasst, um die Entsorgungskosten zu reduzieren. Die Entsorgung von verschiedenen Altwerkstoffen kostet unterschiedlich, für einige, z. B. Altmetall, gibt es Vergütungen. Mülltrennung verringert die Menge des Mülls und entlastet so die Umwelt.

30. Schrittweise Geschwindigkeitsbeschränkungen, Verkehrszeichen rechtzeitig und standfest aufstellen, Verkehrszeichen dürfen die Sicht nicht beeinträchtigen.

31. Persönliche Schutzausrüstung

32. Falls der öffentliche Verkehr beeinträchtigt wird, ist ein Verkehrszeichenplan mit Verkehrszeichen, Absperrgeräten und Sicherheitszeichen zu erstellen und zur Genehmigung einzureichen. Ein Verkehrszeichenplan dient der Absicherung von Arbeits- und Bau- stellen an Straßen.

33. Bußgeld, Geldstrafe, Freiheitsstrafe

34. Absperrschranken, Leitbaken, Lichtsignalanlagen usw.

35. Berufsgenossenschaft der Bauwirtschaft, zuständig u. a. auch für Arbeitssicherheit und Gesundheitsschutz auf Baustellen

36. Sicherheits- bzw. Bauhelm, Sicherheitsschuhe, Sicherheitskleidung

37. Eine PSA ist immer dann notwendig, wenn Unfall- oder Gesundheitsgefahren weder durch technische, noch durch organisatorische Maßnahmen wirksam ausgeschlossen werden können.

38. Meldeeinrichtungen, Verbandkästen, Sanitätsräume, Rettungseinrichtungen

39. Ersthelferausbildung

40. Kurz und konkret beschreiben: Unfallort, Unfallart, Verletzte, Verletzungen

41. Notrufnummer, Adresse und Anschriften des Rettungsdienstes, Krankenhauses, Arzt

42. Abfallvermeidung bzw. Abfallreduzierung

43. Wiederverwertbarer Bauschutt, nicht verwertbarer Bauschutt, hausmüllähnliche Gewerbeabfälle, verwertbare Bauabfälle

44. (Beton-) Dachsteine, Dachziegel (teilweise), Metalle

45. Baumaschinen nur mit Schalldämmung einsetzen

46. Der in der Bauzeichnung angegebene Grundriss muss mit all seinen Längen und Maßen auf das Gelände übertragen werden.

47. Der Meter (m) ist die Länge der Strecke, die das Licht in einem Vakuum während der Zeit von einer dreihundertmillionstel Sekunde zurücklegt.

48. Zollstock (veraltete Bezeichnung) ist ein meist 2 m langes klappbares Messinstrument in Zentimeterteilung.

49. Lange Strecken misst man u. a. mit Messbändern in den Standardlängen 20 m, 30 m und 50 m. Diese beschichteten Stahlbänder sind sauber, trocken und leicht eingefettet zu halten.

50. a) Zur Herstellung bzw. Übertragung gleicher Höhen im Gebäude, z. B. Dachrinnenmontage
b) z. B. Baulaser

51. a) Um einen Bauwinkel zu erhalten, werden 3 Latten im Seitenverhältnis 3 : 4 : 5 (z. B. 30 cm/40 cm/50 cm) aneinander befestigt. Dabei stehen dann die beiden kürzeren Seiten im rechten Winkel zueinander.
b) Wasserwaage, Baulaser

52. Dachfenstereinbau, Kaminarbeiten usw.

53. Zum Beispiel Traufe und First stehen meist in rechtem Winkel zu den Orten

54. Für Flächenberechnungen, zur Ermittlung des Werkstoffbedarfes, Ermittlung von Dachneigungswinkeln

55. Rechteck: Werkstoffformate, Dachflächen des Satteldaches
Kreis: Überdachung von Eingangsbereichen, Grundriss von Türmen
Trapez: Dachflächen im Walmdach
Quadrat: Werkstoffformate, Querschnittfläche von Kanthölzern

56. Bei einem viereckigen Parallelogramm verlaufen die gegenüberliegenden Seiten a, b jeweils zueinander parallel, eine Höhe h steht dazu senkrecht.

57. Man zeichnet 2 parallele, aber ungleich lange Seiten l_1 und l_2, die seitlich gleich oder ungleichmäßig miteinander verbunden werden. Die Fläche berechnet sich als $\frac{1}{2} \times (l_1 + l_2) \times h$, wobei h das senkrechte Maß zwischen den beiden parallelen Seiten ist.

58. Im gleichseitigen Dreieck sind alle Seiten gleichlang und alle Winkel betragen 60°. Im gleichschenkligen Dreieck sind nur 2 Seiten gleich lang und 2 Winkel gleich groß.

59. Im rechtwinkligen Dreieck liegt der rechte Winkel gegenüber der längsten Dreiecksseite (Hypotenuse).

60. Ein Kreis wird von einer Kreislinie beschrieben, deren Punkte alle den gleichen Abstand (Radius) zum Mittelpunkt haben.

61. Hinweis: Das gesamte dargestellte gleichschenklige Dach lässt sich in 2 gleich große, ebenfalls gleichschenklige Dreiecke halbieren, Schenkellänge: 5,40 m und damit Dachhöhe 5,40 m.

a) Fläche: ½ × (10,80 m × 5,40 m) + 10,80 m × 3,50 m = 66,96 m^2

b) 1,20 m × 0,80 m = 0,96 m^2

c) 0,60 m × 0,60 m × 3,14 = 1,13 m^2

d) 99,96 m^2 – 0,96 m^2 – 1,13 m^2 = 97,87 m^2

e) 1,20 m × 3,14 = 3,77 m

62. Zeichnerisch lösen (siehe auch „Die Ausbildung im Dachdeckerhandwerk", Seite 47, Tabelle 1.9).

63. 780 mm + 65 mm + 65 mm = 910 mm, davon ½ = 505 mm.

Lernfeld 2 Dachflächen mit Dachziegeln und Dachsteinen decken

1. Antike Steinhäuser im Mittelmeerraum waren mit einfachen Dachziegeln oder Marmorgestein gedeckt, in unseren Regionen überwogen bis ins hohe Mittelalter Dächer aus Naturprodukten wie Astwerk und Holz, ein- gedeckt mit Stroh, Gras oder Schilf. Das geneigte Dach ist seit Jahrtausenden bekannt. In Norddeutschland, mit hohem Windaufkommen, gibt es schon seit Jahrhunderten die Giebelabflachung, das Walmdach, um den Winddruck besser bewältigen zu können. Moderne Dächer werden meist mit industriell hergestellten Werkstoffen gebaut und unter dem Dach ist heute nicht wie früher Lager- oder Speicher, sondern oft Wohnraum.

2. **a)** Witterungsschutz: Dächer müssen Regen, Umwelt und Witterungseinflüsse abwehren.
b) Wärmeschutz: Dächer müssen einen Schutz schnellem Temperaturaustausch bieten.
c) Gestaltungselement: Das Dach ist ein wesentliches Merkmal der äußeren Gebäudegestaltung.

3. **a)** von innen: Beständig gegen Wasserdampf, Temperaturaustausch, Luftdruck und Schall
b) von außen: Beständig gegen UV-Strahlung, Niederschlag, Temperaturaustausch, Schall usw.

4. Als Flachdach werden im Allgemeinen Dächer bis unter 10° bezeichnet.

Geneigte Dächer mit 10° Dachneigung oder mehr gelten bis unter 20° als flach geneigte Dächer, darüber hinaus gehende Dachneigungen sind Steildächer.

5. Durch Anordnen von Deckelementen mit Überdeckungen in der Höhe und Seite, so wie Schuppen in der Natur, soll das Eindringen von Feuchtigkeit ins Innere verhindert werden, z. B. Schieferschuppen.

6.

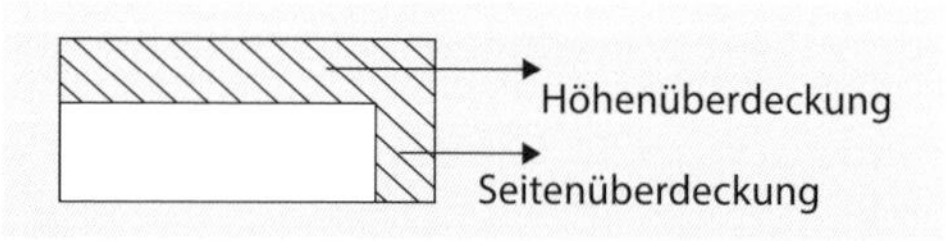

7. Biberschwanzziegel: 30°, Standarddachsteine: 25°, Standardfalzziegel 25°; Hinweis: Dachsteine mit hochliegender Längsfalz und sogenannte Flachdachziegel haben eine RDN von 22°.

8. Eine Regeldachdachneigung ist die unterste Dachneigungsgrenze, bei der sich in der Praxis eine Dachdeckung als regensicher erwiesen hat.

9. Zwecks verbesserter Zusammenarbeit werden Standards von mehreren Unternehmen entwickelt. Normen setzen vereinheitlichte Anforderungen an die Beschaffenheit von Gütern, die national und international anerkannt werden, z. B. DIN und EN.

10. Grundregeln, Fachregeln, Merkblätter, Produktdatenblätter

11. **a)** Deutsches Institut für Normung,
b) Europäische Norm,
c) Energieeinsparverordnung
d) Gebäudeenergiegesetz

12. Ein Pultdach überdacht rechteckige oder quadratische Grundrissflächen mit nur einer geneigten Dachfläche. Ein Satteldach hat 2 geneigte Dachflächen, die einen gemeinsamen First bilden.

13. Ein symmetrisches Satteldach hat auf beiden Dachseiten gleiche Dachneigungen, das asymmetrische Satteldach dagegen unterschiedliche.

14. Bei einem Zeltdach laufen geneigte Dachflächen in einem Firstpunkt zusammen. Die Grundrisse für ein Zeltdach können quadratisch, sechseckig, achteckig usw. sein. Vorteil: keine Giebelfläche, Nachteil: Wegen der allseitigen Dachneigung geringeres nutzbares Dachvolumen gegenüber einem Satteldach.

15. Ein Walmdach hat wie das Satteldach an den Längsseiten geneigte Dachflächen, dann jedoch an der Schmalseite des Gebäudes keinen Giebel sondern ebenfalls geneigte dreieckige Dachflächen. Die Hauptdachflächen mit First sind daher Trapezflächen. Die „abgewalmten" geneigten Dachflächen der Schmalseiten bieten einen geringeren Wind- widerstand, verkleinern jedoch auch den nutzbaren Dachraum.

16. Bei einem Schopf- oder Krüppelwalmdach ist die Walmfläche der Schmalseite des Gebäudes nur im oberen Teil der Giebelseite, also höher angeordnet als die Traufen der Hauptdachflächen.

17. Bei einem Mansarddach weisen die Dachflächen im unteren Bereich eine Knicklinie auf, die einen Wechsel der Dachneigung markieren. Im unteren Bereich ist die Dachneigung sehr hoch, damit der innere Dachraum mehr Stehhöhe erhält.

18. Tonnendach, Bogendach, Hängedach

19. Die Sparrenlänge s ist zur Berechnung von geneigten Dachflächen erforderlich. Sie kann zeichnerisch oder rechnerisch aus Angaben der Bauzeichnung (Länge, Höhe, Breite, Neigungswinkel) bestimmt werden.

20. eigene Ausarbeitung

21. $s = \sqrt{(3{,}782 + 18{,}252)} = \sqrt{14{,}29 + 333{,}06} = \sqrt{50{,}79} = 18{,}64 = s$
(alle Angaben in Meter)

22. St (%) = h/l × 100 hier: St (%) = 3,78/18,25 × 100 = 20,28 %
(alle Maßangaben in Meter)

23. **a)** $A = \pi \times r \times s$, hier: $A = \pi \times 3{,}14 \times 3{,}21 \times 5{,}62 = 56{,}65\ m^2$
(alle Maßangaben in Meter)

b) $h^2 + r^2 = s^2$

durch Umstellen ergibt sich: $h^2 = s^2 - r^2$

und dann: $h = \sqrt{s2 - r2}$

In Zahlen: $h = \sqrt{5{,}622 - 3{,}212} = 4{,}61 = h$

(alle Maßangaben in Meter)

24. a) Ein Tonnendach ist eine Dachform, deren Querschnitt etwa einen Halbkreis darstellt, vergleichbar mit dem oberen Teil einer liegenden Tonne.

b) Die Eindeckung einer gewölbten Fläche mit starren ebenen Deckwerkstoffen erfordert Übung, häufig werden flexible oder gummielastische Werkstoffe zur Eindeckung genutzt.

c) Fläche A = Halbkreisumfang × Trauflänge,

hier: $A = \frac{1}{2} \times 2 \times 4{,}5 \times \pi \times 18{,}54 = 26{,}20\ m^2$ (alle Maßangaben in Meter)

25. Ein Sheddach entsteht durch mehrfaches hintereinander setzen von Sattel- oder Pultdächern.

26. Dachhäuschen weisen auffallen große senkrechte Seitenteile (Wangen) auf. Dachgauben haben keine senkrechten Wangen oder eher kleinere. Beide Begriffe werden im Alltag oft vermischt, z. B. beim gängigen Begriff Schleppgaube.

27. Dachbalkone sind Balkone, die in geneigte Dächer fest eingebaut sind und vom Gebäudeinneren heraus begehbar sind.

28. Lichtkuppeln sind Belichtungs- bzw. Belüftungselemente, die aus der Dachfläche auch von geneigten Dächern herausragen. Lichtbänder haben in der Regel nur eine Belichtungsfunktion.

29. Erker sind geschlossene, überdachte über ein- oder mehrere Geschosse reichende Vorbauten an der Fassade von Gebäuden.

30. a) $A = 4 \times g \times s : 2 = 4 \times 6{,}25 \times 10{,}35 : 2 = 129{,}38\ m^2$ Dachfläche

b) Nordrhein-Westfalen:
Lichtfläche: 12,5 % der Grundfläche, hier $6{,}25\ m \times 6{,}25\ m = 39{,}06\ m^2$.
12,5 % von $39{,}06\ m^2 = 4{,}89\ m^2$ Lichtfläche.

c) $0{,}78\ m \times 1{,}80\ m = 1{,}40\ m^2$ Lichtfläche pro Fenster.
$4{,}89\ m^2 : 1{,}40 = 3{,}49$ St, gewählt: 4 Fenster.

31. eigene Ausarbeitung

32. a) eigene Skizze (siehe auch „Die Ausbildung im Dachdeckerhandwerk", Seite 65, 63 Tabelle 2.8)

b) $A = l \times s = 12{,}50\ m \times 9{,}27\ m = 115{,}88\ m^2$ Dachfläche

c) Ortganglängen: $2 \times 9{,}27\ m = 18{,}54\ m$: Firstlänge: 12,50 m

33. Vorteile: Dachgauben vergrößern den Dachraum und verbessern die Stehhöhe darin.
Nachteile: Dachgauben sind teurer und bedürfen behördlicher Genehmigung.

34. Unter Tragwerk versteht man das tragende Gerüst eines Daches, d. h. die Konstruktion, die für die Standsicherheit des Daches erforderlich ist. Zum Tragwerk von Wohnhäusern gehören im Wesentlichen der Dachstuhl bzw. die Dachsparren.

35. Eine Dachhaut schützt das Gebäude direkt vor Witterungseinflüssen, z. B. durch die Dachdeckung oder Dachabdichtung. Diese werden von darunter liegenden Konstruktionen getragen, der Unterkonstruktion, bestehend aus Tragwerk mit oder ohne Deckunterlage, wie z. B. einer Holzschalung.

36. a) Vollholz- bzw. Brettschalung (Bretterschalung),
b) Holzwerkstoffschalung, z. B. Spanplatte

37. Eine Vordeckung schützt die Schalung sofort nach dem Einbau vor Witterungseinflüssen. Eine Behelfsdeckung ist dauerhafter angelegt und schützt das Gebäude befristet länger.

38. Die Konterlattung wird parallel zu den Sparren, bzw. senkrecht zur Traufe aufgebracht. Sie soll eine Hinterlüftung zum Abtransport eindringender Feuchte gewährleisten. Auf eine Traglattung, parallel zur Traufe angeordnet, werden beispielsweise Dachziegel oder Dachsteine eingehängt.

39. Dachflächenfenster dienen der Belüftung und Belichtung des Dachraumes, Dachhaken haben eine Sicherungsfunktion in der geneigten Dachfläche.

40. Wird oberhalb der Dachhaut auf speziellen Ständern eine Anlage eingebaut, spricht man von aufgeständertem Einbau. Wird die Dachhaut durchbrochen und dort ersetzt, z. B. durch einen Energiesammler, nennt man dies eine in die Dachfläche integrierte Einbauweise.

41. a) 1 : 0,5 : 1 **b)** 1 : 1 : 1

42. Eine Aufmaßskizze soll grob maßstäblich ein Gebäude mit möglichst genauen Maßangaben enthalten. Solche Skizzen können Grundlage für Kundenberatungsgespräche oder auch für die Ermittlung des Werkstoffbedarfes sein.

43.

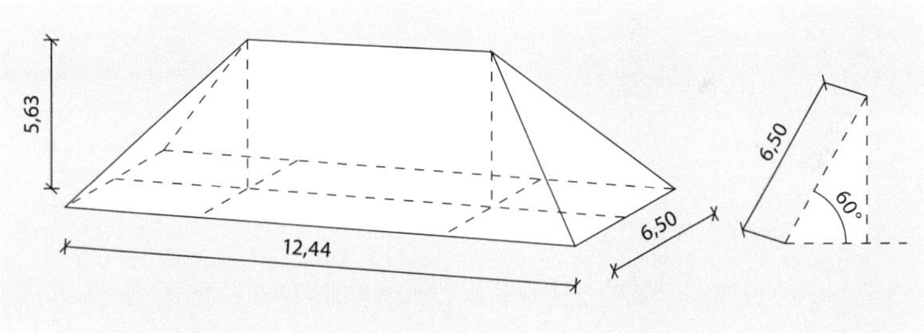

44.

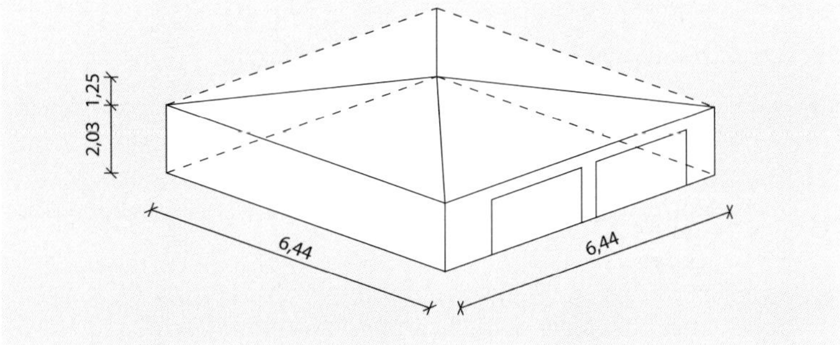

45. Mit CAD-Programmen können per Mausklick z. B. dreidimensionale Raummodelle erstellt werden, wie z. B. bewegte und veranschaulichte Bilder eines Gebäudeobjektes.

46. Ein Gebäudeteil kann mit unterschiedlichen Schnittebenen z. B. längs des Firstes oder quer dazu zeichnerisch aufgeschnitten werden. Je nach Schnittebene spricht man von Längs- oder Querschnitt.

47. eigene Anfertigung (siehe auch „Die Ausbildung im Dachdeckerhandwerk", Seite 74, Abb. 2.27 2.28)

48. Die deutschen Baustoffklassen (A1 + A2 = nicht brennbar, B1 = schwer entflammbar, B2 = normal entflammbar) werden durch die Europäischen Brandklassen ersetzt. Diese beschreiben den Beitrag eines Baustoffes zum Brand, z. B. A = kein Beitrag zum Brand: B = sehr begrenzter Beitrag zum Brand, C = begrenzter Beitrag zum Brand usw.

49. Produktdatenblätter gibt es. u. a. für Dachziegel, Faserzement-Dachplatten, Schiefer, Bitumenbahnen, Fassadenplatten.

50. Dachsteine werden aus Sand bzw. Recyclingsand, Portlandzement, Zuschlagstoffen und Farbpigmenten hergestellt.

51. Ein Standarddachstein hat die Außenmaße b × h = 330 mm × 420 mm

52. Mönch- und Nonnenziegel, Biberschwanzziegel, Falzziegel, ...

53. Als Ziegelfarben bezeichnet man die unterschiedliche Oberflächengestaltung von Dachziegeln, z. B. naturrot (ziegelrot), engobiert, glasiert.

54. Rohstoffabbau und -aufbereitung, Sumpfhaus, Formgebung, Trocknung, Farbgebung/Engobe, Brennvorgang, Verpackung

55. l × b = 380 mm × 180 mm

56.

	Rohstoffe	**Herstellung**	**Maßhaltigkeit**
Dachziegel	Ton, Lehm, Sand, Zuschlagstoffe	Brennen bei hohen Temperaturen	Geringe Maßtoleranz
Dachsteine	Portlandzement, Sand/Recyclingsand, Zuschlagstoffe	Aushärtung durch Trocknung bei erhöhter Raumtemperatur	Maßgenauigkeit

57. Eigene Ausarbeitung (siehe auch „Die Ausbildung im Dachdeckerhandwerk", Kapitel 2.6)

58. Biberschwanz-, Hohl-, Flachdach-, Krempziegel, ...

59. Dachsteine, l × b=42cm × 33 cm, sind mit einer Höhen- und Seitenüberdeckung zu verlegen. Die Seitenüberdeckung beträgt i.A. 3 cm, so dass sich eine Deckbreite von 33cm – 3 cm = 30 cm ergibt. Die Höhenüberdeckung ist dachneigungsabhängig. Bei 7,5 cm Höhenüberdeckung ergibt sich eine Decklänge von 42 cm – 7,5 cm = 34,5 cm.

60. Firststeine haben meist eine halbrund gewölbte Form. Ortgangsteine bzw. -ziegel bilden den seitlichen Abschluss einer Dachfläche am Ortgang mit einer zur Deckfläche rechtwinkligen Verlängerung, durch die die Unterkonstruktion und ggf. der Ortgangsparren geschützt wird.

61. Mönch- und Nonnenziegeldach sind weniger bei uns dafür in Südeuropa weit verbreitet. Beide Ziegel sind halbrund, meist konisch, geformt und liegen im Regelfall in einem Mörtelbett aufeinander; der Mönchziegel überdeckt oberseitig zwei liegende Nonnenziegel, die mit einem Dorn für die Befestigung an den Dachlatten versehen sind.

62. Unter Faserzement versteht man einen industriell hergestellten Werkstoff, der für Laien nur schwer vom Naturprodukt Schiefer zu unterscheiden ist.

63. Well- und Dach- und Wandplatten, …

64. Arbeitsgerüste sind für die Ausführung, Verrichtung spezieller Arbeiten erforderlich, sichern den Zugang und auch den Aufenthalt auf Arbeitsplätzen

65. 42 cm – 8 cm = 34 cm sichtbare Länge; 33 cm – 3 cm = 30 cm sichtbare Breite.

$10\,000\ \text{cm}^2 : (34\ \text{cm} \times 30\text{cm}) = 9{,}8\ \text{St/m}^2$

66. Absperrungen, Auffangeinrichtungen, Schutznetze, …

67. Schutzwand, Auffangnetz, Fanggerüst, …

68. Mobil: z. B. Bohrmaschine, … Stationär: z. B. Baukran, …

Lernfeld 3 Einschalige Baukörper mauern

1. Es gibt **tragende Wände**, welche die aufliegenden Lasten bis in die darunter liegenden Wände oder das Fundament weiterleiten. Nicht tragende Wände dienen als Raumteiler oder Abschluss, bzw. Abtrennung verschiedener Räume voneinander (vgl. Raumteiler und einfache Trennwände).

   Aussteifende Wände verhindern das Kippen oder Ausweichen anliegender Wände und gewährleisten damit eine Steifigkeit im Bauwerk.

   Brandschutzwände verhindern das Übergreifen von Feuer bzw. Flammen und extremer Hitze in angrenzende Bauteile bzw. Brandabschnitte.

   Schallschutzwände dienen dazu, die Ausbreitung von Schallwellen bzw. Schalldruckwellen in angrenzende Räume, Bauwerke oder in die Umgebung (z. B. bei Autobahnen) zu verhindern.

2. Das Mauerwerk muss heute zahlreiche Funktionen übernehmen. Zum einen soll es das Gebäude verkleiden und damit optisch ansprechend sein. Mauerwerkswände dienen zur Lastweiterleitung, schützen innen liegende Bereiche vor der Witterung, Lautstärke und dienen dem Schutz der Intimität und Privatsphäre.

3. Entsprechend der Aufgabe, die eine Mauerwerkswand übernehmen muss, ist die Auswahl des Materials sorgfältig zu prüfen, wenn man bedenken muss, dass das Mauerwerk zum einen leicht herzustellen sein soll und optischen Ansprüchen genügen muss.

   Darüber hinaus gilt: Schwere Steine genügen eher dem Schallschutz und durch ihre höhere Dichte und Festigkeit eher den statischen Beanspruchungen. Leichte Mauersteine, wie Gasbeton, haben bessere Wärmedämmeigenschaften. So ist weiter darauf zu achten, wie das Mauerwerk zu bekleiden ist, um allen Ansprüchen gerecht zu werden.

4. Mauerwerkswände können z. B. von innen nach außen wie folgt aufgebaut sein:

   1. Leichtputz – Mauerwerk (KS oder HLZ) – Wärmedämmung – Armierung/Gewebe – Oberputz
   2. Leichtputz – Mauerwerk (Gasbeton oder HLZ) – Leichtputz – Oberputz
   3. Leichtputz – Mauerwerk (HLZ) – Außenputz – Oberputz

5. Natursteine können je nach ihrer Zusammensetzung farblich und gewichtsmäßig stark variieren. Weiter schwanken die Eigenschaften hinsichtlich Frostbeständigkeit und Spaltbarkeit durch vorhandene Stein- oder Kalkadern, welche den Stein durchziehen.

6. Durch ihre Zusammensetzung und die auszuführenden Fugen sind Natursteine hinsichtlich eindringendem Wasser und Frost extrem gefährdet. Das kann zu Abplatzungen und Rissbildung führen.

7. Es gibt z. B. Trocken- und Felssteinmauerwerk, Zyklopen- und Schichten-, Quader und Bruchsteinmauerwerk.

8. Die Unterschiede bestehen vor allem in der Regelmäßigkeit der Fugen und der Gleichmäßigkeit der Steine.

9. Gebrannte und ungebrannte Mauerwerkssteine

10. **Gebrannte künstliche Mauerwerkssteine** werden aus einem Lehm-Tongemisch hergestellt und in einem Brennofen durch einen Brandt zum Erhärten gebracht.

Ungebrannte künstliche Mauerwerkssteine werden durch einen chemischen Vorgang, sprich die Zugabe von Branntkalk und Wasser, hergestellt und mit Pressen in Form gebracht. Durch Erhitzen erhärten sie letztendlich.

11. Gebrannte Mauersteine haben eine rot-braune Färbung, hervorgerufen durch Ton und Lehm, während ungebrannte Mauerwerkssteine zumeist weißlich bis gräulich von den Materialien Kalk oder Zement sind.

12. Gebrannte künstliche Mauersteine sind Ziegel und Klinker. Ungebrannte künstliche Mauersteine sind z. B. Kalksandsteine, Betonsteine oder Gasbetonsteine.

13. Man kann sagen, dass schwere Steine, sprich Steine mit hoher Dichte, eine bessere Tragfähigkeit und bessere Schallschutzeigenschaften besitzen. Leichte Steine mit geringerer Dichte haben in der Regel bessere Wärmedämmeigenschaften.

14. Die Maßordnung im Hochbau soll die Arbeitsregeln und Arbeitsprozesse auf der Baustelle verbessern und vereinheitlichen. Nur so ist ein reibungsloser Ablauf zu gewährleisten. Jeder weiß, welche Maße gemeint sind, wenn man z. B. von Öffnungsmaßen spricht. Eine gewerkübergreifende Kommunikation und Einhaltung von Vorschriften und Normen ist so sichergestellt.

15. Die einzelnen Steingrößen richten sich nach dem ⅛-Meter. Jeder größere Stein lässt sich aus kleineren zusammensetzen. So wird ein Nachbearbeiten der Steine meist unnötig.

16. Ein ⅛-Meter sind rechnerisch 12,5 cm. Diese ergeben sich aus dem Standard-Kopfmaß für Steine von 11,5 cm und einer Stoßfuge von 1 cm.

17. Es gibt Innenmaße, z. B. an Fenster- oder Mauerwerksöffnungen, welche sich aus X × 12,5 cm + 1 cm weiterer Fuge errechnen.

Es gibt **Vorlagemaße**, welche die gleiche Anzahl von Fugen wie Steine haben, da das entsprechende Stück Mauerwerk an einem freien Rand mit dem Stein und nicht mit einer Fuge endet: X × 12,5 cm.

Es gibt **Außenmaße**, welche eine Fuge weniger als Steine haben, da das Mauerwerk an jeder Seite mit einem Steinkopf und nicht mit einer Fuge endet: X × 12,5 cm + 1cm.

18. Das Überbindemaß regelt den erforderlichen bzw. zulässigen Versatz der einzelnen übereinander liegenden Mauerwerksschichten in horizontaler Richtung.

19. Das Überbindemaß muss wenigstens 4,5 cm betragen. Jedoch gibt es eine „Und"-Bedingung. Das heißt, zusätzlich muss das Überbindemaß zur gleichmäßigen, sprich homogenen Lastverteilung das 0,4-fache der Steinhöhe betragen.

20. Die einfachsten Mauerwerksverbände sind der Läufer- und der Binderverband. Beim Läuferverband sieht man permanent die Längsseite des Steins. Lediglich an den Mauerwerksenden erzeugt ein halber Stein einen Versatz und damit die Einhaltung des Überbindemaßes.

Beim Binderverband sieht man permanent die Kopfseite des Steins (meist 2 DF oder NF). Lediglich an den Mauerwerksenden sorgt ein ¾ Stein für einen Versatz einer halben Kopfbreite.

Weitere gängige Mauerwerksverbände sind der Block- oder Kreuzverband.

Beim Blockverband treten Mauerwerksblöcke (Kreuze) paarweise übereinander und nebeneinander auf. Abwechselnd sind Läufer- und Binderschicht zu sehen. Der Versatz wird je nach Mauerwerkslänge durch ½, ¾ oder ganze Steine erzeugt. Je nach Höhe wiederholen sich die Schichten.

Der Kreuzverband ist dem Blockverband sehr ähnlich, jedoch verspringt sein Fugenbild regelmäßig und wiederholt sich immer wieder versetzt um ½ Achtelmeter.

Das Mauerwerk beim Kreuz-, Block- und Binderverband sollte genau 24,0 cm betragen, um das lästige Zerteilen von Steinen zu vermeiden. Der Läuferverband ist abhängig von der Steinbreite und ist einen Stein breit.

21. Mauerwerksverbände haben statisch immer die Aufgabe, homogenes Mauerwerk und damit verbunden eine gleichmäßige Lastweiterleitung zu gewährleisten. Optisch haben sie vorrangig einen Sinn, wenn es sich um ein Sichtmauerwerk handelt. Hier ist auf ein gleichmäßiges Überbindemaß zu achten.

22. Steinformate ergeben sich aus der Maßordnung im Hochbau. Es handelt sich um ⅛ Metermaße bzw. deren Vielfache. Somit ist ein Herstellen von Metermaßen, Öffnungen, Versprüngen etc. oder kleineren und größeren Maßen möglich, ohne Steine unnötig zerteilen zu müssen. Größere Steine setzten sich darüber hinaus immer aus kleineren zusammen.

23. Man unterscheidet in Einhand- und Zweihandsteine. Hier sind die Handhabbarkeit und die vorhergesehene Griffschale maßgebend.

24. Ein 12-DF-Stein lässt sich aus kleineren Steinformaten zusammensetzen, z. B. aus 6 2-DF- oder aus 4 3-DF-Steinen oder anderen Kombinationen.

25. Mörtel wird aus Zuschlag (Sand), Bindemittel (Kalk/Zement) und Anmachwasser hergestellt.

26. Beim Herstellen von Mörtel ist auf das Mischungsverhältnis der Bestandteile zu achten. Außerdem tritt beim Anmachen von Mörtel eine Volumenminderung ein. Daher ist die benötigte Menge zu kalkulieren und der Anteil der Bestandsstoffe korrekt auszulegen.

27. Mörtelgruppen verschiedener Härte können nicht optisch, sondern nur durch Druckversuche unterschieden werden. Lediglich Leichtanteile aus Leichtmörtel sind zu erkennen. Somit ist nicht gewährleistet, dass beim Vorhandensein verschiedener Mörtelfestigkeiten die festere an der entsprechenden Stelle eingebaut wird: Verwechslungen sind möglich!

28. Das Zusammenspiel der Stoffe hat eine bedeutende Auswirkung auf die Verarbeitbarkeit und die Mörtelkonsistenz. Hohe Bindemittelanteile lassen den Mörtel schneller erstarren und erhöhen die Festigkeit im Zusammenspiel mit dem Zuschlag. Erhöhte Wasseranteile verlängern die Verarbeitbarkeit, erschweren aber den Umgang, da der Mörtel zu verschwimmen beginnt.

29. Leichtmörtel hat eine geringere Rohdichte als normaler Mörtel. Dadurch besitzt er verbesserte Eigenschaften hinsichtlich der Wärmedämmung. Die Festigkeit lässt durch den hohen Luftanteil jedoch erst einmal nach. Der Mörtel muss evtl. an Stellen mit erhöhten Lasten (siehe entsprechende Statik) durch einen tragfähigeren ersetzt werden.

30. Beim Stellen von Gerüsten und der Arbeit mit Ihnen sind zum einen die Richtlinien und Unfallverhütungsvorschriften zu beachten, um den mit ihnen Arbeitenden und Passanten nicht zu gefährden. So z. B. sind die Beläge, Aussteifungen entsprechend auszuführen. Zum anderen hat sich der darauf Arbeitende ordnungsgemäß zu verhalten und mit der Ausrüstung für seinen Schutz zu sorgen. Auch die Auswahl des Gerüsts und die Arbeitshöhe spielen eine Rolle.

31. Gängige Werkzeuge sind die Maurer- und die Dreieckskelle. Mit ihnen wird Mörtel aufgetragen. Zum Mischen benutzt man einen Freifallmischer oder ein Rührspaten. Weitere Werkzeuge sind Lote, Gliedermaßstab, Hammer Wasserwaage, Quast, Gerüste und Schnüre. Weitere Werkzeuge werden zum optischen Aufarbeiten oder Messen und Zerteilen herangezogen.

32. Eine Bauwerksabdichtung ist bei Mauerwerk grundsätzlich um alles im Erdreich stehende und etwas darüber hinaus (Spritzwasser) zu führen. Die Bodenplatte ist gegen aufsteigende Feuchtigkeit abzusperren und vor der Kimmschicht, sprich der ersten und der zweiten Mauerwerksschicht, einzubringen.

33. Aufsteigende Feuchtigkeit wird nicht daran gehindert, zum einen vom Beton aus in das Mauerwerk, zum anderen in die höheren Schichten aufzusteigen. Dies kann zu Feuchteschäden, Schimmel und Stockflecken, bis hin zu Atemwegserkrankungen und einer Unbewohnbarkeit des Gebäudes führen.

34. Diesen Effekt nennt man Kapillareffekt.

Lernfeld 4 Stahlbetonteile herstellen

1. • Stahl und Beton haften gut aneinander
• Beton und Stahl haben einen fast gleichen Wärmeausdehnungskoeffizienten.
• Der den Stahl umschließende Beton ist ein wirkungsvoller Rostschutz.

2. Die gerippte Oberfläche der Stabstähle bewirkt eine „Verzahnung" (erhöhte Haftung) des Betons am Stahl.

3. Die Wärmeausdehnungszahl gibt an, um wie viele Millimeter sich ein 1 m langes Bauteil bei einer Temperatur von 1 Kelvin bei Wärme ausdehnt oder bei Kälte zusammenzieht. Beton und Stahl haben die fast identische Temperatur-Dehnzahl.

4. Von besonderer Bedeutung für einen funktionierenden Rostschutz ist die Einhaltung der Mindestbetonüberdeckung. Die Mindestbetonüberdeckung ist abhängig von Einflussfaktoren wie z. B. Umgebungsluft, Einsatzbereich und klimatischen Verhältnissen.

5. Beton nimmt die Druckkräfte und Stahl die Zugkräfte, die in einem Bauwerk auftreten, auf. Dieses ideale Zusammenspiel der beiden Baustoffe ermöglicht den Bau großer Bauwerke.

6. Schalhaut und Tragkonstruktion. Zur Tragkonstruktion gehören Schalungsträger, Schalungsstützen, Verbindungsmittel.

7. Die Schalhaut formt das Werkstück. Die Aussteifung (Teil der Tragkonstruktion) nimmt die durch den eingebrachten Beton entstandenen auftretenden Druckkräfte, die seitwärts und senkrecht wirksam werden, auf. Die Unterstützung (Teil der Tragkonstruktion) leitet die auftretenden Kräfte ab.

8. Die Bewehrung nimmt die im Bauteil auftretenden Zugkräfte auf.

9. Die Streckgrenze $S(R_e)$ ist die Höchstbelastbarkeitsgrenze des Betonstahls.

10.

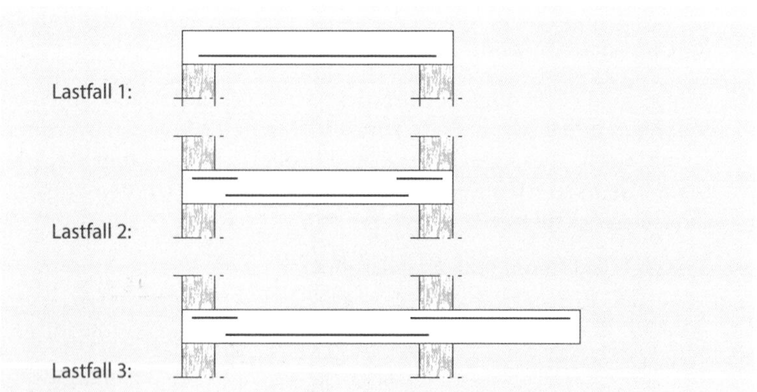

11. natürlich (runde): Sande, Kiese und Grobkiese
natürlich (gebrochene): Brechsande, Splitt, Schotter
künstlich (industrielle): Hochofenschlacke, Hüttensande, Granulate

12. Gesteinskörnungen müssen eine ausreichende Kornfestigkeit (Eigenfestigkeit) besitzen. Die Gesteinskörnung muss frostbeständig sein und darf keine Verunreinigungen einschließen. Die Kornform soll gedrungen sein.

13. Die Gesteinskörnung soll immer ein Gemisch verschiedener Körnungen (Korngrößen) sein.

14. Die Verwendung nur kleiner oder nur großer Gesteinskörnungen führt zu einem erhöhten Bindemittelverbrauch (größere Oberfläche der Körner bzw. mehr Hohlräume). Die Schwindrissbildung wird begünstigt. Druckfestigkeit und Verarbeitbarkeit nehmen stark ab bzw. verschlechtern sich.

15. Eine gemischtkörnige Gesteinskörnung erfordert weniger Bindemittel. Durch einen geringeren Bindemittelanteil wird die Gefahr der Schwindrissbildung vermindert. Eine gemischtkörnige Gesteinskörnung erlaubt eine gute Verarbeitung und bewirkt eine hohe Druckfestigkeit.

16. Mithilfe von Siebversuchen und der Darstellung in Sieblinien wird die Zusammensetzung von gemischtkörnigen Gesteinskörnungen ermittelt und bewertet.

Lösungen LF 4

17.

Versuch	**Gesamtrückstand g**	**Rückstand in g auf dem Sieb**								
		0,25	**0,5**	**1**	**2**	**4**	**8**	**16**	**31,5**	**63**
		Probe-Kennzeichen/Korngruppe 0/32 mm								
1	5000	4690	4480	4220	3780	3310	2920	1710	0	0
2	5000	4650	4410	4190	3810	3280	2890	1660	0	0
3	5000	4620	4430	4230	3840	3290	2910	1620	0	0
Summe	15000	13960	13320	12640	11430	9880	8720	4990	0	0
Rückstand %		93	89	84	76	66	58	33	0	0
Durchgang %		7	11	16	24	34	42	67	100	100

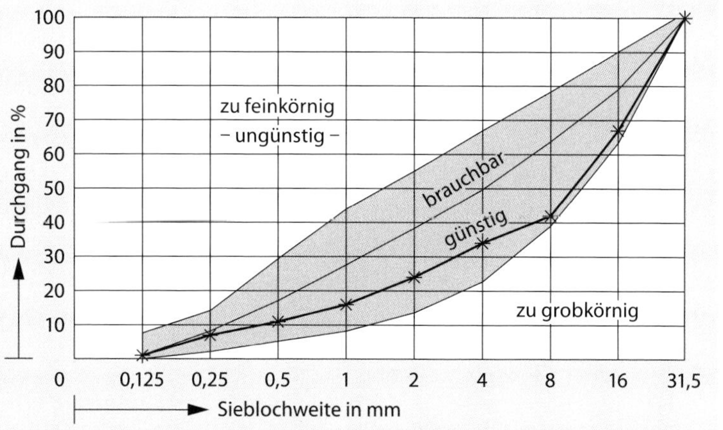

Die Sieblinie liegt im „günstigen" Bereich und kann zur Herstellung des vorgesehenen Betons verwendet werden.

18. Hierbei handelt es sich um das Gemisch einer Gesteinskörnung von 8 mm (Kleinstkorn) bis 16 mm (Größtkorn).

19. Portlandzement, Portlandkompositzement, Hochofenzement, Puzzolanzement, Kompositzement.

20. R (rapid = schnell)

21. Es handelt sich hierbei um einen Hochofenzement der Festigkeitsklasse 42,5 N.

22. Zement der Festigkeitsklasse 32,5 und 42,5 darf nicht länger als 2 Monate, ein Zement der Festigkeitsklasse 52,5 nicht länger als 1 Monat auf der Baustelle gelagert werden.

23. Nicht in Kinderhände, Zementstaub nicht einatmen (ätzend) Berührung mit Haut und Augen vermeiden (ätzend), im Unglücksfall (Augenkontakt, Verschlucken) Arzt informieren, Schutzhandschuhe tragen.

24. Jedes Anmachwasser muss frei von Verunreinigungen sein. Dies bedeutet, dass jedwedes Oberflächenwasser auf Verunreinigungen und Belastungen (z. B. Salze) getestet werden muss. Regenwasser ist ungeeignet. Trinkwasser ist generell geeignet.

25. Der Prozess der Erhärtung wird als Hydratation bezeichnet.

26. In den Erhärtungsphasen (Ansteifen – Erstarren – Erhärten) entstehen Zementleim (Wasser + Zement), Zementgel (plastisch) und Zementstein.

27. Unter dem Begriff Mindestdruckfestigkeit versteht man die Druckfestigkeit des Betons, die nach 28 Tagen mindestens erreicht werden muss.

28. Unter dem Begriff Wasserzementwert wird das Masseverhältnis von Wasser zu Zement verstanden. Der W/Z-Wert besitzt keine Einheit.

29. Der Gesamtwassergehalt besteht aus dem Anmachwasser (Zugabewasser), der Oberflächenfeuchte des Zuschlagstoffes und der Eigenfeuchte des Zuschlages

30. W/Z-Wert = 0,4

31. Ein W/Z-Wert oberhalb von 0,4 verringert die Betondruckfestigkeit, fördert die Schwindrissbildung, verstärkt das „Bluten“ des Betons und mindert den Rostschutz der Betonstahleinlagen.

32. W/Z-Wert = 170 kg/m^3 : 350 kg/m^3 = 0,4857 ~ 0,49 (0,63 ; 0,4)

33. Unter dem Begriff Konsistenz versteht man die Verarbeitbarkeit und Steifheit des Betons.

34. Zum Beispiel: sehr steifer Beton, steifer Beton, plastischer Beton

35. Ausbreitversuch, Verdichtungsversuch

36. C = concrete (engl. für Beton)
16 = charakteristische Zylinderdruckfestigkeit in N/mm^2 (16 N/mm$^{2)}$
20 = charakteristische Würfeldruckfestigkeit in N/mm^2 (20 N/mm$^{2)}$

37. Expositionsklassen (exponere = lat. für hervorheben) bewerten den Beton unter dem Aspekt der Gefährdung. Sie beurteilen die Beanspruchung von Beton und Bewehrung unter unterschiedlichen Umweltbedingungen hinsichtlich der Dauerhaftigkeit des einzubauenden Betons. Dabei können auch mehrere Expositionsklassen angegeben werden.

38. Zu berücksichtigen sind Betondruckfestigkeitsklasse, Zementfestigkeitsklasse, Gesteinskörnung, W/Z-Wert, Konsistenz und Mengenberechnung.

39. **Volumenberechnung**
$V = (1{,}24\ \text{m} \times 0{,}86\ \text{m} - 0{,}635\ \text{m} \times 0{,}375\ \text{m}) \times 0{,}10\ \text{m} = 0{,}08283\ \text{m}^3$

Berechnung der Frischbetonmenge
Frischbetonmenge = Volumen × Verdichtungsmaß
$F_M = 0{,}08283\ \text{m}^3 \times 1{,}13 = 0{,}0936\ \text{m}^3$ je Kaminteil

Anzahl der Mischungen
$F_{ges.} = 0{,}0936\ \text{m}^3 \times 35$ Kaminteile $= 3{,}376\ \text{m}^3$
Menge je Mischung = $1{,}00\ \text{m}^3 : 8 = 0{,}125\ \text{m}^3$ je Mischung
Anzahl der Mischungen = $3{,}376\ \text{m}^3 : 0{,}125\ \text{m}^3 = 26{,}208$ = **27 Mischungen**

40. Einzelstoffmengen je m^3 nach Tabelle
Zement: 320 kg/m^3
Zugabewasser: 110 l/m^3
Gesteinskörnung: 1856 kg/m^3

Gesamtbedarf der Baustoffmengen

Zement:	$320\ \text{kg/m}^3 \times 10{,}5\ \text{m}^3 = 3.360\ \text{kg}$
Wasser:	$110\ \text{l/m}^3 \times 10{,}5\ \text{m}^3 = 1.155\ \text{l}$
Gesteinskörnung:	$1.856\ \text{kg/m}^3 \times 7\ \text{m}^3 \times 10{,}5\ \text{m}^3 = 19.488\ \text{kg}$

41. Je nach Betonkonsistenz und Einbaumethode eignen sich Rütteln, Stampfen, Stochern, Spritzen und Walzen.

42. Eine Temperatur zwischen +5°C und + 30 °C soll Frischbeton beim Einbau haben. Möglichkeiten der Nachbehandlung sind regelmäßige Wasserzufuhr, Nachbehandlungsfolien, Besprühen des Frischbetons mit Wasser, Schutz vor schnellem Austrocknen durch Belassen in der Schalung, Abdichten mit Kunststofffolien und Auftragen eines Schutzfilmes.

43. Mischmaschinen eben und standsicher aufstellen, Arbeitsplatz gegen herabfallende Gegenstände schützen, Drehrichtung der Maschine prüfen, nicht mit der Hand in die laufende Trommel greifen, vor Reparaturen Stromkabel ziehen und den Vorgesetzten informieren, Reparaturen nur vom Fachmann durchführen lassen, Sicherheits-, Schutzeinrichtungen und gefahrenhinweise des Herstellers beachten, … .

44. **a)** Augen- und Gesichtsschutz: Schutzbrille tragen (Hornhautverletzung des Auges)
b) Atemschutz: Atemschutz (Partikelfilter P2) tragen
c) Handschuhe: Die alkalischen Eigenschaften des Zements verursachen Hautreizungen und können zu Verätzungen führen (Hautpflege ist wichtiger Gesundheitsschutz)
d) Schutzkleidung: Besteht die Gefahr eines Kontaktes mit zementhaltigen Produkten (Betonier-Arbeiten) müssen alkalibeständige Schutzkleidung und Stiefel getragen werden.

Lernfeld 5 Holzkonstruktionen herstellen

1. **Erzeugung von Sauerstoff**
Grüne Pflanzen setzen bei der Photosynthese Kohlendioxid und Wasser zu energiereichen organischen Verbindungen (Kohlenhydrate) und Sauerstoff um. Bäume sind der größte Sauerstofflieferant der Erde.
Aufnahme von Kohlenstoffdioxid
Bäume brauchen für ihr Wachstum viel Kohlenstoff. Daher nehmen sie Kohlenstoffdioxid auf und „speichern" den Kohlenstoff in ihrem Holz. Erst beim Verbrennen oder Verrotten des Holzes wird das Kohlenstoffdioxid wieder in die Atmosphäre abgegeben. Kohlenstoffdioxid ist ein Verursacher des Treibhauseffektes, d. h. es trägt zur Aufwärmung der Erde und damit zum Klimawandel bei. Bäume verringern somit den Treibhauseffekt.
Regulierung des Wasserhaushaltes
Bäume speichern in ihrem Stamm und ihren Blättern Wasser und geben es an die Atmosphäre ab. Sie beschatten den Boden und verringern dadurch sein Austrocknen. Bäume sind somit ein Teil des natürlichen Wasserkreislaufs.

2.
- Dichte bzw. Rohdichte
- Härte (Weich- und Hartholz)
- Bearbeitbarkeit und Festigkeit
- Elastizität und Tragfähigkeit
- Verhalten gegenüber Feuchtigkeit
- Entflammbarkeit
- Verbreitung (europäische und außereuropäische Hölzer)

Nachteilige Kriterien für die Einteilung von Hölzern sind:
- Die leichte Brennbarkeit (Brandschutzklasse B2),
- das Arbeiten des Werkstoffes (Trockenrisse, Verdrehen),
- Wertminderung durch Holzfehler,
- Anfälligkeit gegenüber Krankheiten, Pilzen und Schädlingen.

3. Holz ist der meistverwendete Baustoff für die Herstellung von Dächern und Außenwänden von Häusern.

Als Holzbau bezeichnet man sowohl den Bereich des Bauwesens, der den Baustoff Holz nutzt, als auch das in Holzbauweise errichtete Bauwerk. Produkte aus Holz finden beim Hausbau Verwendung, z. B. in Form von Holzwerkstoffen und Halbfertigerzeugnissen. Zu den Holzwerkstoffen zählen z. B. Spanplatten, Baufurnierholzplatten, Holzfaserplatten und Holzwolle-Leichtbauplatten. Halbfertigerzeugnisse sind gespundete, genutete und gefaste Bretter. Ein weiterer wichtiger Einsatzbereich des Holzes ist die Papierherstellung.

4. Siehe „Die Ausbildung im Dachdeckerhandwerk", Seite 133/134, Tabelle 5.1 und 5.2.

5. **Erzeugung von Sauerstoff**: Grüne Pflanzen setzen bei der Photosynthese Kohlendioxid und Wasser zu energiereichen organischen Verbindungen (Kohlenhydrate) und Sauerstoff um. Bäume sind der größte Sauerstofflieferant der Erde.

   Regulierung des Wasserhaushaltes: Bäume speichern in ihrem Stamm und ihren Blättern Wasser und geben es an die Atmosphäre ab. Sie beschatten den Boden und verringern dadurch sein Austrocknen. Bäume sind somit ein Teil des natürlichen Wasserkreislaufs.

6.
   - leichte Brennbarkeit (Brandschutzklasse B2),
   - das Arbeiten des Werkstoffes (Trockenrisse, Verdrehen),
   - Wertminderung durch Holzfehler,
   - Anfälligkeit gegenüber Krankheiten, Pilzen und Schädlingen.

7. Furnierschichtholz, Tischlerplatten, Holzspanplatten, Holzfaserplatten

8. Nach DIN 4074 ist Nadelschnittholz ein Holzerzeugnis mit einer Dicke von mindestens 6 mm, deren Querschnitte nach der Tragfähigkeit bemessen werden.

9. Eiche ist ein Bauholz für hoch belastende Konstruktionen und ist besonders geeignet für Konstruktionen, die der Witterung ausgesetzt sind. Außerdem weist Eichenholz folgende Eigenschaften auf:
   - sehr hart und dicht
   - schwere Bearbeitbarkeit
   - langfaserig
   - außerordentlich hohe Tragfähigkeit
   - hohe Elastizität
   - fäulniswidrig durch Gerbsäuregehalt
   - witterungsbeständig
   - sehr dauerhaft bei Wechsel nass – trocken

   Beispiele:
   - Treppen, Fußböden, Außentüren, Schwellen
   - Fachwerkbau
   - Möbel- und Innenausbau

10. Zum Leben benötigt der Baum Nährstoffe, Wasser, Luft, Licht und Wärme. Gelöste Nährsalze, wie Eisen, Kalium, Phosphor, Magnesium, Schwefel, Stickstoff und weitere für die Ernährung wichtige Elemente werden von dem Baum über das Wasser aus der Erde aufgenommen. Aus der Luft entnimmt der Baum Kohlenstoffdioxid (CO2). Mit der Energie des Sonnenlichtes und dem Blattgrün werden Kohlenstoffdioxid und Wasser in Traubenzucker, Stärke und Sauerstoff umgewandelt. Dieser Vorgang heißt Assimilation oder, weil das Sonnenlicht die nötige Energie beisteuert, auch Photosynthese.

    Bei diesem Prozess wird Sauerstoff freigesetzt, der über die Blätter an die Luft abgegeben wird. Die umgewandelten Aufbaubaustoffe werden aus den Blättern bzw. Nadeln wieder an die Stellen transportiert, an denen sie benötigt werden. Dort werden sie auch in Farbstoffe, Harze, Öle und Gerbstoffe umgewandelt.

11. Holz besteht aus den Verbindungen der Elemente Kohlenstoff, Sauerstoff und Wasserstoff. Cellulose ist der Grundstoff der Holzzellwände, die sich teilweise durch Aufnahme weiterer Stoffe in Lignin verwandeln. Lignin versteift (verholzt) das Cellulosegerüst der Holzzellwände. Die Hauptbestandteile des Holzes sind zu 50 % Cellulose, zu 25 % Hemicellulose und zu 25 % Lignin. Diese Verbindungen bestehen aus Wasserstoff (6 %), Kohlenstoff (50 %), Sauerstoff (43 %) und Stickstoff sowie Mineralien (1 %).

12. Die gesamte Dicke des als Früh- und Spätholz gewachsenen Holzes innerhalb eines Jahres bildet den Jahresring. Das Früh- und Spätholz zusammen bilden einen Jahrring, der auch Jahresring genannt wird. Im Winter setzt eine Wachstumspause ein, der Wachstumszyklus eines Jahres ist abgeschlossen. Somit kann man aus der Anzahl der Jahresringe auf das Alter des Baumes schließen.

13. Der Baumstamm wächst von innen nach außen und in die Höhe und zwar vom Frühjahr über den Sommer bis zum Spätsommer. Im Frühjahr und Frühsommer bildet sich helleres, saftreicheres, weicheres Holz. Dieses Holz heißt Frühholz. Im Spätsommer und Herbst sind die Zellen fester und dunkler. Es bildet sich das Spätholz.

14. Betrachtet man Holz unter dem Mikroskop, erkennt man Zellen. Diese entstehen durch Teilung im Kambium. Kambium (auch Kambiumring) nennt man bei Bäumen die dünne Wachstumsschicht zwischen der Splintholzzone und der Rinde (Bastzone und Borke).

15. Die äußeren, meist helleren Jahresringe sind wasser- und nährstoffführend. Diesen Bereich des Stammes nennt man Splintholz. Bei vielen Bäumen verkernen die innenliegenden Jahresringe, d.h. ihre Wasserleitbahnen werden unterbrochen und die Zellen sterben ab. Bei manchen Holzarten verfärben sich die Jahresringe dunkel (z.B. Kiefer und Eiche). Dieser Bereich des Stammes heißt Kernholz. Es bildet sich durch Ablagerungen von Ölen, Harzen, Gerb-, Farb- und weiteren Ablagerungsstoffen. Andere Holzarten bilden zwar einen Kern aus, die Jahresringe verfärben sich nicht. Im Gegensatz zum Splintholz wird das Kernholz durch die Verkernung dichter, härter und widerstandsfähiger. Es gibt auch Holzarten, deren gesamter Stammquerschnitt aus Splintholz besteht, dann spricht man von Splintholzbäumen.

16. Leitzellen leiten Wasser und Aufbaustoffe, Stützzellen bewirken die Festigkeit des Holzes, Speicherzellen speichern Aufbaustoffe.

17. Vorteile:
- leicht bearbeitbar
- hohe Festigkeit
- geringes Gewicht (geringe Rohdichte)
- Langlebigkeit
- geringe Wärmeleitfähigkeit
- leichte Verfügbarkeit durch Nachwachsen

Nachteile:
- leichte Brennbarkeit (Brandschutzklasse B2)
- Arbeiten des Werkstoffes und dadurch Gefahr von Trockenrissen und Verdrehen
- Wertminderung durch Holzfehler
- Anfälligkeit gegenüber Krankheiten, Pilzen und Schädlingen

18. Aufgrund der sehr unterschiedlichen Wuchsbedingungen und Einflüsse während des Wachstums kommt es häufig zu Abweichungen von der Regelstruktur des Holzes. Diese werden unter dem Begriff Holzfehler zusammengefasst. Holzfehler können den Gebrauchswert des Holzes mindern. Es werden unterschieden: Wuchsfehler, Holzfehler im inneren Aufbau des Holzes und Holzfehler durch klimatische Einflüsse.

19. Siehe „Die Ausbildung im Dachdeckerhandwerk", Seite 138ff., Tabellen 5.5 bis 5.7.

20. Luft- und Trockenrisse entstehen durch schnelles oder ungleichmäßiges Austrocknen eines frisch gefällten Stammes und die hierbei auftretenden Spannungen. Die Gefahr der Rissbildung kann man abschwächen, indem man die Stämme frühzeitig in Balken und Bretter zuschneidet (auftrennt). In Luft- und Trockenrissen können sich leicht Sporen holzzerstörender Pilze ablagern und Insekten legen dort ihre Eier ab. Luft- und Trockenrisse mindern die Festigkeit des Holzes.

21. Siehe „Die Ausbildung im Dachdeckerhandwerk", Seite 138, Tabelle 5.5.

22. Maserwuchs entsteht durch Seitenknospen, die sich mehrere Jahre lang nicht ausbilden konnten und so überwachsen wurden. Die überwachsenden Seitenknospen zeigen sich am Stamm als Maserknollen. Der Maserwuchs beeinträchtigt das Wachstum, dadurch wird der Faserverlauf des Holzes ungleichmäßig.

23. Bei einem exzentrischen Wuchs liegt die Markröhre außerhalb des Mittelpunktes eines Stammquerschnittes. Hierbei drängen sich die Jahresringe auf der einen Seite dicht zusammen und auf der anderen weit auseinander. Durch diesen Fehler im inneren Aufbau entstehen beim Holz ungleichmäßige Festigkeiten, das Holz arbeitet ungleich. Oft wirft und verzieht es sich stark, sodass es nur eingeschränkt nutzbar ist. Exzentrisch gewachsene Nadelhölzer sind meist „rotholzig", d. h. das Holz ist teilweise stark verdichtet, rötlich gefärbt und so hart, dass es nur schwer bearbeitet werden kann (nagelhart). Einseitige Windbelastung, einseitige Belastung durch schrägen Standort oder Vererbung sind weitere mögliche Ursachen für exzentrischen Wuchs. Im Querschnitt zeigt sich der Wuchsfehler oval oder eiförmig, wobei der Stamm trotz exzentrischen Marks auch kreisrund sein kann.

24. Die Holzfeuchte wird über das Darrgewicht oder mittels moderner elektronischer Messgeräte bestimmt. Das Darrgewicht (Trockengewicht) ist das Gewicht einer Probescheibe Holz unmittelbar nach der Trocknung in einem speziellen Trockenschrank. Wenn keine Abnahme der Masse mehr festzustellen ist (DIN 52183), haben die Holzproben ihre Darrmasse (Holzmasse ohne Feuchtigkeit) erreicht. Der Feuchtigkeitsgehalt des Holzes wird in Prozent des Darrgewichtes angegeben. Bei der prozentualen Berechnung der Holzfeuchte wird der Wassergehalt der Probestücke in g auf ihr Darrgewicht in g bezogen.

Bei elektrischen Feuchtemessern wird über 2 Elektroden Strom durch das Holz geleitet. Hierbei wird die Rammsonde des Messgerätes in das Holz geschlagen. Bei geringer Holzfeuchte ist die elektrische Leitfähigkeit des Holzes klein, bei hoher Holzfeuchte groß. Die Feuchtewerte sind an einer Skala oder als Zahlenwerte ablesbar.

25. Holz das für geleimte Bauteile verwendet wird, muss so trocken werden, dass der Feuchtigkeitsgehalt der später am Bau zu erwartenden Holzfeuchte entspricht. Durch die natürliche Trocknung können diese geforderten Werte der Holzfeuchtigkeit nicht erreicht werden, daher wird das Holz künstlich in Holztrockenanlagen bzw. Trockenkammern getrocknet. Luftfeuchtigkeit, Temperatur und Luftbewegung können in der Kammer so gesteuert werden, dass den Hölzern der äußeren Schicht die Feuchtigkeit nicht zu schnell entzogen wird und somit das Holz ohne Rissbildungen trocknet.

26. Technische Holztrocknung
Holz das für geleimte Bauteile verwendet wird, muss so trocken werden, dass der Feuchtigkeitsgehalt der später am Bau zu erwartenden Holzfeuchte entspricht. Durch die natürliche Trocknung können diese geforderten Werte der Holzfeuchtigkeit nicht erreicht werden, daher wird das Holz künstlich in Holztrockenanlagen bzw. Trockenkammern getrocknet.

Um Holz in einer Trockenkammer zu trocknen, wird es genau wie bei der natürlichen Trocknung luftig gestapelt. Mithilfe eines Gebläses wird die Luft so in Bewegung gesetzt, dass die erwärmte, mit Wasserdampf noch nicht gesättigte Luft durch den Stapel streicht und die gesättigte Luft durch eine Abluftklappe die Trockenkammer verlässt. Gleichzeitig wird trockene Luft zugeführt. Luftfeuchtigkeit, Temperatur und Luftbewegung können in der Kammer so gesteuert werden, dass den Hölzern der äußeren Schicht die Feuchtigkeit nicht zu schnell entzogen wird und somit das Holz ohne Rissbildungen trocknet.

Natürliche Holztrocknung
Unter der natürlichen Holztrocknung versteht man die Trocknung des Holzes im Freien. Sie wird auch als Freilufttrocknung bezeichnet. Das Holz gibt dabei die Feuchtigkeit durch Verdunsten an die umgebende Luft ab. Das Holz kann bei der natürlichen Trocknung bestenfalls auf den durchschnittlichen Feuchtigkeitsgehalt der Luft gebracht werden.

Dieser liegt bei ca. 15 bis 20 %, man spricht daher von „lufttrocken“. Um Schnittholz gleichmäßig und rasch trocknen zu lassen, muss es luftig gestapelt werden: Unbesäumte Bretter und Bohlen werden in der Regel stammweise übereinander gestapelt. Bei diesem Blockstapeln werden die Hölzer als Blöcke übereinander und nebeneinander angeordnet.

Besäumte Bretter, Bohlen, Kanthölzer, Latten und Balken werden zum Viereckstapel (Kastenstapel) aufgeschichtet.

Beim Stapeln ist besonders darauf zu achten, dass die Stapelleisten genau übereinander angeordnet und die Abstände nicht zu groß sind. Bei nicht genau übereinander angeordneten Stapelleisten können sich die Bretter durchbiegen, was zur Folge hat, dass die Bretter dauerhaft verformt bleiben und unbrauchbar werden. Die Dicke der Stapelleisten ist abhängig von der Schnittholzdicke:

- Bei Brettern und Bohlen sollten die Stapelleisten so dick wie die gestapelten Schnitthölzer sein.
- Bei Balken und Kanthölzern sollten die Stapelhölzer halb so dick wie die Schnitthölzer sein.

Damit das Holz nicht wieder feucht wird, werden die Stapel vor Regen geschützt. Das Dach schützt auch vor direkter Sonneneinstrahlung, damit das Holz gleichmäßig trocknet. Die Gefahr der Rissbildung wird eingeschränkt. Für eine gute Durchlüftung sollten die Holzstapel quer zur Hauptwindrichtung angeordnet werden.

27. Mit elektrischen Feuchtemessern wird über 2 Elektroden Strom durch das Holz geleitet. Hierbei wird die Rammsonde des Messgerätes in das Holz geschlagen. Bei geringer Holzfeuchte ist die elektrische Leitfähigkeit des Holzes klein, bei hoher Holzfeuchte ist sie groß. Die Feuchtewerte kann man an einer Skala oder als Zahlenwerte ablesen.

28. Um Schnittholz gleichmäßig und rasch trocknen zu lassen, muss es luftig gestapelt werden.

- Unbesäumte Bretter und Bohlen werden in der Regel stammweise übereinander gestapelt. Bei diesem Blockstapeln werden die Hölzer als Blöcke übereinander und nebeneinander angeordnet.
- Besäumte Bretter, Bohlen, Kanthölzer, Latten und Balken werden zum Viereckstapel (Kastenstapel) aufgeschichtet.

Beim Stapeln ist besonders darauf zu achten, dass die Stapelleisten genau übereinander angeordnet und die Abstände nicht zu groß sind. Bei nicht genau übereinander angeordneten Stapelleisten können sich die Bretter durchbiegen, was zur Folge hat, dass die Bretter dauerhaft verformt bleiben und deshalb unbrauchbar werden. Die Dicke der Stapelleisten ist abhängig von der Schnittholzdicke:

- Bei Brettern und Bohlen sollten die Stapelleisten so dick wie die gestapelten Schnitthölzer sein.
- Bei Balken und Kanthölzern sollten die Stapelhölzer halb so dick wie die Schnitthölzer sein.

Damit das Holz nicht wieder feucht wird, werden die Stapel vor Regen geschützt. Dieses Dach schützt auch vor direkter Sonneneinstrahlung, damit das Holz gleichmäßig trocknet. Die Gefahr der Rissbildung wird eingeschränkt. Damit eine gute Durchlüftung gewährleistet ist, sollten die Holzstapel quer zur Hauptwindrichtung angeordnet werden.

- Die Stapel müssen einen Abstand von ca. 50 cm vom Boden haben, damit keine Feuchtigkeit an die Hölzer gelangt.
- Der Lagerplatz muss trocken eben, fest und frei von Pflanzenwuchs sein. Aufgrund der Einsturzgefahr sollten die Stapelhöhen nicht mehr als 4 m betragen.
- Bei höher angelegten Stapeln sind Maßnahmen zur Sicherung zu treffen.

29. Holz ist hygroskopisch, d. h. es kann Feuchtigkeit aufnehmen und abgeben. Die Abgabe oder Aufnahme des Wassers beginnt dann, wenn zwischen dem Feuchtegehalt der umgebenden Luft und dem Feuchtegehalt des Holzes ein Unterschied besteht. Frisch gefälltes Holz weist je nach Jahreszeit und Standort des Baumes einen Wasser- bzw. Feuchtegehalt von 60 bis 150 %, bezogen auf das Darrgewicht (trockene Holzmasse) auf. Bei der Holzfeuchtigkeit unterscheidet man freies und gebundenes Wasser. Freies Wasser befindet sich in den Zellhohlräumen und verdunstet relativ schnell. Es hat daher keinen Einfluss auf das Quellen und Schwinden des Holzes. Gebundenes Wasser befindet sich in den Zellwänden.

Ist im Holz kein freies Wasser mehr enthalten, beträgt die Holzfeuchte je nach Holzart ca. 23 bis 35 %. Dieser Feuchtebereich wird als Fasersättigungsbereich bezeichnet. Die Abgabe des gebundenen Wasser erfolgt sehr langsam, weil es nur durch Diffusion durch die Zellwände nach außen abgeführt wird. Am Fasersättigungspunkt beträgt die Holzfeuchte etwa 30 %. Bei weiterer Abgabe des Wassers schrumpfen die Zellen und das Holz verkleinert sein Volumen. Man spricht vom Schwinden. Dabei kann sich das Holz werfen, verziehen, reißen oder windschief werden. Wird vom Holz wieder Feuchtigkeit aufgenommen, vergrößert sich das Volumen. Man spricht vom Quellen.

30. Unter Festigkeit des Holzes versteht man seinen Widerstand gegen Verformung durch äußere Kräfte. Wie die Härte nimmt die Festigkeit des Holzes in der Regel mit steigender Rohdichte zu und mit zunehmender Holzfeuchte ab. Ausschlaggebend für die Festigkeit ist der Winkel, den die Kraft zur Faserrichtung bildet. Vereinfacht kann die Holzstruktur als Röhrenbündel angesehen werden. Die größte Festigkeit haben die Röhren bei Beanspruchung in Faserrichtung (axiale Richtung). Bei Beanspruchung schräg oder rechtwinklig zur Faser sind die Festigkeiten wesentlich geringer. Holz wird in Abhängigkeit von der Art der Beanspruchung unterschieden nach Zugfestigkeit, Druckfestigkeit, Schubfestigkeit und Knickfestigkeit.

Die Druckfestigkeit ist geringer als die Zugfestigkeit, wenn Holz in Faserrichtung beansprucht wird, da bei Druckbeanspruchung die Röhren ausknicken. Die Knickfestigkeit hängt von der Schlankheit eines Konstruktionsteils ab. Das Verhältnis von Stablänge zur kleinsten Querschnittsabmessung wird als Schlankheit bezeichnet.

31. Unter Rohdichte versteht man die Dichte eines Holzes einschließlich der Zellhohlräume. Die Rohdichte des Holzes hängt von der Holzart und dem Feuchtegehalt ab. Die Werte der Rohdichte werden für lufttrockenes Holz angegeben. Die Rohdichte hat Einfluss auf die Festigkeit, Härte, Bearbeitbarkeit und Wärmeleitfähigkeit.

32. Die Dichte bezieht sich auf die reine Holzsubstanz (Zellwandsubstanz) ohne Zellhohlräume. Da die Zellwandsubstanz bei allen Holzarten aus dem gleichen Grundstoff besteht, beträgt die Dichte etwa 1,56 kg/dm^3. Unter Rohdichte versteht man die Dichte eines Holzes einschließlich der Zellhohlräume. Die Rohdichte des Holzes hängt von der Holzart und dem Feuchtegehalt ab. Die Werte der Rohdichte werden für lufttrockenes Holz angegeben. Die Rohdichte hat Einfluss auf die Festigkeit, Härte, Bearbeitbarkeit und Wärmeleitfähigkeit.

33. • Für geschlossene Bretter- oder Bohlenschalungen aus Kernbrettern oder Kernbohlen muss immer Kern an Kern und Splint an Splint verlegt werden. Bei Seitenbrettern oder Seitenbohlen ist die Seitengleichheit zu beachten.
- Nut-, Feder- oder Stülpschalung bleiben trotz des Arbeitens geschlossen, weil genügend Spielraum durch die Überdeckung vorhanden ist.
- Bretter (z. B. Wandschalungen) so an der Unterseite befestigen, dass das Quellen und Schwinden der Bretter nicht behindert wird.
- Bretter immer mit der linken Seite aufliegend befestigen, damit die Brettkanten sich nicht beim Werfen von der Unterkonstruktion abstellen.
- Damit ummauerte Holzteile (z. B. Balkenköpfe) sich bewegen können, müssen sie mit einer Bitumenbahn (V13) unterlegt werden. Des Weiteren schützt die Bitumenbahn das Holz vor Feuchtigkeit.

34. Es kann Feuchtigkeit aufnehmen und abgeben. Die Abgabe oder Aufnahme des Wassers beginnt dann, wenn zwischen dem Feuchtegehalt der umgebenden Luft und dem Feuchtegehalt des Holzes ein Unterschied besteht.

35. Da die Rohdichte Einfluss auf die Festigkeit, Härte, Bearbeitbarkeit und Wärmeleitfähigkeit hat.

36. Wesentliche Einflüsse auf die Dauerhaftigkeit haben häufige Wechsel zwischen Feuchtigkeit und Trockenheit.
- Die Lebensdauer von Holz, das unter Wasser verbaut (Pfahlbauten) wurde, ist daher höher.
- Kernholz ist dauerhafter als Splintholz.
- Vorbeugung des Holzes gegen Holzschädlinge (Pilze und Insekten).
- Erhöhung der Lebensdauer des Holzes durch zusätzliche Behandlung mit Holzschutzmitteln.

37. Nach DIN 4074 ist Nadelschnittholz ein Holzerzeugnis mit einer Dicke von mindestens 6 mm, dessen Querschnitte nach der Tragfähigkeit bemessen werden. Nach den Abmessungen wird Schnittholz eingeteilt in
- Bretter,
- Bohlen,
- Latten,
- Kanthölzer.

38. eigene Skizzen

39. Bauschnittholz kann nach 2 unterschiedlichen Methoden sortiert werden: visuelle und maschinelle Sortierung.

Bei der visuellen Sortierung (S) wird das Schnittholz nach Augenschein in 3 Sortierklassen eingeteilt. Diese Sortierklassen S 7, S 10 und S13 entsprechen der zulässigen Biegefestigkeit des Schnittholzes nach DIN 1052. Bei der maschinellen Sortierung (MS) werden die Eigenschaften durch besonders zugelassene Sortiermaschinen festgestellt. Neben den Sortierklassen C 16 M, C 24 M, C 30 M werden die Sortierklassen C 35 M, C 40 M, für Schnittholz mit besonders hoher Tragfähigkeit unterschieden. Für maschinell sortiertes Schnittholz gelten gemäß DIN 1052 teilweise erhöhte zulässige Spannungen.

40.
- Baumkante
- Druckholz
- Äste
- Insektenfraß
- Jahresringbreite
- Mistelbefall
- Faserneigung
- Krümmung
- Risse
- Markröhre
- Verfärbungen

41. Holzwerkstoffe sind plattenförmige oder stabförmige Produkte mit gleichmäßigen, der Verwendung angepassten Eigenschaften. Sie werden aus dünnen Holzschichten gleicher oder unterschiedlicher Dicke, aus Holzspänen oder Holzfasern hergestellt. Diese werden, meist unter Zugabe von Klebestoffen oder anderen Bindemitteln, unter Druck zu Holzwerkstoffen zusammengefügt. Zu den Holzwerkstoffen gehören z. B. Furnierschichtholz, Tischlerplatten, Holzspanplatten, Holzfaserplatten.

Da Holzwerkstoffe in der Regel so aufgebaut sind, dass das Arbeiten des Holzes stark eingeschränkt wird, können großflächige Holzkonstruktionen damit hergestellt werden. Je nach Anwendungsbereich der Holzwerkstoffe müssen sie unterschiedlich feuchtebeständig sein. Nach der maximalen Plattenfeuchte im Gebrauchszustand werden die Holzwerkstoffe in 3 Holzwerkstoffklassen eingeteilt. Die Feuchtebeständigkeit ist vom verwendeten Klebstoff abhängig. Bei der Holzwerkstoffklasse 100 G wird dem Klebstoff ein Holzschutzmittel gegen holzzerstörende Pilze beigemischt.

42. Spanplatten sind Holzwerkstoffe, die aus Holzspänen mit Kunstharz als Bindemittel unter Wärme und Druckeinwirkung hergestellt werden. Werden Spanplatten nur aus Holzspänen hergestellt bezeichnet man diese als Holzspanplatten.

Langspanplatten, auch OSB-Platten (oriented strand boards) genannt, sind Flachpressplatten aus langen schlanken Längsspänen in Furnierdicke. Damit die Platte in Längsrichtung eine größere Biegefestigkeit aufweist, liegen durch eine besondere Streuung die langen Flachspäne inden Außenschichten vorwiegend in Längsrichtung und in der Mittelschicht in Querrichtung der Platte. OSB-Platten werden aufgrund der Struktur in der Sichtfläche meist für Wände, Decken und Fußböden verwendet.

43. Holzfaserplatten werden aus Holzfasern hergestellt. Sie erhalten ihren Zusammenhalt durch Verfilzung der Fasern und durch Bindekraft fasereigene oder zugesetzter Klebstoffe. Durch unterschiedlichem Druck, Temperaturen und Zugabe von z. B. Kunstharz, Wachs oder Bitumen, erzielt man unterschiedliche Eigenschaften.

Poröse Holzfaserplatten werden bei der Herstellung nicht oder leicht gepresst und haben wegen ihres lockeren Gefüges nur eine geringe Rohdichte. Diese Holzfaserplatten werden hauptsächlich für Wärme- und Schalldämmung oder schallschluckende Werkstoffe verwendet.

Harte Holzfaserplatten sind gepresste Faserplatten mit einer guten Rohdichte. Sie haben eine glatte Oberfläche und eine Siebseite auf der Rückseite. Verwendet werden harte Holzfaserplatten meist für Trennwände, Decken- oder Wandverkleidungen.

Mittelharte (mitteldichte) Holzfaserplatten werden wegen ihrer glatten Oberfläche im Innenausbau für Verkleidungen oder im Möbelbau eingesetzt.

BitumenHolzfaserplatten sind poröse Faserplatten, denen zur Verbesserung der Feuchtebeständigkeit Bitumen zugegeben wird. Sie werden genau wie die porösen Holzfaserplatten hauptsächlich für Wärme- und Schalldämmung bei Wänden und Böden verwendet.

44. Halbfertigerzeugnisse sind Hölzer, die bis auf die Oberflächenbehandlung einbaufertig und vorprofiliert sind. Vorprofilierte genormte Hölzer können in großen Mengen hergestellt werden und sind dadurch günstiger als Hölzer in der Selbstherstellung. Die bekanntesten Halbfabrikate sind z. B. Fasebretter, gehobelte Kanthölzer, Dielenbretter, Stülpschalungsbretter, gespundete Bretter, Fußleisten und Kehlleisten.

45. Das Bauprodukt Konstruktionsvollholz (KVH) wurde geschaffen, um moderne Holzkonstruktionen, insbesondere sichtbare Holzbauteile, durch geringeren Aufwand und mangelfreie Ausführung herstellen zu können. Dieses Konstruktionsvollholz ist ein güteüberwachtes Schnittholz aus Nadelholz der Sortierklasse S 10, an das gegenüber der DIN4074 zusätzliche oder erhöhte Anforderungen gestellt werden, wie z. B.

- Holzfeuchte von ca. 15 %,
- herzfreier oder herzgetrennter Einschnitt,
- Beschränkung von Rissbreiten,
- Beschränkung von Baumkanten,
- gehobelte, gefaste Oberfläche.

46. **Bretter** können eine Dicke von bis zu 40 mm aufweisen und sind mindestens 80 mm breit, Mindestdicke 6 mm.

Verwendung: Verschalungen, Deckunterlage bei Dacheindeckungen usw.
Maße: Brett $d \leq 40$ mm, $b \geq 80$ mm

Bohlen haben eine Mindestdicke von mehr als 40 mm und eine Breite von mehr als 120 mm.

Verwendung: Gerüstbau, Abdeckungen usw
Maße: Bohle $d > 40$ mm, $b > 3\,d$

Kanthölzer haben einen quadratischen oder rechteckigen Querschnitt. Die Querschnittbreite beträgt mehr als 40 mm und die Querschnittshöhe höchstens das Dreifache der Breite.

Verwendung: Verschalungen, Unterkonstruktionen usw.
Maße: Kantholz $b \leq h \leq 3\,b$, $b > 40$ mm

(Siehe auch „Die Ausbildung im Dachdeckerhandwerk", Seite 151, Tabelle 5.14.)

47. **Latten** sind bis zu 40 mm dick und die Breite beträgt weniger als 80 mm.

Lattenmaße: 24 mm × 48 mm, 30 mm × 50 mm, 40 mm × 60 mm
Verwendung: Konterlattung, Dachlattung, Unterkonstruktion usw.
Maße: Latte $d \leq 40$ mm, $b < 80$ mm

(Siehe auch „Die Ausbildung im Dachdeckerhandwerk", Seite 151, Tabelle 5.14.)

48. Pflanzliche (Pilze) oder tierische Holzschädlinge (Insekten) können Holz befallen und zerstören. Befallenes Holz verliert fast immer an Festigkeit oder wird bis zum völligen Zerfall zerstört.

49. Pilze entwickeln sich aus Pilzsporen (Keimen), die auf dem Holz oder in Rissen im Holz vorhanden sind. Bei ausreichend hoher Feuchtigkeit (Holzfeuchte > 18 %) und Wärme wachsen zunächst einzelne farblose oder dunkel gefärbte Zellfäden (Hyphen), die auf dem Holz ein Myzel (Geflecht von unzähligen dünnen Fäden) ausbilden. Durch Ausscheidung von Enzymen (Stoffe) werden die Zellwände des Holzes angegriffen und eine Fäulnis des Holzes verursacht. Der Entwicklungszyklus beginnt von neuem bei der Bildung eines Fruchtkörpers, indem sich unzählige neue winzige Sporen entwickeln. Myzelstränge können auch holzfreie Bauteile überwachsen und durch poröse Baustoffe hindurch wuchern.

50. Echter Hausschwamm ist der gefährlichste Pilz, der verarbeitetes Holz zerstören kann. Er befällt vorwiegend Nadelholz, kann aber auch Laubholz angreifen, mit Ausnahme der Eiche. Der Pilz verursacht durch den bevorzugten Celluloseabbau eine Braunfäule. Das Holz zerfällt zunächst in würfelförmige Stücke und lässt sich schließlich im Endzustand zu Pulver zerreiben. Braunfaules Holz verliert jegliche Tragfähigkeit. Der Echte Hausschwamm tritt bevorzugt in Altbauten auf, meist im Keller- oder Erdgeschossbereich. Seine Gefährlichkeit liegt darin, dass er eine außerordentliche Zerstörungskraft besitzt und sehr schnellwüchsig ist. Die Mycelstränge sind weit verzweigt, sodass die Stränge das Mauerwerk durchwachsen und nur sehr schwer zu bekämpfen sind. Den Echten Hausschwamm erkennt man an den watteartigen, weißen Luftmyzelen, gelegentlich auch gelblich oder rötlich gefleckt, den weißgrauen Strängen und den fleischigen fladenartigen Fruchtkörpern mit weißem Zuwachsrand. Der Echte Hausschwamm kann auch längere Zeit ohne Nahrung, Feuchtigkeit und Wärme überstehen, sogar seine zum Wachstum benötigte Feuchtigkeit selbst erzeugen und dadurch auf trockenes Holz übergreifen.

51. Wegen der Gefährlichkeit des Hausschwammes müssen nach einem Befall umfassende Maßnahmen zur Sanierung getroffen werden. Befallenes Holz muss ausgebaut und verbrannt werden, das Mauerwerk muss abgeflammt werden und Schutzimprägnierungen aufgebracht werden.

52. Rotstreifigkeit kommt vor allem bei frisch gefällten Fichten vor. Besonders gefährdet sind unentrindete, feucht lagernde Stämme. Die Rotstreifigkeit wird durch Pilze verursacht, die sich von den Inhaltsstoffen der Zellen und von den Zellwänden ernähren. Je nach Ausmaß des Pilzbefalls zeigt sich Rotstreifigkeit von leichter rötlicher Verfärbung an einigen Stellen, bis zur Rotfärbung des ganzen Stammes. Die Festigkeit des Holzes wird gemindert und darf daher nur für Bauteile verwendet werden, die keinen besonderen Belastungen ausgesetzt sind.

Die Blaustreifigkeit bzw. die Verblauung des Holzes wird vom Bläuepilz verursacht, der aber kein holzzerstörender Pilz ist. Kiefernholz ist besonders gefährdet. Die Bläuepilze entstehen meistens dann, wenn das

Holz zu lange mit der Rinde liegen bleibt oder frische Schnittware zu früh gestapelt wird. Die Pilze besiedeln das Splintholz und ernähren sich dort von den Inhaltstoffen der Holzzellen. Blaustreifigkeit im Holz führt zu keinem Festigkeitsverlust des Holzes, sondern beeinträchtigt nur das Aussehen. Verblautes Holz ist leichter anfällig gegen andere Pilze. Bei hoher Holzfeuchte können Anstrichschichten durch den Bläuepilz ihre Zweckmäßigkeit verlieren und Fäulnis entstehen.

53. Der gefährlichste Schädling des Bauholzes ist der Hausbockkäfer, der interessanterweise nur verbautes Nadelholz befällt. Larven, die aus Eiern in Rissen und Spalten der Hölzer abgelegt wurden, fressen sich ausschließlich durch Splintholz und bleiben unter der Oberfläche des Holzes. Daher wird die Holzzerstörung erst durch die Ausfluglöcher der ausgeschlüpften Käfer entdeckt. Das Holz kann durch Larvenfraß während der Entwicklung bis hin zum vollständigen Insekt (3 bis 8 Jahre) völlig zerstört werden.

54. Erkennungsmerkmal für Hausbockkäferbefall sind die ovalen Ausfluglöcher und das lockere Bohrmehl, das bei der Öffnung der Gänge aus den genagten Löchern oder durch Aufplatzen der dünnen Oberfläche rieselt. Das Erkennungsmerkmal für einen Klopfkäferbefall sind die vielen siebartig angeordneten kleinen Bohrlöcher mit einem Durchmesser von ca. 2 mm sowie Bohrmehlhaufen auf dem Boden und klopfartige Geräusche.

55. Als Holzschutz werden Maßnahmen bezeichnet, die Holz- oder Holzwerkstoffe vor der Zerstörung durch Pilze oder Insekten schützen. Holzschutz, der den Befall des Holzes und der Holzwerkstoffe verhindert, wird als vorbeugender Holzschutz bezeichnet. Diese Maßnahmen sind vor allem darauf ausgerichtet, um Holzfäulnis und Insektenbefall durch Feuchtigkeit zu verhindern. Zum vorbeugenden Holzschutz gehört auch, dass nur gesundes und trockenes Holz eingebaut wird, das frei von Rinde und Bast ist.

56. Beim Holzschutz durch bauliche Maßnahmen wird durch konstruktive Maßnahmen, zum Schutz gegen Schädlingsbefall, eine Durchfeuchtung verhindert und eine rasche Ableitung des Wassers bzw. Trocknung der Konstruktion ermöglicht. Holz das im Freien verwendet wird, sollte so verarbeitet werden, dass es gegen Niederschlagswasser geschützt ist. Dies wird durch große Dachüberstände, Sockelrücksprung und die Überdeckung des saugfähigen Hirnholzes bei Pfetten- und Sparrenköpfen erreicht. Bei Holzbauteilen, die der Witterung ausgesetzt sind, sollten Anstriche verwendet werden, die nicht die Poren verschließen. Diese offenporigen Anstriche ermöglichen das Verdunsten eingedrungener Feuchtigkeit aus dem Holz. Hölzer die im Mauerwerk aufliegen, müssen unterseitig eine Sperrschicht (Bitumenbahn) erhalten, um eine Aufnahme der Feuchtigkeit aus dem Mauerwerk zu verhindern. Die Hirn- und Seitenflächen von Balkenköpfen müssen einen Abstand von 2 cm haben, damit der Balkenkopf gut umlüftet wird. Hier ist darauf zu achten, dass kein Mörtel in die Zwischenräume gefüllt wird. Um Wärmebrücken zu vermeiden, sollte vor dem Balkenkopf eine Wärmedämmung angebracht werden.

57. In der Kurzform von Prüfprädikaten wird die Wirksamkeit der Holzschutzmittel gegen holzzerstörende Insekten und holzzerstörende Pilze beschrieben.

58. Eindringtiefe

Oberflächenschutz:	keine Eindringtiefe, nur wirksam an der Oberfläche
Randschutz:	Eindringtiefe weniger als 10 mm
Tiefenschutz:	Eindringtiefe mindestens 10 mm
Vollschutz:	Durchdringung aller zugänglichen Holzteile

Einbringverfahren

Oberflächenschutz:	durch Streichen, Spritzen oder Sprühen.
Randschutz:	durch Tauchen oder Trogtränkung (mindestens 10 Minuten, meist mehrere Stunden)
Tief- und Vollschutz:	durch Kesseldrucktränkung

59. Die öligen Holzschutzmittel sind in der Regel lösungsmittelhaltig und werden gebrauchsfertig geliefert. Das zu behandelnde Holz muss trocken oder halbtrocken sein. Mit öligen Mitteln wird ein Randschutz und ein Oberflächenschutz erreicht, der wasserunlöslich und wasserabweisend ist. Wasserlösliche Holzschutzmittel (Salze) eignen sich besonders zur Behandlung von halbtrockenem und feuchtem Holz, bei Anwendung besonderer Einbringverfahren auch von saftfrischem Holz. Durch diese Mittel können Stahlteile angegriffen werden. Mit wasserlöslichen Mitteln wird ein Tiefenschutz erreicht.

60. Holzschutzmittel enthalten giftige Stoffe, daher müssen auf dem Gebinde und in einem Sicherheitsdatenblatt Gefahrenhinweise und Sicherheitsratschläge gemäß der Gefahrstoffverordnung vorhanden sein, die Vorgaben für die Verwendung und Verarbeitung beinhalten. Diese Angaben über Einsatzbereiche, Verarbeitung, notwendige Schutzkleidung sowie die Entsorgung der Reste und Gebinde sind unbedingt einzuhalten. Um Gesundheitsschäden und Gefahren für die Umwelt beim Umgang mit chemischen Holzschutzmitteln zu vermeiden, sind Vorsichtsmaßnahmen und Betriebsanweisungen zu berücksichtigen.

61.
- Verseuchung von Boden oder Gewässern
- Verletzung der Haut
- Verletzung der Augen
- Verschlucken
- Belüftung
- Reinigung

62. Das Zusammenfügen von Holzkonstruktionen mittels unterschiedlicher Holzverbindungen führt zu komplexen Konstruktionen, bei denen in jedem Punkt eine sichere Übertragung und Ableitung der Lasten und Kräfte gegeben sein muss. Maßgebend für die Standsicherheit der Konstruktion ist die Verbindung der Hölzer, Sparren, Pfosten, Pfetten und die Lattung oder Schalung. Es werden 2 Gruppen von Holzverbindungen unterschieden.

Die **zimmermannsmäßigen Holzverbindungen** sind die handwerklichen Holzverbindungen. Darüber hinaus gibt es auch die ingenieurmäßigen Holzverbindungen.

Die zimmermannsmäßigen Holzverbindungen sind seit den Anfängen des Holzbaues bekannt, die ingenieurmäßigen Holzverbindungen haben sich erst in den letzten Jahrzehnten entwickelt. Heute werden in den meisten Fällen technische Verbindungsmittel zur Herstellung ingenieurmäßiger Holzverbindungen eingesetzt. Die Grundformen der meisten zimmermannsmäßigen Holzverbindungen sind der Zapfen, das Blatt und der Versatz.

Ingenieurmäßige Holzverbindungen
Gegenüber den zimmermannsmäßigen Verbindungen ergeben sich eine Reihe von Vorteilen: Zum einen wird der Querschnitt der zu verbindenden Holzteile nicht oder nur minimal geschwächt. Zudem kann die Tragfähigkeit der einzelnen Verbindungen genau berechnet werden. Die Ausführung ist weniger zeitaufwendig und viele Verbindungen sind gleichzeitig auf Druck, Zug und Abscheren beanspruchbar.

63. Die Grundformen der meisten zimmermannsmäßigen Holzverbindungen sind
- der Zapfen,
- das Blatt und
- der Versatz.

64. Beim Versatz wird ein spitzwinklig auftreffender Druckstab durch eine oder mehrere Passflächen an seiner Stirnseite mit dem anderen Holz verbunden. Nach Zahl und Lage der Passfläche unterscheidet man beim Versatz
- den Stirnversatz,
- den doppelten Versatz,
- den Rück oder Fersenversatz.

65. Gegenüber den zimmermannsmäßigen Verbindungen ergeben sich eine Reihe von Vorteilen:
- Der Querschnitt der zu verbindenden Holzteile wird nicht oder nur minimal geschwächt.
- Die Tragfähigkeit der einzelnen Verbindungen kann genau berechnet werden.
- Die Ausführung ist weniger zeitaufwendig und viele Verbindungen sind gleichzeitig auf Druck, Zug und Abscheren beanspruchbar.

66. Eigene Anfertigung

67. Dübel besonderer Bauart werden überwiegend auf Druck und Abscheren beansprucht. Bei diesen Dübeln unterscheidet man Ring- und Scheibendübel. Scheibendübel gibt es mit Zähnen oder Dornen. Nach Art des Einbaus unterscheidet man zwischen Einlassdübeln, Ringdübeln, Einpressdübeln und einer Form von Einlass- und Einpressdübeln. Durch eine nachspannbare Bolzenverbindung werden die Dübel mit den Holzbauteilen verbunden.

68.
- Balkenschuhe
- Lochplatten
- Pfostenträger
- Gerberverbinder
- Sparrenpfettenanker
- Stirnverbinder
- Strebenverbinder
- Universalverbinder
- Windrispenbänder
- Winkel

69. Holzschrauben werden an den Kopfformen unterschieden: Flachkopf (Fako), Rundkopf (Ruko), Linsenkopf (Liko), Sechskant.

70. 6,30m=630 cm; f = 630 cm / 300 → f = 2,1 cm

71. Die größten Schubkräfte treten am Auflager auf und können somit einen Bruch verursachen.

Bei Schnittkräften treten zudem die größten Schubkräfte im Bereich von Einzeleinwirkungen auf.

72. Kerve wird die Ausklinkung beim Sparren genannt, die das Abrutschen des Sparren von der Pfette verhindert. Der Sparren wird zusätzlich über Schrauben oder Sparrennägel gegen Abrutschen gesichert.

73. Das Anreißmaß ergibt sich aus der Höhe des Sparren multipliziert mit ¾ der Sparrenhöhe. Dieser Wert berechnet sich bei einem Sparren von 18,0 cm Höhe wie folgt:

3/4 × 18,0 cm = 13,5 cm → Obholz = 13,5 cm.

Rechnerisch: 18,0 cm – 13,5 cm = 4,5 cm Ausklinkung

Die Kerventiefe wird jedoch meist auf maximal 4,0 cm begrenzt.

74. Flugsparren sind die äußersten Sparren in der Dachkonstruktion und bilden den Abschluss am Ortgang bei Dachüberständen.

75. Ein Dachstuhl kann z. B. über Windrispen (kreuzweise auf jeder Dachseite aufgenagelt) oder über Brettschalung diagonal über die Dachfläche, im Verband verlegte Holzwerkstoffplatten oder zur Aussteifung bauaufsichtlich zugelassene Dämmstoffplatten erfolgen.

76. Sparrendach, Pfettendach und Kehlbalkendach

77. Brettschichtholzbinder als Vollwandbinder oder Fachwerkbinder

78. **a)** Traufpunkt beim Pfettendachstuhl
b) Verbindung: Sparren – Mittelpfette (siehe „Die Ausbildung im Dachdeckerhandwerk", Seite 169, Abb. 5.42)
c) Firstpunkt bei Pfettendachstühlen (siehe „Die Ausbildung im Dachdeckerhandwerk", Seite 170, Abb. 5.45)
d) Pfostenanschluss (siehe „Die Ausbildung im Dachdeckerhandwerk", Seite 169, Abb. 5.44)

79. Dachkonstruktion bezeichnet im Bauwesen das Traggerüst eines Daches, das ist die für seine Standsicherheit notwendige Konstruktion. Als Grundformen sind das Sparrendach, das Pfettendach und das Kehlbalkendach anzuführen.

Beim einfachen Sparrendach bilden 2 Sparren und ein Dachbalken (oder die Decke des letzten Geschosses) eine statisch lastabtragende Dreiecksform. Die durch die Dachlasten auftretenden Kräfte werden unmittelbar in die Außenwände geleitet, ohne die Decke statisch zu belasten. Sparren steifen sich im Firstbereich gegeneinander gestellt aus. So ist ein freier Dachraum ohne Stützenstellung bei Dachneigungen zwischen 35° und 60° möglich, was vorteilhaft für den Dachgeschossausbau ist. Die Auswechslung der Sparren für etwaige Dachaufbauten (Gauben, Dachflächenfenster) kann die Statik beeinträchtigen. Durch die fehlende Unterstützung der Sparren bei hohen auftretenden Lasten sind nur relativ kleine Gebäudegrundrisse mit einem Sparrendach ausführbar.

Im Kehlbalkendach werden Sparren durch querliegende Balken (Kehlbalken) gegeneinander ausgesteift. Im Firstbereich steifen sich die Sparren gegeneinandergestellt aus. Einwirkende Kräfte werden durch die Außenwände aufgenommen, es erfolgt keine statische Belastung der Decke. Durch relativ hohe Schubkräfte im Auflagerbereich der Sparren ist oftmals die Ausführung eines sogenannten Betonwiderlagers erforderlich (Betonringanker, Betonbalken). Freier Dachraum ohne Stützenstellung ist vorteilhaft für den Dachgeschossausbau. Große Dachspannweiten sind so möglich. Die Unterseite der Kehlbalken ist als Aufnahme für eine Plattenbekleidung möglich und bildet somit die Decke von ausgebauten Dachräumen aus. Über der Kehlbalkenebene entsteht häufig der sogenannte Spitzboden, der zusätzliche Nutzfläche ermöglicht. Werden Sparren werden durch die darunter liegenden, längs laufenden Balken (Pfetten) getragen, die wiederum mit Stützen (Stielen) die Kräfte in den Bereich der Decke des darunter liegenden Geschosses ableiten, liegt ein Pfettendach vor. Im Firstbereich liegen die Sparren im Gegensatz zum Sparrendach auf der so genannten Firstpfette auf. Im Fußpunkt lagern die Sparren auf der so genannten Fußpfette oder Fußschwelle auf. Je nach Anzahl der Stützenreihen werden Pfettendächer unterschieden in der Konstruktion mit einfach, zweifach oder dreifach stehendem Stuhl. Nachteil: Stützenstellungen im Dachgeschossgrundriss, hoher Holzverbrauch. Geeignet für Dachneigungen unter 45°. Unabhängig von der Grundrissform sind große Spannweiten möglich. Das Ausführen von Sparrenauswechslungen für den Einbau von Dachflächenfenstern, Gauben o. ä. ist unproblematisch zu lösen.

80. Bei einem Sparren und Kehlbalkendach ist Vorsicht geboten, da die Auswechslung der Sparren für etwaige Dachaufbauten (Gauben, Dachflächenfenster) die Statik beeinträchtigen kann. Durch die fehlende Unterstützung der Sparren bei hohen auftretenden Lasten sind nur relativ kleine Gebäudegrundrisse mit einem Sparrendach ausführbar. Einwirkende Kräfte werden durch die Außenwände aufgenommen, es erfolgt keine statische Belastung der Decke. Durch relativ hohe Schubkräfte im Auflagerbereich der Sparren ist oftmals die Ausführung eines sogenannten Betonwiderlagers erforderlich (Betonringanker, Betonbalken).

81. Das Pfettendach ist eine der traditionellen Dachkonstruktionen zur Herstellung eines geneigten Daches. Sein namensgebendes Hauptmerkmal sind die waagerechten Pfetten, auf denen die geneigten Dachsparren aufliegen.

Wir unterscheiden einen einfach, zweifach oder einen dreifach stehenden Dachstuhl.

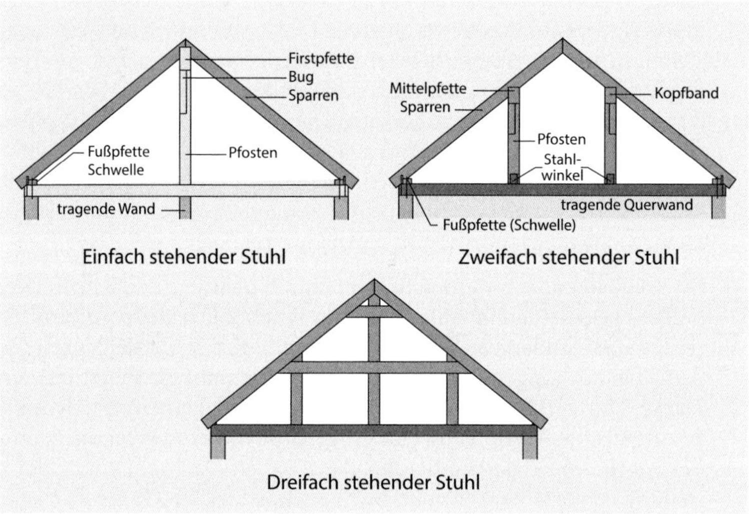

82. Bei Sparren- und Kehlbalkendächern wird die Queraussteifung durch die unverschieblichen Dreiecke aus den Sparrenpaaren und der darunter liegenden Decke hergestellt. Um auch die Steifigkeit in Längsrichtung zu gewährleisten, sind besondere Maßnahmen erforderlich. Da Dachlatten nicht die Steifigkeit in Längsrichtung erfüllen, gewährleisten sie nicht die Sicherheit gegen das Umkippen der Sparrenpaare. Zur Sicherung der Längssteifigkeit werden auf der Sparrenunterseite Windrispen angenagelt. Windrispenbänder (verzinkte Stahlbänder) werden diagonal auf die Sparren mit Ankernägeln genagelt und ergeben so die Längssteifigkeit. Eine weitere Möglichkeit ist eine aussteifende Verschalung an der Sparrenober- oder Sparrenunterseite.

83. Beim einfachen Sparrendach bilden 2 Sparren und ein Dachbalken (oder die Decke des letzten Geschosses) eine statisch lastabtragende Dreiecksform. Die durch die Dachlasten auftretenden Kräfte werden unmittelbar in die Außenwände geleitet, ohne die Decke statisch zu belasten.

84. Zur Sicherung der Längssteifigkeit werden auf der Sparrenunterseite Windrispen angenagelt. Windrispenbänder (verzinkte Stahlbänder) werden diagonal auf die Sparren mit Ankernägeln genagelt und ergeben so die Längssteifigkeit. Eine weitere Möglichkeit ist eine aussteifende Verschalung an der Sparrenober- oder Sparrenunterseite.

85. Sparren müssen gelegentlich ausgewechselt werden, z. B. wenn Dachdurchbrüche wie Schornsteine, Dachfenster oder andere Dachdurchbrüche veränderte Sparrenabstände erfordern.

86. Statisch müssen Sparrenverstärkungen bei Auswechslungen nachgewiesen werden, wenn die Auswechslung über mehrere Sparren erfolgen muss. Sparren- und Kehlbalkendächer erfordern bei größeren Auswechslungen immer einen statischen Nachweis.

87. Auswechslungen bei Wechsel- oder bei Füllhölzern erfolgen meistens mit Sparrenschuhen oder Winkeln. Sind die Wechselhölzer richtig angeschlossen, werden die Belastungen auf die benachbarten Sparren übertragen.

88. Bei Schornsteinen ist darauf zu achten, dass bei Auswechslungen die Hölzer mindestens 2 cm Abstand zu den Schornsteinaußenflächen haben. Die Landesbauordnungen der Länder sind hierbei zu beachten.

89. Eigene Anfertigung

90. Kräftemaßstab:

$\frac{10\ \text{kN}}{1\ \text{cm}}$

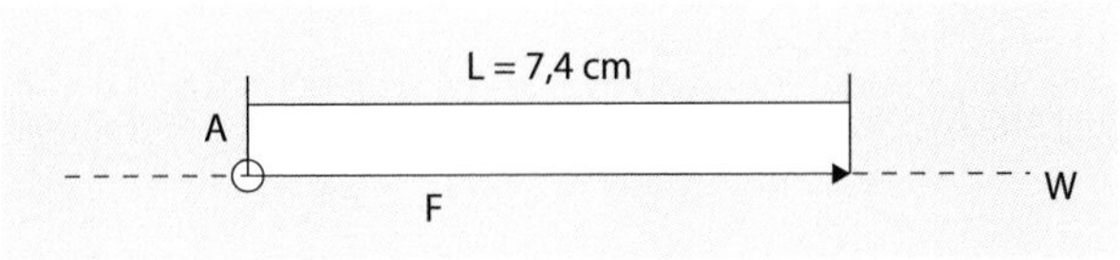

91. Kräftemaßstab:

$\frac{10\ \text{kN}}{1\ \text{cm}}$

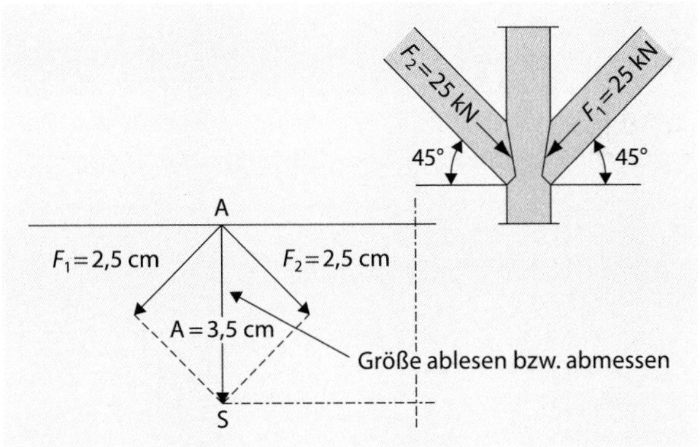

92. **Kräftemaßstab:**

$$\frac{10\text{ kN}}{2\text{ cm}}$$

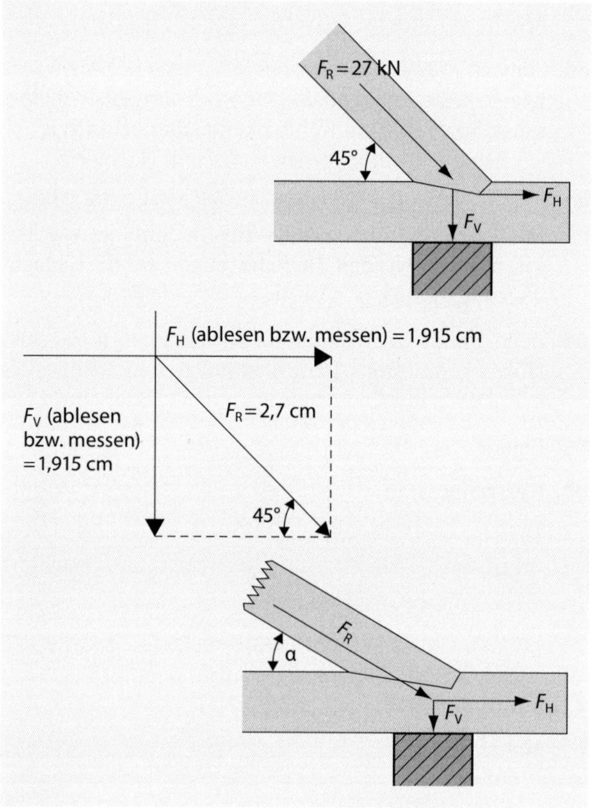

$$F_H = 1{,}915\text{ cm} \times \frac{10\text{ kN}}{1\text{ cm}} = 19{,}15\text{ kN}$$

$$F_V = F_H = 19{,}15\text{ kN}$$

93. $F_V = a$
$a = \sin\alpha \times FR$
$a = \sin 60° \times 85\text{ kN}$
$a = 73{,}61\text{ kN}$

$F_H = b$
$b = \cos\alpha \times FR$
$b = \cos 60° \times 85\text{ kN}$
$b = 42{,}50\text{ kN}$

Kontrolle:
$\sqrt{a^2 + b^2}$
$\sqrt{73{,}61\text{ kN}^2 + 42{,}50\text{ kN}^2}$
$= 85\text{ kN}$

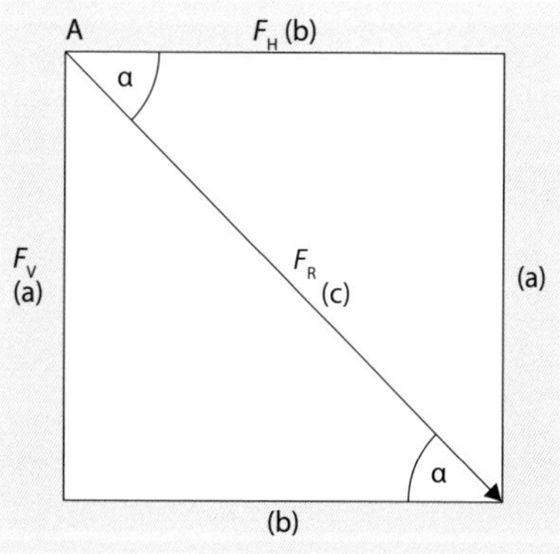

94. **Kräftemaßstab:**

$\frac{10\ \text{kN}}{1\ \text{cm}}$

$F_1 = 25$ kN
$F_2 = 25$ kN

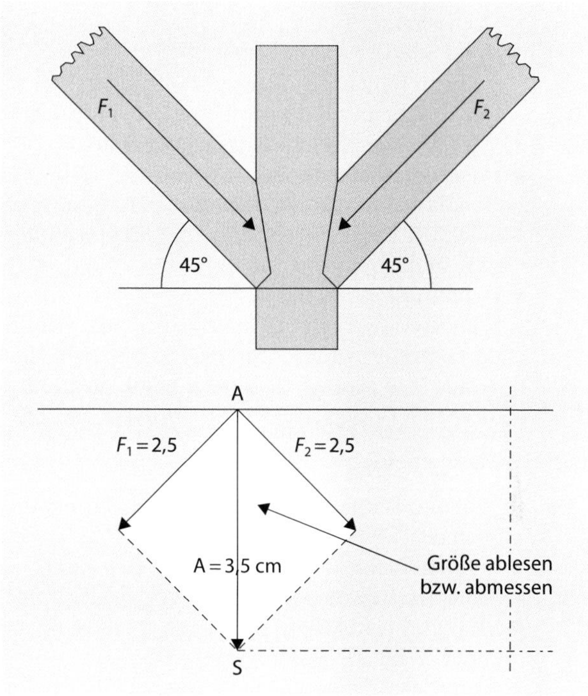

$F_R = 3{,}5\ \text{cm} \times \frac{10\ \text{kN}}{1\ \text{cm}} = \mathbf{35\ kN}$

Rechnerisch:

$F_V = a$	$F_H = b$
$a = \sin \alpha \times FR$	$b = \cos \alpha \times FR$
$a = \sin 45° \times 25$ kN	$b = \cos 45° \times 25$ kN
$a = 17{,}68$ kN	$b = 17{,}68$ kN

Kontrolle:
$\sqrt{a^2 + b^2}$
$\sqrt{17{,}68\ \text{kN}^2 + 17{,}68\ \text{kN}^2}$
$= 25$ kN

95. • Kleine Handkreissäge mit Gehrungsanschlag
Diese Säge eignet sich besonders gut beim Verschalen von Fassaden, Dachschalung und Giebeln, ebenso auch bei Untersichten.
• Hand oder Ständerbohrmaschine
Sie kann freihändig oder mit Führungsgestell verwendet werden. Das Bohren mit Führungsgestell ist vorzuziehen, denn dann wird jedes Bohrloch genau senkrecht gebohrt.
• Hand oder Balkenhobel
Handhobelmaschinen dienen zum Hobeln von sichtbaren Holzbauteilen wie z. B. Sparren- und Pfettenköpfen oder Ausleger (Flugsparren). Hobelbreite bis 300 mm.
• Handkreissäge
Handkreissägen gibt es in verschiedenen Größen, z. B. mit Blattdurchmessern von 45 mm bis 185 mm. Mit Handkreissägen werden gerade bzw. schräge (Schifterschnitte) geschnitten.

Weitere: Kettenstemmer, Kervenfräse, Handbandsäge, Motorsäge, Tischkettensäge

96. • Stoß und Schneidwerkzeuge (Hobel, Stecheisen, Stemmeisen, Beil, Stichaxt)
• Reibwerkzeuge (Säge, Raspel, Fräser, Bohrer)
• Schlagwerkzeuge (Hammer, Schlegel, Klopfholz)
• Mess und Anreißzeug (Zollstock, Winkel, Schmiege, Bleistift, Alpha-Winkel, Wasserwaage)
• Klemmwerkzeuge (Schraubzwingen, ggf. Hydraulikpressen)
• Bundgeschirr

97. Die wichtigsten Werkzeuge des Zimmermanns befinden sich in seinem Bundgeschirr. Dieses besteht im Allgemeinen aus: Stemmeisen, Zimmermannswinkel, Stichaxt, Klopfholz und Hammer. Fügt man noch eine Bügel- oder Stegsäge hinzu, können fast alle üblichen Zimmererarbeiten angefertigt werden.

98. Für die grobe Zurichtung von Holzbauteilen wird häufig eine Motorsäge verwendet. Zu empfehlen sind dabei Modelle mit einem rückschlagarmen Sicherheitsschwert. Dennoch darf man nicht vergessen, dass gerade diese handlichen, aber äußerst durchzugskräftigen Maschinen schwerste Verletzungen herbeiführen können, oft mit einer Langzeitwirkung. Bei einer Kettensäge mit normalem Schwert besteht die Gefahr, dass die Säge zurückschlägt und Verletzungen (Schnittwunden) an Beinen, Gesicht und Hand verursacht.

99. Vor dem Beseitigen von Störungen ist die Maschine stillzulegen. Es dürfen keine losen Splitter, Späne oder Abfälle in der Nähe von laufenden Maschinen entfernt werden.

100. Das Einrichten, Bedienen und Instandhalten von Holzbearbeitungsmaschinen ist nur Personen gestattet, die mindestens 18 Jahre alt und zu- verlässig sowie körperlich geeignet sind. Sie müssen vorher durch eine befähigte Person in der Handhabung und Bedienung der Maschinen unterwiesen worden sein.

Unter Anleitung und Aufsicht eines Fachkundigen dürfen Auszubildende ab dem 15. Lebensjahr zum Zweck ihrer Ausbildung Holzbearbeitungsmaschinen bedienen. Ansonsten besteht Gefahr von schweren Verletzungen.

101. Kräfte können zeichnerisch als Strecken dargestellt werden. Hierzu muss ein geeigneter Kräftemaßstab KM gewählt werden, z. B. eine Strecke von 1 cm Länge soll eine Kraft von 1 kN darstellen.

Zur vereinfachten Darstellungsweise wird hierzu gewählt: 1 kN = 1 cm. Die Lage einer Kraft wird durch die Wirkungslinie w bestimmt. Die Kraftrichtung wird durch einen Pfeil gekennzeichnet. Eine Kraft kann mit ihrem Angriffspunkt auf ihrer Wirkungslinie beliebig verschoben werden.

Darstellung von Kräften

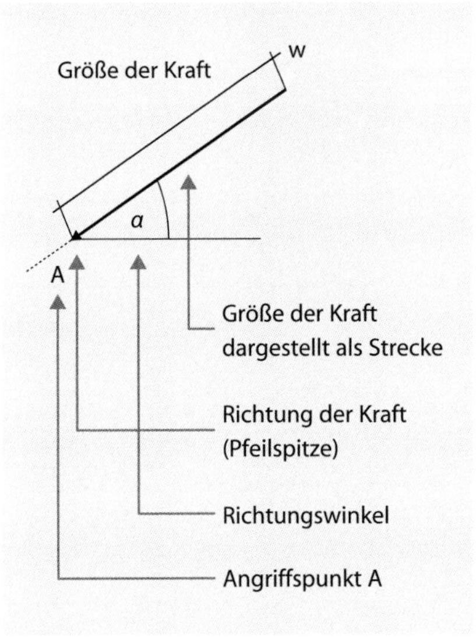

102. **Flächenlasten (kN/m²)** sind Eigenlasten von Decken und die darauf wirkenden Verkehrslasten. Auch Wind und Schnee sind Flächenlasten.

Linien und Streckenlasten (kN/m)
Die Flächenlasten werden auf eine Wand oder Balken weitergegeben (Träger, Unterzug, Sturz). Deckenbalken oder Schwellen übernehmen Streckenlasten.

Einzel oder Punktlasten (kN):
Linien- oder Streckenlasten werden auf eine Stütze weitergegeben (Pfeiler, Stiel). Einzellasten werden von stabförmigen Bauteilen, z. B. Pfosten, Streben, übertragen.

Jede auf einen Körper wirkende Kraft – „Aktionskraft" (äußere Kraft) ruft eine Gegenkraft – „Reaktionskraft" (Auflagerkräfte, innere Kräfte = Spannung) hervor.

103. Eine Kraft zerlegen heißt: Teilkräfte finden, die der gegebenen in ihrer Wirkung gleich sind, sie also ersetzen können. Diese Aufgabe kann zeichnerisch mit einem Kräfteparallelogramm gelöst werden. Die Diagonale in diesem Parallelogramm stellt die gegebene Kraft dar, die Seiten ergeben die Teilkräfte, die nach Größe und Lage bestimmt werden können, wenn ihre Wirkungslinien bekannt sind.

104. Eine Kraft kann zeichnerisch auch mit dem Kräftedreieck in ihre Teilkräfte zerlegt werden, in der Praxis wirkt die Gesamtkraft eines Deckenbalkens auf dessen beide Auflagepunkte.

Kräftemaßstab:

$\frac{1\ \text{kN}}{1\ \text{cm}}$

$F_1 = 3$ kN
$F_2 = 3$ kN

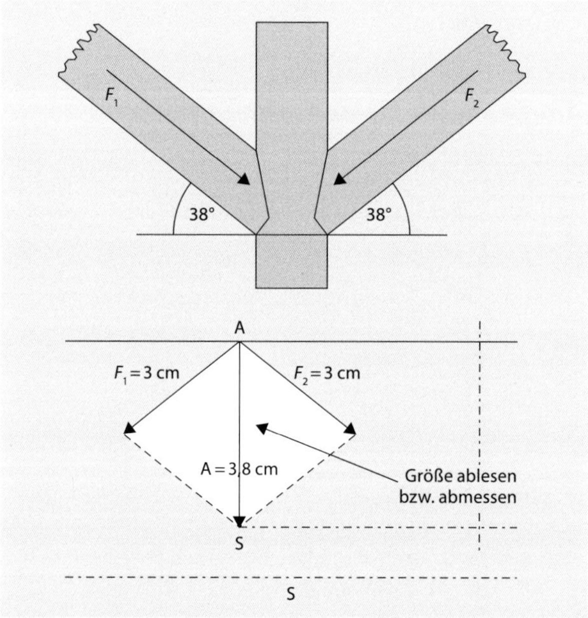

$F_R = 3{,}8\ \text{cm} \times \frac{1\ \text{kN}}{1\ \text{cm}} = \mathbf{3{,}8\ kN}$

Rechnerisch:
F_1: cos 38°
3 kN : cos 38° = **3,8 kN**

105.

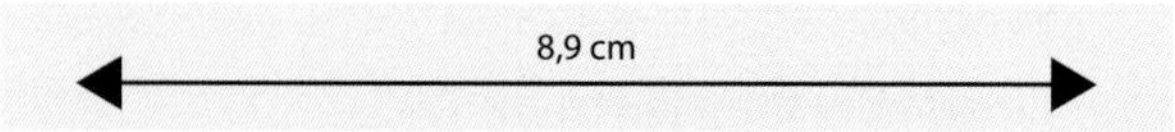

Rechnung:
8,9 cm × 10 kN = **89 kN**

106. Kräftemaßstab:

$\frac{1\,kN}{1\,cm}$

$F_R = 7$ kN
$\alpha = 35°$

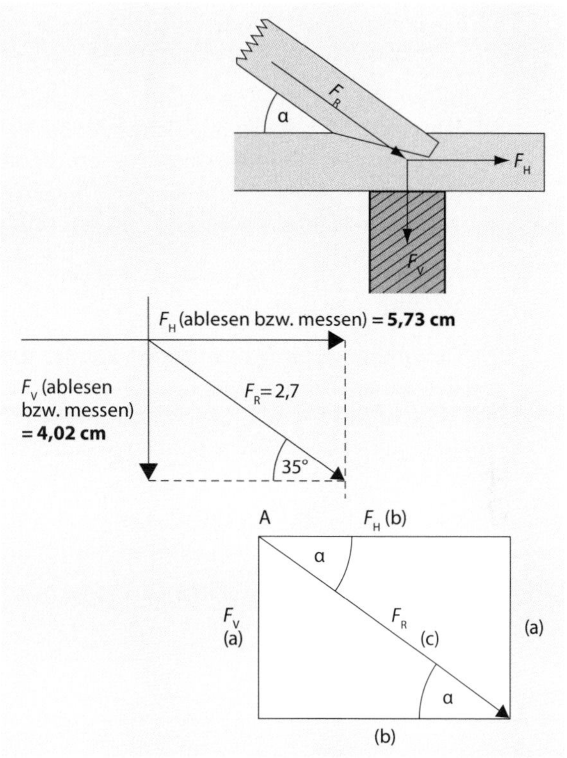

Rechnerisch:

$F_V = a$	$F_H = b$
$a = \sin \alpha \times F_R$	$b = \cos \alpha \times F_R$
$a = \sin 35° \times 7$ kN	$b = \cos 35° \times 7$ kN
$a = 4{,}02$ kN	$b = 5{,}73$ kN

Kontrolle:

$\sqrt{a^2 + b^2}$
$\sqrt{4{,}02\ kN^2 + 5{,}73\ kN^2}$
$= 7$ kN

107. Nach der Dauer der Lasteinwirkungen wird zwischen ständigen Einwirkungen und veränderlichen Einwirkungen unterschieden. Ständige Einwirkungen werden auch als Eigenlasten bezeichnet. Sie wirken ständig am Gebäude und sind unveränderlich. Dazu gehören die Eigenlasten der tragenden Bauteile wie Fundamente, Wände, Decken, Pfosten, Balken, Sparren.

Veränderliche Einwirkungen sind nicht ständige Einwirkungen. Es handelt sich dabei um veränderliche oder bewegliche Einwirkungen des Bauwerks. Sie können lotrecht, waagrecht oder schräg gerichtet sein. Lotrecht wirken Eigenlasten von z. B. Personen, Einrichtungsgegenständen und Schnee. Waagerecht wirken Erddruck, seitlicher Druck von Geländern und der Wind auf senkrechten Flächen. Rechtwinklig zur Dachfläche wirken Winddruck und Windsog.

108. **Ständige Einwirkungen** werden auch als Eigenlasten bezeichnet. Sie wirken ständig am Gebäude und sind unveränderlich. Dazu gehören die Eigenlasten der tragenden Bauteile wie Fundamente, Wände, Decken, Pfosten, Balken, Sparren.

Veränderliche Einwirkungen sind nicht ständige Einwirkungen. Es handelt sich dabei um veränderliche oder bewegliche Einwirkungen des Bauwerks. Sie können lotrecht, waagrecht oder schräg gerichtet sein. Lotrecht wirken Eigenlasten von z. B. Personen, Einrichtungsgegenstände und Schnee. Waagerecht wirken Erddruck, seitlicher Druck von Geländern und der Wind auf senkrechten Flächen. Rechtwinklig zur Dachfläche wirken Winddruck und Windsog, ggf. auch mit anderen Angriffswinkeln als 90°.

Die **Gesamteinwirkung** q ergibt sich aus der ständigen Einwirkung g und der veränderlichen Einwirkung p. Sie ist die Summe der Eigenlast und Verkehrslast. Diese Einwirkungen werden als Flächeneinwirkung ermittelt, z. B. für den Deckenaufbau in den einzelnen Schichten im Wohnhaus.

Lernfeld 6 Bauteile beschichten und bekleiden

1. Eine Außenwand wird beansprucht durch
   - die thermische Belastung, welche durch die Erwärmung der Sonne Spannungen auf der Wandoberfläche auslöst,
   - die Strahlung der Sonne, welche mit dem aggressiven UV-Licht Baustoffe zerstören kann,
   - Schlagregen, der die Außenwand durchfeuchtet und somit Materialien zerstören kann,
   - Wasserdampf, der von innen kommt und durch die Nutzungsarten entsteht.

2. Die Außenwand bildet neben dem Dach und der Unterkellerung meist die größte Fläche, die das Hausinnere von der Außenluft abtrennt. Bei einer guten wärmegedämmten Außenwand wird viel weniger Energie zum Beheizen benötigt als bei einer schlecht gedämmten Außenwand.

3. Folgende Aspekte sollten für die richtige Wahl des Fassadenmaterials beachtet werden:
   - Die Art des Wandaufbaus ist entscheidend für die Auswahl des Deckmaterials auf der Wandaußenfläche. Ist die Wand für die Aufnahme des Deckmaterials geeignet und kann sie die Gewichtslasten abtragen?
   - Größere Außenwände lassen mehr Spielraum für Gestaltungsmöglichkeiten zu. Können Fassaden in 2 Bereiche gegliedert werden oder ist nur eine monotone Ausführung möglich?
   - Die Funktionalität der Außenwand ist entscheidend für den Wartungsaufwand. Eine Klinkerfassade ist aufwendig und teuer, benötigt aber keine weitere Wartung.
   - Die Ausrichtung der Fassade gibt Aufschluss über die Belastung der Fassadenoberfläche. Eine nach Westen ausgerichtete Fassade wird mit viel Regenwasser belastet werden und es sollten daher geeignete Materialien verwendet werden.

4. Fassaden können auf der Außenseite wie folgt bekleidet werden:
   - mit einer Holzverschalung
   - mit einer Schieferfassade
   - durch eine Klinkervorsatzschale
   - mittels einer verputzen Fassade
   - durch ein Wärmedämmverbundsystem mit Putz
   - mit einer Metalldeckung
   - mit einer Glasfassade
   - mit der Montage großformatiger Fassadenplatten

5. Einbau von Kettengebinden, Ornamenten, gegenläufige Deckreihen, aufgesetzte Orte, unterschiedliche Deckarten als kleine abgeschlossene Deckflächen.

6. Die Außenverschalung sollte an der Traufkante mittels eines Keils von der Außenwand hervorragen, damit das abtropfende Wasser von der Schiefer- oder Faserzementfassade nicht auf die darunter liegende Wand tropft und diese verschmutzt.

7. Bei der Auswahl geeigneter Fassadenwerkstoffe sollte vor allem auf folgende Kriterien geachtet werden:
   - Funktionalität des Werkstoffs
   - Muss der Werkstoff feuchtigkeits- und frostbeständig sein?
   - Optische Wirkung des Werkstoffs an der Fassade: Farbe, Glanz, Formate
8. Die Putzarten werden zwischen Innenputz und Außenputz unterschieden. Die Einteilung der Putze ist notwendig, da manche Putzarten, z. B. Gipsputz, im Außenbereich nicht beständig sind und nicht angewandt werden dürfen. (Gips quellt bei Wasseraufnahme auf!)
9. Siehe „Die Ausbildung im Dachdeckerhandwerk", Seite 201, Tabelle 6.2.
10. Im Sockelbereich wird die Putzgruppe III Zementputz verwendet. Dieser Putz weist eine hohe Festigkeit auf und hat somit eine hohe Beständigkeit gegen Feuchtigkeit, Frost und Streusalze. Im Wandbereich wird eine Putzgruppe mit geringerer oder mittlerer Festigkeit verwendet (z. B. Putzgruppe IIa), damit der Putz die Spannungen durch Wärmeausdehnung und Schwinden des Putzes besser aufnehmen kann.
11. Der Sockelputz wird mit Zugabe von Dichtmitteln wasserundurchlässig.
12. Ein hydraulisches Bindemittel kennzeichnet, dass es auch unter Wasser und ohne Luftzufuhr vollständig erhärten kann.
13. Gipsputz ist im Außenbereich nicht beständig und quellt bei Wasseraufnahme auf.
14. Die richtige Menge an Anmachwasser bringt dem Putz die richtige Konsistenz zum Verarbeiten und wird vom Bindemittel zur Erhärtung benötigt.
15. Um die notwendige Putzstärke zur erreichen, ist es sinnvoll, mehrere Putzschichten nacheinander mit ausreichender Trocknungszeit aufzubringen. Durch das Aufbringen kleinerer Putzschichten reduzieren sich die Schwindrisse enorm. Eventuell aufgetretene Putz- und Schwindrisse werden mit der nachfolgenden Lage überdeckt.
16. Spritzbewurf, welcher aus einem Wasser-Zement-Gemisch besteht, wird auf glatten und nicht haftfähigen Untergründen aufgetragen, damit der nachfolgende Putz besser haften kann (siehe „Die Ausbildung im Dachdeckerhandwerk", Seite 204, Abb. 6.8).
17. Mit dem Oberputz können verschiedene Oberflächenstrukturen aufgebracht werden. Er kann beispielsweise als Landhausputz, Reibeputz, Kratzputz oder Scheibenputz ausgeführt werden.
18. Fertigputze werden maschinengesteuert gemischt und sind somit homogener und qualitativ hochwertiger. Per Hand gemischte Putze sind inhomogener und weisen teils Verunreinigungen durch Lagerung der Zuschläge auf. Sie sind qualitativ niederwertiger.
19. Durch das maschinelle Auftragen des Putzes können größere Flächen schneller aufgetragen werden und es wird eine gleichmäßige Putzstärke erzielt.

20. Um eine Außenwand gleichmäßig und eben verputzen zu können, werden an den äußeren Eckbereichen Eckschutzschienen lotrecht mit ca. 2 cm Abstand zum Mauerstein angebracht. Mittels Richtschnur können nun auch im mittleren Wandbereich Abstandsschienen lotrecht angebracht werden. Nach dem Anbringen der Abstandsschienen können nun die Felder zwischen den Abstandschienen mit Putz beworfen werden und mittels einer Putzschiene über die Abstandsschienen glatt abgezogen werden.

21. Siehe „Die Ausbildung im Dachdeckerhandwerk", Seite 208, Tabelle 6.3.

22. Gipsplatten können
- auf Plattenstreifen,
- mit Ansetzmörtel auf der Mauerwand,
- auf Lattung im Decken und Dachbereich

angebracht werden.

23. Unter Kunstharzputz versteht man eine Modifizierung und Weiterentwicklung herkömmlicher Putze auf organischer Basis. Der Kunstharzputz weist eine höhere Witterungsbeständigkeit an der Fassade und eine geringere Wasseraufnahme auf. Er wird auch zur Überbrückung von Rissen an alten Fassaden verwendet.

24. Putzträgerplatten sind Plattenwerkstoffe, die als Untergrund für einen Putz verwendet werden. Die Putzträgerplatten werden zur Überbrückung von unterschiedlichen Untergründen verwendet, um Risse an den Übergängen zu vermeiden (z. B. ein Stahlträger in einer Mauerwerkswand).

25. Ein Wärmedämmverbundsystem bietet folgende Vorteile:
- Die Innenwand dient als Wärmespeicher.
- Das WDVS ist eine sehr wirtschaftliche Dämmweise.
- Durch ein allseitig aufgebrachtes WDVS-System werden Wärmebrücken vermieden.
- Die WDVS-Oberfläche kann optisch mit verschiedenen Oberputzen gestaltet werden.
- Das WDVS-System ist wasserdampfdurchlässig.

26. Siehe „Die Ausbildung im Dachdeckerhandwerk", Seite 211, Abb. 6.27.

27. Der winterliche Temperaturverlauf zeigt, dass in der Dämmebene die Temperatur von ca. 14 bis ca. –18 °C abfällt. Wenn jetzt Wasserdampf von innen nach außen diffundiert, wird im Bereich der Dämmung der Wasserdampf kondensieren und als Tauwasser ausfallen. Dieses Tauwasser muss nach außen diffundieren können, damit die Dämmebene nicht nass wird und somit die Dämmwirkung verliert.

28. Mit dem Oberputz können verschiedene Oberflächenstrukturen aufgebracht werden. Der Oberputz kann beispielsweise als Reibeputz, Kratzputz oder als Scheibenputz ausgeführt werden.

29. Das zweischalige Mauerwerk wird gekennzeichnet durch 2 Mauerwerkschalen, eine Tragschale und eine Vorsatzschale, die getrennt durch eine Luftschicht nebeneinander stehen und mit Mauerwerksankern verbunden sind. In dieser Luftschicht wird aus Gründen des Wärmeschutzes zusätzlich eine Dämmebene eingefügt. Die Dämmstärke reicht bis zu 18 cm Dicke.

30. Das zweischalige Mauerwerk besteht aus einer Tragschale und einer Vorsatzschale. Die Tragschale hat die Aufgabe, Gebäudelasten abzutragen und ist zugleich Wärmespeicher. Die Vorsatzschale besteht aus Klinkern und schützt das Bauwerk als äußere Hülle vor Feuchtigkeit (Regen) und Schnee. Die Klinker eignen sich zur optischen Gestaltung der Fassade.

31. Die Mauerwerksanker stützen die Vorsatzschale in horizontaler Richtung gegen Verschiebung. Es werden, je nach Gebäudehöhe, ca. 7–10 Mauerwerksanker/m^2 verwandt.

32. Siehe „Die Ausbildung im Dachdeckerhandwerk", Seite 198, Tabelle 6.1.

33.

Vorteile	Nachteile
• Die Tragschale und die Wärmedämmung werden nicht von der Witterung angegriffen. • Der Wasserdampf kann von innen durch die Dämmung in der Luftschicht gelangen und dort abgeführt werden. • Die Außenschale aus Klinker ist langzeitbeständig und muss nicht gewartet werden. • Die Vorhangfassade kann nachträglich angebracht werden.	• Die zweischalige Bauweise ist meist etwas teurer in der Erstellung. Die Wirtschaftlichkeit rechnet sich erst nach Jahren.

Lösungen LF 6

34. Größere gewerbliche Gebäude wie Lagerhallen oder Produktionsstätten werden oft mit großformatigen Platten/Elementen verkleidet. Hierzu zählen
- Stahlsandwichelemente
- Glasfassaden
- großformatige Faserzementplatten
- großformatige Betonplatten
- großformatige Fassadenelemente
- Metallfassaden

35.

Vorteile	Nachteile
• meist schnelle und wirtschaftliche Verlegung • Gestaltungsmöglichkeiten auf großen Wandflächen • weniger Befestigungspunkte erforderlich, da meist selbsttragend	• teils optisch nicht so ansprechend • Glasfassaden sind recht teuer

36. Estriche werden unterteilt nach
- Bindemitteln,
- Verlegeart,
- Nutzungsart.

37.

Verlegeart	Merkmale
Verbundestrich	Der Verbundestrich wird ohne Trennlage auf die darunter liegende Betondecke verlegt. Somit kann sich der Estrich mit der Betondecke verbinden und ist nicht verschiebbar.
Estrich auf Trennlage	Estrich wird auf eine Trennlage verlegt, wenn die Wärmeausdehnung des Estrichs ungehindert stattfinden soll
Schwimmender Estrich	Schwimmender Estrich wird auf einer Dämmung mit Abdeckung verlegt, um die Wärmeausdehnung des Estrichs ungehindert zu gewährleisten und um den Schallschutz aufgrund von Trittschall zu wahren.

38. Die Unterlage des Zementestrichs wird je nach Verlegeart vorbereitet. Der gemischte Estrich wird mittels Pumpvorrichtung an den Einbauort gepumpt. Dort wird er mittels Handschaufel gleichmäßig auf Niveau der Einbauhöhe verteilt. Mittels einer Abziehbohle wird der Estrich dann gleichmäßig abgezogen und verdichtet. Nachdem der Estrich leicht angezogen ist, wird mittels Glätte die Oberfläche nochmals kreisförmig glatt gerieben.

39. Siehe „Die Ausbildung im Dachdeckerhandwerk", Seite 214, Abb. 6.37.

Als Untergrund liegt in der Regel eine Stahlbetonbodenplatte oder -decke vor. Auf dem Untergrund wird nun die Dämmschicht verlegt.

Die Dämmschicht wird mit zugelassener Mineralwolle oder Polystyrol verlegt. Die Dämmschicht erfüllt den Wärmeschutz des Bodens nach unten und überträgt keinen Trittschall aus der Estrichlage auf den Untergrund.

Der Estrichrandstreifen verhindert eine Übertragung des Trittschalls in das seitliche Mauerwerk und dient als Puffer für die seitliche Ausdehnung vom Estrich.

Die Abdeckung soll verhindern, dass der verarbeitungsfähige Estrich während des Einbaus in die Dämmschicht eindringt und somit den Wärme- und Schallschutz gefährdet. Nach dem Erhärten des Estrichs ist die Abdecklage überflüssig.

Der Zementestrich wird ca. 5-6 cm stark aufgetragen und eben abgezogen. Er dient als Unterlage für die verschiedenen möglichen Beläge.

40. Künstliche Platten auf keramischer Basis werden aus Ton mit Beimischungen aus Quarz, Kaolin und Feldspat gebrannt. Die Formgebung erfolgt mittels Strangpress- oder Trockenpressverfahren. Die Farbgebung wird durch färbende Oxide oder eine Glasur erreicht.

41.

Gebrauchseigenschaften	**Erläuterungen**
Wasseraufnahmefähigkeit	Die Wasseraufnahmefähigkeit gibt an, wie stark die Fliesen Wasser aufnehmen können. Fliesen mit hoher Wasseraufnahmefähigkeit können nicht im Außenbereich verlegt werden (Frostgefahr!).
Frostbeständigkeit	Die Fliesen mit der Wasseraufnahmefähigkeit der Gruppe Ia und Ib können im Außenbereich verlegt werden und sind frostbeständig.
Abriebbeständigkeit	Die Abriebbeständigkeit von Fliesen und Platten kennzeichnet den Widerstand der Produkte bei mechanischer Beanspruchung. Fliesen in viel begangenen Fluren sollten eine hohe Abriebfestigkeit aufweisen, damit eine lange Funktionalität gewährleistet bleibt.
Rutschsicherheit	Die Rutschsicherheit gibt Aufschluss darüber, wie sicher die Fliesen im nassen Zustand betreten werden können, ohne auszurutschen. Eine hohe Rutschsicherheit besteht dann, wenn die Oberfläche der Fliese sehr rau ist.

42. Siehe „Die Ausbildung im Dachdeckerhandwerk“, Seite 216, Tabelle 6.5.

43. Siehe „Die Ausbildung im Dachdeckerhandwerk“, Seite 219 f, Tabelle 6.10.

44.

Verlegeverfahren	**Einsatzmöglichkeiten**
Verlegung im Dünnbettverfahren	Verlegung meist bei glatten und ebenen Untergrund (verputzte Wände oder Estrich). Beim Dünnbettverfahren wird, mittels einem geeigneten Dünnbettmörtel oder Kleber, mit einer Zahntraufel der Dünnbettmörtel flächig aufgetragen. Die Fliesen werden dann in den Dünnbettmörtel gedrückt und ausgerichtet. Die Aushärtzeit des Dünnbettmörtels beträgt 1–2 Tage, je nach Umgebungstemperatur.
Verlegung im Dickbettverfahren	Das Dickbettverfahren findet Anwendung bei unebenem Untergrund oder auf Böden mit hoher Beanspruchung. Beim Dickbettverfahren werden die Fliesen auf der Rückseite ausreichend mit Dickbettmörtel bestrichen. Die Fliese wird jetzt an den Untergrund angepasst und ausgerichtet.

45.

Waagerechte Verlegetechnik	Rechteckige Fliesen oder Platten werden parallel zu den angrenzenden Wänden verlegt.
Diagonale Verlegetechnik	Die Fliesen oder Platten werden in der Verlegerichtung diagonal, in Richtung der gegenüberliegenden Raumecken, verlegt. Quadratische Fliesen weisen hier einen Verlegewinkel von 45° zu den längeren Wandseiten auf.

46. Siehe „Die Ausbildung im Dachdeckerhandwerk", Seite 221, Tabelle 6.11.

47. Die Feuchtigkeitsbelastung an einem Gebäude kann wie folgt aufgeteilt werden:

- Feuchtigkeit im Dach und Wandbereich von außen, z. B. durch Regen
- Feuchtigkeit im Gebäudeinneren, z. B. Dusche, Nasszelle oder Schwimmbad
- Kellerwände und an der Bodenplatte

48. Die Bauwerksabdichtung wird durch Feuchtigkeit belastet und unterscheidet in drückendes und nichtdrückendes Wasser. Zum nichtdrückenden Wasser zählen Bodenfeuchte, Sickerwasser und Regenwasser. Drückendes Wasser beinhaltet aufgestautes Wasser, das nicht abfließen kann, oder Grundwasser, das je nach Höhe des Grundwasserspiegels eine Gebäudegründung erfassen kann. Beim drückenden Wasser sorgt der Wasserdruck des aufgestauten Wassers für eine höhere Belastung der Abdichtung.

49. Bauwerksabdichtungen können im Kellerbereich mittels einer Bitumenabdichtung des Außenmauerwerks als sogenannte **Schwarze Wanne** ausgeführt werden (Bitumen ist schwarz).

Abdichtungen mit wasserundurchlässigem Beton werden als Weiße Wanne ausgeführt (ausgehärteter Beton weist eine hellgraue Farbe, daher weiß, auf).

50.

Beispiel	**Innenabdichtung**	**Außenabdichtung**
1	Abdichtung im Duschbereich	Fensterabdichtung von außen
2	Abdichtung der Bodenplatte von oben	Abdichtung eines Balkons
3	Abdichtung eines Schwimmbads	Abdichtung einer Kellerwand

Lernfeld 7 Anlagen zur Ableitung von Niederschlagswasser installieren

1. Grundsätzlich unterscheidet man außen liegende und innen liegende Dachentwässerungen.
2. Die Wasserfalz sollte mindestens 8 mm höher als die Wulst liegen, damit bei Starkregenereignissen das Wasser über die Vorderkante ablaufen kann.
3. Die Ableitung des Oberflächenwassers bei Dächern mit geneigten Flächen wird als Außenentwässerung bezeichnet.
4. Vorgehängte Dachrinnen werden selbsttragend in Rinnenhaltern verlegt, aufliegende Dachrinnen verlaufen auf der Dachfläche schräg oberhalb der Traufe.
5. Vorgehängte Dachrinnen werden meistens als halbrunde Dachrinne oder als kastenförmige Dachrinne ausgeführt.
6. Die Selbstreinigung einer halbrunden Dachrinne ist besser, weil die Fließgeschwindigkeit des Regenwassers in einer halbrunden Rinne größer ist als in einer kastenförmigen Rinne.
7. Für die Herstellung von Dachrinnen eignen sich folgende Werkstoffe: verzinkter Stahl, Aluminium, Titanzink, Kupfer, Edelstahl und Kunststoffe.
8. Folgende Kriterien sind bei der Auswahl des Werkstoffes für Dachrinnen zu berücksichtigen: Kosten, optische Ansprüche und Haltbarkeit.
9. Bei Dachrinnen sind folgende Fügetechniken möglich: Weichlöten, Hartlöten, Schweißen, Nieten und Kleben.
10. Kupfer lässt sich bei der Herstellung von Dachrinnen hartlöten.
11. Kleben ist als Verbindungsart bei Dachrinnen für alle Werkstoffe zulässig.
12. Wenn Schweißdrähte beim Schweißen verwendet werden, müssen diese aus demselben Metall bestehen.
13. Eine Legierung ist ein Gemisch aus geschmolzenen Metallen.
14. Eine Außenentwässerung besteht im Wesentlichen aus Dachrinnen, Einlaufstutzen, Regenfallrohren, Standrohren und deren Befestigungen.
15. Die Mindestneigung bei Dachrinnen ist 0,1 %.
16. Bei Einlaufstutzen wird zwischen den zylindrischen und den trichterförmigen Einlaufstutzen unterschieden.
17. Das Regenwasser läuft bei zylindrischen Einlaufstutzen langsamer ab.
18. Die einzelnen Fallrohre müssen mindestens 50 mm ineinander gesteckt sein.

19. Die Regenfallrohre müssen mindestens einen Abstand von 20 mm vom Bauwerk haben.

20. Die Anzahl und die Durchmesser der Fallrohre sind abhängig von der örtlichen Regenspende, der Dachgrundfläche und dem Abflussbeiwert.

21. Die örtliche Regenspende ist die Niederschlagsmenge in Liter, die in einer Sekunde auf eine Fläche von einem Hektar fällt.

22. Der Abflussbeiwert C gibt das Verhältnis zwischen dem Regenwasserabfluss und der Regenspende an. Der Abflussbeiwert hat keine Einheit.

23. Die Dachgrundfläche A ist die Projektion der Dachfläche in die Grundrissebene.

24. Der Regenwasserabfluss Q ist die in einer Sekunde zu erwartende Wassermenge in Liter und wird somit in der Einheit l/s angegeben.

25. Die gesamte Dachgrundfläche A beträgt:
$A = l_T \times b = 11{,}50\ \text{m} \times 5{,}70\ \text{m} = 65{,}55\ \text{m}^2$

Für Berlin ist der Berechnungsregen $r = 400 \frac{\text{l}}{\text{sha}}$

Für geneigte Dachflächen beträgt der Abflussbeiwert C = 1.

Der Regenwasserabfluss Q_{SD} für das Satteldach beträgt:

$$Q_{SD} = \frac{r \times A \times C}{10000 \frac{\text{m}^2}{\text{ha}}} = \frac{400 \frac{\text{l}}{\text{sha}} \times 65{,}55\ \text{m}^2 \times 1}{10000 \frac{\text{m}^2}{\text{ha}}} = 2{,}62\ \text{l/s}$$

Der Regenwasserabfluss Q für eine Dachfläche beträgt:

$$Q = \frac{Q_{SD}}{2} = \frac{2{,}62 \frac{\text{l}}{\text{s}}}{2} = 1{,}31\ \text{l/s}$$

26. Bewegungsausgleicher ermöglichen ein schadloses Ausdehnen und Zusammenziehen von Dachrinnen in einem Temperaturbereich von ca. –20 °C bis +80 °C.

27. Für Dachrinnen eignen sich folgende Bewegungsausgleichsmöglichkeiten: Einhangstutzen an der tiefsten Stelle, Schiebenähte an den höchsten Stellen, Synthesekautschukelemente an jeder Stelle und Rinnenkessel.

28. Der maximale Abstand für Bewegungsausgleicher für Zuschnitte kleiner gleich 500 mm ist 15 m.

29. Der Ausdehnungskoeffizient gibt die Ausdehnung des Baustoffes in mm an, wenn 1 m des Stoffes um 1 Kelvin erwärmt wird.

30. Die Ausdehnung einer Dachrinne wird berechnet, indem die Länge, die Temperaturdifferenz und der Ausdehnungskoeffizient miteinander multipliziert werden.

31. $\Delta T = T_2 - T_1 = 17\ °\text{C} - (-12\ °\text{C}) = 29\ °\text{C} = 29\ \text{K}$

$\Delta l = l \times \Delta T \times \alpha_{Cu} = 9{,}50\ \text{m} \times 29\ \text{K} \times 0{,}017\ \text{mm/mK} = 4{,}68\ \text{mm}$

32. Unter elektrochemischer Korrosion wird die Zerstörung von Metallen durch elektrochemische Prozesse verstanden. Das edlere Metall zerstört das unedlere Metall.

33. Das Regelwerk des Deutschen Dachdeckerhandwerks empfiehlt, mindestens alle 6 Monate Wartungs- und Instandhaltungsarbeiten an Entwässerungsanlagen durchzuführen.

34. Die Ableitung von Regenwasser bei Dächern mit innen liegenden Rinnen wird als Innenentwässerung bezeichnet.

35. Nach den Fachregeln sind für innen liegende Dachrinnen besondere Maßnahmen zu ergreifen, damit sichergestellt ist, dass auch bei erhöhtem Niederschlag oder verstopften Abläufen kein Wasser in das Gebäude eindringen kann.

36. Bei der Jahrhundertregenspende muss statistisch gesehen alle 100 Jahre mit einem Regen in diesem Ausmaß gerechnet werden.

37. Für die Berechnung des Mindestabflussvermögens Q_{Not} gilt die Gleichung:

$$Q_{Not} = (r_{5/100} - r_{5/5})\ C\ \frac{A}{10.000\frac{m^2}{ha}}$$

38. Das Gefälle zu den Dachabläufen bei Flachdächern soll mindestens 2 % betragen.

39. Es muss mindestens 1 Dachablauf und mindestens 1 Notablauf bzw. Notüberlauf angebracht sein.

40. Um Bauschäden zu vermeiden, ist gerade bei der Innenentwässerung eine sorgfältige Planung und Ausführung notwendig.

Lernfeld 8 Dächer mit Dachziegel- und Dachsteindeckungen herstellen

8.1 Der Dachaufbau – Grundlegendes

1. Das Dach eines Hauses mit all seinen Funktionsschichten erfüllt die folgenden Aufgaben:
- Entwässerung/Regenschutz
- Schutz gegen Flugschnee, Staub und leichte Undichtigkeiten der äußeren Hülle
- Herstellung der Winddichtheit
- Wärmedämmung
- Herstellung der Luftdichtheit
- Steuerung der Dampfdiffusion

2. Die Wärmedämmschicht des Daches soll im Winter die Wärme im Haus halten und im Sommer die darunter liegenden Räume vor hohen Temperaturen schützen

3. Man unterscheidet:
- Ungedämmte Dachaufbauten
- Dachaufbauten mit Zwischensparrendämmung
- Dachaufbauten mit Aufsparrendämmung
- Kombinationen aus Zwischen- und Aufsparrendämmungen
- Dachaufbauten mit Dämmschichten unterhalb der Sparren oder weitere Kombinationen

8.2 Regensicherheit

4. Fachregeln des Deutschen Dachdeckerhandwerks, Örtliche Vorschriften (z. B. Bebauungsplan), Verlege-Richtlinien des Herstellers, Gebäudeenergiegesetz (GEG), Unfallverhütungsvorschriften

5. Die Regeldachneigung ist die unterste Dachneigungsgrenze, bei der sich eine Dacheindeckung in der Praxis als ausreichend regensicher erwiesen hat. Eine Unterschreitung ist nur mit Zusatzmaßnahmen möglich.

6. Die Mindestdachneigung bei Dachziegel- und Dachsteindeckungen liegt bei 10°. Sie darf auch mit Zusatzmaßnahmen zur Regensicherheit nicht unterschritten werden.

7. Merkmale zur Regensicherheit:
- Je aufwendiger die Verfalzung eines Dachziegels, desto größer die Regensicherheit der Deckung.
- Je höher die Lage der Seitenverfalzung zur wasserführenden Ebene bei Dachsteinen, desto größer die Regensicherheit der Deckung.
- Eine Deckung im Verband erhöht die Regensicherheit im Vergleich zu einer Deckung derselben Dachziegel in Reihe.
- Doppeldeckungen sind regensicherer als Einfachdeckungen (Biberschwanz).
- Größere Höhen- und Seitenüberdeckungen sorgen für eine größere Regensicherheit.

8. Kriterien zur Wahl der Zusatzmaßnahmen:
- Dachneigung (Unterschreitung der Regeldachneigung)
- konstruktive Besonderheiten des Daches (starke Gliederung, besondere Dachformen)
- Dachauf- und -einbauten
- Nutzung als Wohnraum
- klimatische Verhältnisse (exponierte Lagen, besondere Witterungsverhältnisse)
- örtliche Bestimmungen (LBO, Gemeindesatzungen, Denkmalschutzauflagen)

9. Maßnahmen zur Erhöhung der Regensicherheit:
- Erhöhung der Höhen- und Seitenüberdeckung einer Deckung, sofern diese variabel ist.
- Einbau von Papp- oder Strohdocken (Hohlpfannendeckungen) zum Verschließen der Fugen.
- Vermörtelung von Flächen-, First- und Gratziegeln.
- Innenverstrich von Quer- und Längsfugen zwischen den Dachziegeln/Dachsteinen mit Mörtel.

10. Anerkannte Zusatzmaßnahmen:
- Unterspannungen
- Unterdeckungen
- Unterdächer

11. Merkmale und Bedingungen:
- Unterspannungen gelten außer bei untergeordneten Gebäuden als regensichernde Mindest-Zusatzmaßnahme unterhalb von Dachdeckungen.
- Sie bilden in Form von Folien und Vliesen einen zusätzlichen Schutz gegen Treibregen, Flugschnee und Staub.
- Die Ausführung erfolgt mit ausreichend wasserundurchlässigen Bahnen, die ohne flächige Unterlage entweder frei gespannt oder mit leichtem Durchhang auf der Oberseite der Dachsparren verlegt werden.
- Sie werden in der Regel parallel zur Traufe mit einer Höhen- und Seitenüberdeckung von mindestens 10 cm verlegt.
- Einsetzbar und zulässig sind sie nur bis zu einer Unterschreitung der Regeldachneigung um maximal 8°

12. Unterschiede:
- Unterdeckungen bestehen entweder aus Bahnen, die auf einer tragfähigen Unterlage verlegt sind, oder aus regensicheren Platten ohne Bahnenauflage. Nähte und Stöße können entweder überlappt, überdeckt, verfalzt oder auch regensicher verklebt werden.
- Unterdeckungen müssen höhere Anforderungen an Wasserundurchlässigkeit und Dampfdiffusion erfüllen als Unterspannungen.
- Unterspannungen sind immer unterlüftet, also frei gespannte Folien oder Vliese ohne flächige Unterlage.

13. Unterdächer können mit Bitumen- oder Kunststoffbahnen auf einer tragfähigen Unterkonstruktion regensicher oder wasserdicht ausgeführt werden. Sie müssen in der Fläche und an Naht- und Stoßstellen wasserdicht verklebt oder verschweißt werden. Bei wasserdichten Unterdächern wird die Konterlattung von der Abdichtung überdeckt, bei regensicheren verläuft sie unter der Konterlattung.

14. Bei Bitumenbahnen ist eine Verklebung mit der Unterlage zu vermeiden und eine erforderliche Mindestfügebreite (Breite der Verklebung innerhalb der Höhenüberdeckung) von 8 cm einzuhalten. Bei Kunststoffbahnen müssen die Überdeckungen mindestens 4 cm betragen. Werden die Nähte durch Warmgasschweißen geschlossen, muss die Mindestfügebreite 2 cm, beim Quellschweißen 3 cm betragen. Bei Nahtverbindungen mit Dichtungsbändern ist auf einer Breite von 4 cm zu verkleben.

Bei Kautschuk-Bahnen mit Kontaktkleber an den Nähten ist eine Klebebreite von 5 cm einzuhalten. Ansonsten gelten die Verlege-Vorschriften des Herstellers.

15. Die Anschlüsse der Abdichtung an Durchdringungen, Einbauteile und an Wänden müssen je nach Unterdach auch regensicher oder wasserdicht erfolgen. Bei belüfteten Konstruktionen, z. B. einer unterlüfteten Tragschalung, soll ein regensicheres Unterdach in einem Abstand von 30 mm vom Firstscheitelpunkt enden, um für ausreichende Entlüftung zu sorgen.

16. Die Einteilung der Zusatzmaßnahmen erfolgt je nach Ausführung in insgesamt 6 Klassen. Zusatzmaßnahmen nach Klasse 6 bieten die geringste, Maßnahmen nach Klasse 1 die höchste Regensicherheit.

17. Ein wasserdichtes Unterdach

18. Wird die Regeldachneigung um mehr als 12° unterschritten, ist dies nur mit einem wasserdichten Unterdach und besonderen Maßnahmen zum Schutz und Erhalt der Lattung erlaubt.

8.3 Windsogsicherheit

19. Als kleinformatige Dachziegel und Dachsteine gelten solche mit Flächen $\leq 0{,}4\ m^2$ und Eigenlasten ≤ 7 kg (Formziegel und -steine mit Flächen $\leq 0{,}4\ m^2$ und Eigenlasten ≤ 13 kg).

20. Besonders stark gefährdet sind die Dachrandbereiche, wie z. B. Ortgangkanten, Firste, Grate und auch der Traufbereich eines Daches.

21. Die Größe der Windlasten hängen von folgenden Faktoren ab:
- Gebäudestandort,
- Gebäudehöhe über Geländeoberfläche,
- Gebäudeform bzw. Gebäudegeometrie,
- an unterschiedlichen Bereichen eines Daches herrschen unterschiedliche Windlasten,
- Unterkonstruktion (geschlossene oder offene Deckunterlage).

22. Die Bundesrepublik Deutschland wurde hierzu in einer Windzonenkarte in 4 unterschiedliche Windzonen eingeteilt. Die Windbelastung nimmt dabei von Windzone I nach Zone IV zu. In der Windzonenkarte wird auch die Geländetopografie, d. h. die Höhe über dem Meeresspiegel (NN), erücksichtigt. Liegt ein Gebäude mehr als 800 m über NN, gelten höhere Windlasten.

23. Bei den Dachbereichen in den Tabellen zur Verklammerung werden die folgenden 4 Teilbereiche unterschieden:

- Bereich Ortgang/Grat/Walm/Kehle (1)
- Innenbereich (2)
- Traufbereich (3)
- Firstbereich (4)

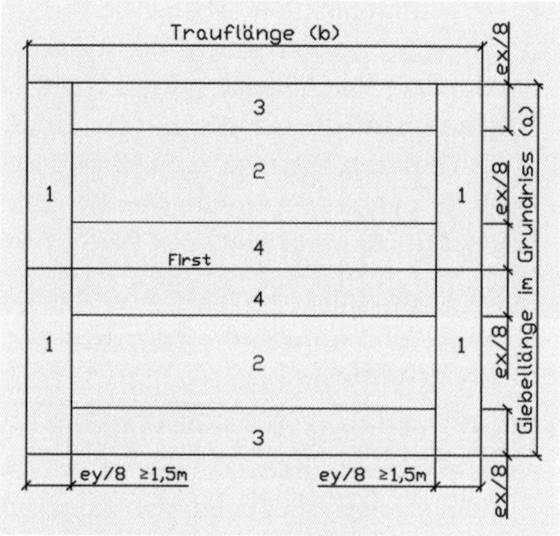

Dachbereiche eines Satteldachs

24. Bei den einzelnen Bereichen sind die Ortgang- und Gratbereiche (1) am stärksten beansprucht, dicht gefolgt von den Traufbereichen (3) eines Daches. Eine aufwendigere Verklammerung als im Innenbereich (2) und im Firstbereich (4) ist deshalb dort gefordert.

25. Bei Durchdringungen auftretende zusätzliche Verwirbelungen können sich negativ auf die Lagesicherheit der Dachdeckung auswirken. Deshalb muss im Bereich um die Durchdringung ein Streifen in einer Breite zwischen 1,00 und 2,00 m aufwendiger befestigt bzw. verklammert werden.

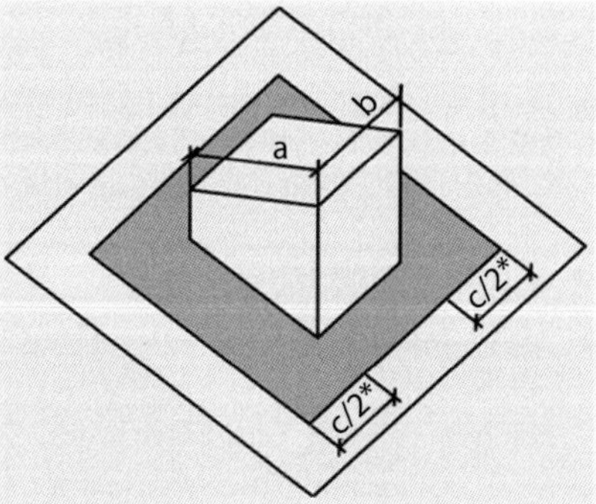

$$c = \max \begin{Bmatrix} a \\ b \end{Bmatrix}$$

$$*: 1\,m \leq \frac{c}{2} \leq 2\,m$$

Bereiche der Verklammerung bei Dachdurchdringungen

26. Die Lagesicherheit einer Dachziegel-/Dachsteindeckung ist gewährleistet, wenn der Widerstand der Deckung gegen Abheben (Eigengewicht) größer ist als die einwirkende Windbelastung, z. B. bei Windsog.

27. Reicht das Eigengewicht der Dachdeckung nicht aus, muss sie zusätzlich mechanisch befestigt werden. Die Befestigung kann erfolgen durch
- Klammern,
- Schrauben,
- Schraubnägel,
- Nägel,
- Draht,
- mechanische Befestigungssysteme.

Eine Verklebung oder das Vermörteln der Dachziegel bzw. Dachsteine untereinander bzw. direkt auf der Unterkonstruktion zählt nicht als mechanische Befestigung.

28. Generell gilt:
- Nägel, Schrauben, Schraubnägel und Klammern zur Befestigung von Dachziegeln/Dachsteinen müssen mindestens korrosionsgeschützt (z. B. verzinkt) sein.
- Sind Befestigungsmittel sichtbar bzw. direkt der Witterung ausgesetzt, müssen sie korrosionsbeständig (z. B. aus Edelstahl) sein.
- Bindedraht muss immer korrosionsbeständig sein.
- Holzschrauben zur Befestigung müssen einen Durchmesser von 4,5 mm haben und mindestens 24 mm in Nadelholz (z. B. die Lattung) eingeschraubt werden.
- Befestigungsmittel, z. B. Klammern, müssen für die jeweilige Dachziegel-/Dachsteinform geeignet und zugelassen sein und sind nach Herstellervorschrift einzubauen.

29. Generell gilt:
- Ortgangziegel/-steine, Formziegel/-steine von First-, Pultabschluss- und Gratdeckungen sind immer gegen Windkräfte mechanisch zu befestigen.
- Bei Dachneigungen von mehr als 65° muss jeder Dachziegel/Dachstein mechanisch befestigt werden.

8.4 Hinterlüftung

30. Eine Lüftungsebene ist nichts anderes als eine belüftete Luftschicht, die zum Zweck der Feuchteabfuhr mit der Umgebungsluft in Verbindung steht. In der Praxis werden diese auch als Hinterlüftung oder Belüftungsschicht bezeichnet.

31. Durch Schlagregen oder kleine Undichtigkeiten eingedrungene Feuchtigkeit kann über diese Lüftungsebene ebenso gefahrlos abgelüftet werden wie Restfeuchte, die evtl. noch von der Bauphase geblieben ist.

32. Eine Luftbewegung in diesen Lüftungsebenen kann durch Windeinwirkung, Druckdifferenzen an Dachkanten (Staudruck und Windsog) und temperaturbedingte Luftströmungen entstehen.

33. Eine Einschränkung der Feuchteabfuhr kann entstehen,
- wenn die Dachfläche weniger als 5° geneigt ist,
- wenn sich die Dachfläche in enger Bebauung befindet,
- wenn Zu- oder Abluftöffnungen zu klein oder (durch Schmutz o. ä.) verschlossen sind.

34. Die Belüftung in der Ebene der Dachfläche erfolgt über die Lüftungsebene, die sich durch die Dicke der Konterlattung ergibt.

35. Der Luftspalt in der Dachfläche muss einen Mindestquerschnitt von 200 cm^2/m Trauflänge bzw. eine Mindesthöhe von 2 cm (punktuell nicht unter 5 mm Höhe) aufweisen. Deshalb wird eine Mindestdicke der Konterlattung von 24 mm gefordert.

36. Im Falle der Unterbrechung der Lüftungsebenen hat es sich in der Praxis bewährt, Lüfterziegel/-steine im Sparrenfeld unterhalb und oberhalb der Dachauf- bzw. -einbauten einzubauen.

37. Lüftungsquerschnitte:
- Für die Traufe (Zuluftöffnung) gilt: ≥ 2 ‰ der zugehörigen Dachfläche, jedoch mindestens 200 cm^2/m
- Für Firste und Grate (Abluftöffnungen) gelten ≥ 0,5 ‰ der zugehörigen Dachfläche, jedoch mindestens 50 cm^2/m First bzw. Grat

38. Zugehörige Dachflächen:
- Die zu 1 m Traufe „zugehörige Dachfläche" erstreckt sich von der Traufe bis zum First einer Dachseite und hat damit eine Breite von 1 m. Die Lüftungsöffnung an der Traufe ist demnach für die Belüftung der Dachfläche zuständig, die von der Traufe bis zum First reicht.
- Die zu 1 m First „zugehörige Dachfläche" erstreckt sich vom First bis jeweils zu den Traufen auf beiden Dachseiten mit einer Breite von 1 m. Die Lüftungsöffnung am First ist demnach für die Entlüftung beider Dachseiten zuständig.

39. a) Zu 1,00 m Traufe gehört eine zu belüftende Dachfläche von 7,00 m^2 (1,00 m · *s*).
2 ‰ davon wären 140 cm^2 (7,00 m^2 = 70.000 cm^2; 70.000 cm^2 · 2/1.000 = 140 cm^2). Der Mindestlüftungsquerschnitt an der Traufe beträgt aber 200 cm^2/m, also ist dieser maßgebend.
Zu 1,00 m First gehört eine zu entlüftende Dachfläche von 14,00 m^2 (2 · 1,00 m · *s*).
0,5 ‰ davon wären 70 cm^2 (14,00 m^2 = 140.000 cm^2; 140.000 · 0,5/1.000 = 70 cm^2). Der Mindestlüftungsquerschnitt am First beträgt nur 50 cm^2/m First, also sind hier die 70 cm^2/m für beide Dachseiten zusammen maßgebend.

b) Für eine Trauflänge von 14,00 m ergibt sich ein Gesamtlüftungsquerschnitt von:
14,00 m · 200 cm^2/m = 2.800 cm^2 pro Traufseite.
Für den First ergibt sich ein Gesamtlüftungsquerschnitt von:
14,00 m · 70 cm^2/m = 980 cm^2 für beide Dachseiten zusammen.

c) Erfolgt die Belüftung an der Traufe ausschließlich durch Lüfterziegel, so bräuchte man dort:
2.800 cm^2 / 25 cm^2/Stück = 112 Stück pro Traufseite.
Für den Firstbereich ergäbe sich bei einer ausschließlichen Entlüftung über Lüfterziegel eine Anzahl von:
980 cm^2/25 cm^2/Stück = 39,2 ≈ 40 Stück.
Damit müsste man also jeweils ca. 20 Lüfter im Firstbereich pro Dachseite einbauen.

40. Dachseite 1 (s_1 = 11,42 m):
Zu 1,00 m Traufe gehört eine zu belüftende Dachfläche von 11,42 m² (1,00 m · s_1). 2 ‰ davon wären dann 228,4 cm² (11,42 m² = 114.200 cm²; 114.200 cm² · 2/1.000 = 228,4 cm²). Konterlattendicke ≥ 2,3 cm – gewählt 3 cm

Dachseite 2 (s_2 = 12,90 m):
Zu 1,00 m Traufe gehört eine zu belüftende Dachfläche von 12,90 m² (1,00 m · s_2). 2 ‰ davon wären dann 258 cm² (12,90 m² = 129.000 cm²; 129.000 cm² · 2/1.000 = 258 cm²). Konterlattendicke ≥ 2,6 cm – gewählt 3 cm (besser noch 4 cm bei s ≥ 12,00 m)

Zu 1,00 m First gehört eine zu entlüftende Dachfläche von 11,42 m² + 12,90 m² = 24,32 m².
0,5 ‰ davon wären 121,6 cm² (24,32 m² = 243.200 cm²; 243.200 · 0,5/1.000 = 121,6 cm²). Der Mindestlüftungsquerschnitt am First beträgt nur 50 cm²/m First, also sind hier die ca. 122 cm²/m für beide Dachseiten zusammen maßgebend.

41. Bis zu einer Sparrenlänge von 10,00 m gilt der Mindestlüftungsquerschnitt von 200 cm²/m Traufe (2 ‰ von 10,00 m² = 200 cm²). Bei größeren Sparrenlängen ergibt sich der Mindestlüftungsquerschnitt in cm²/m an der Traufe, wenn man die Sparrenlänge mit der Zahl 20 (cm²/m) multipliziert.

Bis zu einer Sparrenlänge von 5,00 m gilt der Mindestlüftungsquerschnitt von 50 cm²/m First (0,5 ‰ von 10,00 m² = 50 cm²). Bei größeren Sparrenlängen ergibt sich der Mindestlüftungsquerschnitt in cm²/m am First, wenn man die Sparrenlänge mit der Zahl 10 (cm²/m) multipliziert. Dieses Ergebnis gilt dann für beide Dachseiten zusammen (hier für ein Satteldach mit beidseitig gleicher Dachneigung und identischer Sparrenlänge!).

8.5 Unterkonstruktion

42. Die Unterkonstruktion einer solchen Deckung besteht aus Bauschnitthölzern, die die Dachziegel/Dachsteine tragen. Dabei unterscheidet man die Dachlattung oder Traglattung und die Konterlattung.

43. Dachlatten als tragende Bauteile ohne rechnerischen Nachweis (Auflagerabstand ≤ 1,0m) müssen mindestens den Qualitätsanforderungen der Sortierklasse S10 nach DIN 4074-1 genügen. Wichtige Sortiermerkmale für Latten sind Baumkanten, Äste, Verfärbungen, Verformungen, Risse und Insektenfraß.

Die Sortierung und deren Einbau müssen trocken (Holzfeuchte ≤ 20%) erfolgen. Als Qualitätsnachweis müssen sie vom Hersteller mit einer entsprechenden CE-Kennzeichnung versehen worden sein.

44. Die Verwendung von Dachlatten mit Wald- oder Baumkanten als Traglatten ist zulässig, sie müssen allerdings mindestens 3 scharfe Kanten aufweisen, von denen 2 auf der Konterlattung aufliegen müssen. Eine evtl. vorhandene Baumkante muss nach der Montage an der oberen Lattenkante liegen, die in Richtung Traufe zeigt.

45. Bei Dachlatten sind folgende Querschnitte handelsüblich: 24/48 mm, 24/60 mm, 30/50 mm und 40/60 mm.

46. Die Konterlattung hat u. a. die Aufgabe, die anfallenden Lasten aus der Traglattung mit der Eindeckung in die tragende Unterkonstruktion (Dachkonstruktion) weiterzuleiten. Für diese Aufgabe wird eine Mindestdicke von 24mm und nach DIN 1052 ein Mindestquerschnitt von 1.400 mm^2 (z. B. Lattenquerschnitt 24/60 mm $\approx$ 1.440 mm^2) empfohlen.

Die Konterlattung hat aber auch noch die Aufgabe, bei breitkanter Verlegung auf den Sparren durch ihre Dicke den Hinterlüftungsspalt zu bilden.

47. Empfohlene Konterlattendicken, je nach Sparrenlängen:

Sparrenlänge in m	Konterlattendicke in mm
bis 8	24
bis 12	30
über 12	40

48. Die Befestigung der Konterlattung direkt auf Holz oder Holzwerkstoffen erfolgt mit mindestens 3 Nägeln pro Meter. Die Anzahl und die Art der erforderlichen Nägel (glattschaftig oder profiliert) ist abhängig von der Windzone, der Gebäudehöhe und der Dachform. Die Einschlagtiefe, z. B. in den Sparren, beträgt bei glattschaftigen Nägeln und Rillennägeln der Größe 3,1 × 80 mindestens 40mm, bei Rillennägeln 2,8 × 75 nur 35mm.

Wird die Konterlattung auf einer Schalung befestigt, zählt die Einschlagtiefe ab Oberkante der Schalung, wenn diese direkt auf den Sparren genagelt ist und eine Mindestdicke von 24 mm besitzt.

49. Bei Konterlatten von Aufsparren-Dämmsystemen müssen deren Abmessungen rechnerisch nachgewiesen werden. Zur Lagesicherung der Dämmung müssen breitere Konterlattenquerschnitte (z. B. 40/80 mm) verwendet werden, die auch mit speziellen langen Schrauben nach Herstellervorschrift zu befestigen sind. Das schräge Eindrehen der Schrauben dient dazu, dass sie nicht nur auf Abscheren, sondern auch auf Herausziehen beansprucht werden. Ihre Tragfähigkeit wird so besser ausgenutzt.

50. Die Wahl des Lattenquerschnittes kann u. a. abhängen:
- vom Sparrenabstand bzw. dem Konterlattenabstand,
- vom erforderlichen Traglattenabstand,
- vom Gewicht der Deckung,
- von der Dachneigung,
- von den Schnee- und Windlasten.

51. Latten mit einem Querschnitt von 24/48mm sind für Traglattungen nur zulässig, wenn sie der Sortierklasse S13 entsprechen und nur für Dachdeckungen mit einem Lattenabstand ≤ 17cm und einem Konterlattenabstand von ≤ 70cm.

52.

Lattenquerschnitte in mm/mm	Konterlattenabstand (Achsmaß) in m	Sortierklasse nach DIN 4074-1
24/48[1)]	bis 0,70	S13
24/60	bis 0,80	S13
30/50	bis 0,80	S10
40/60	bis 1,00	S10
1) nur zulässig bei Dachdeckungen mit Lattenabstand ≤ 17 cm		

53. Dachlatten der Sortierung S10: rote Farbmarkierung an den Stirnseiten der Latten im Bund
Dachlatten der Sortierung S13: blaue Farbmarkierung stirnseitig

54. Jede Dachlatte muss am Kreuzungspunkt mit der Konterlattung mit einem geeigneten Befestigungsmittel befestigt werden. Für die Befestigung von Traglatten bei Sattel-, Walm- und Pultdächern wird die Verwendung von korrosionsgeschützten Rillennägeln vorgeschrieben.

55. Traglattenbefestigung mit Rillennägeln:

Rillennagelgröße	Eindringtiefe in mm
28 × 75	> 24
31 × 80	> 30
34 × 90	> 40

56. Bei Lattenstößen ist die Breite einer Konterlatte oft nicht ausreichend, wenn die erforderlichen Randabstände der Nagelung eingehalten werden sollen. In diesen Fällen ist die Verwendung eines breiteren Konterbrettes oder von 2 parallel angeordneten Konterlatten erforderlich.

8.6 Werkzeuge, Bearbeitungsmaschinen und Hilfsmittel

57. Die Bearbeitung kann entweder maschinell oder von Hand erfolgen.

Üblicherweise werden netz- oder akkubetriebene Winkel- oder Trennschleifmaschinen verwendet, die aber zu einer starken Staubentwicklung führen. Besser geeignet wären Nass-Trennschneider oder Trockenschnitt-Trennmaschinen mit Staubabsaugung, die es auch mit Haltevorrichtungen zum Einhängen in die Lattung gibt.

Eine Bearbeitung von Hand mit Schieferhammer und gebogener Haubrücke, das sogenannte Schroten, oder der Einsatz von speziellen Ziegelzangen oder Ziegelschneidern bei Biberschwanzziegeln ist ebenso üblich.

58. Zur Einteilung der Dachfläche benötigt der Dachdecker neben einem langen Maßband oder Rollbandmaß noch einen Meterstab und einen Bleistift. Die einzuteilenden Decklängen werden abgemessen, entsprechende Lattabstände angezeichnet und anschließend mit einem Schnurschlaggerät markiert.

Das Schnurschlaggerät, auch Schlagschnur genannt, besteht aus einem Behältnis, in dem pulverförmige Farbpigmente und ein schnurartiger Faden enthalten sind.

59. Das Schnurschlaggerät wird so bedient, dass man zuerst die Markierungen, die man zuvor angezeichnet hat, mit der mit Farbpulver bestäubten Schnur verbindet. Dabei hält man die Schnur über die Markierungen und strafft diese. Nun wird durch das sogenannte Schnipsen eine farbige Markierung, z. B. auf die Konterlatten, aufgebracht. Durch den Haken am Ende der Schnur lassen sich die Markierungen bei kurzen Distanzen auch von einer Person herstellen. Nach ein bis zweimal „Schnipsen" muss man die Schnur zum Nachfärben wieder einrollen.

60. Bei der Verwendung von Schrägaufzügen ist besonders auf deren Standsicherheit zu achten. Bei Aufzügen mit Fahrwerk wird dieses zunächst entlastet und dann über Standspindeln arretiert. Ein vorhandener Grundrahmen muss damit horizontal ausgerichtet werden.

Bei Anlegeaufzügen ohne Fahrwerk und Grundrahmen sind diese am Aufstellplatz entsprechend unverschiebbar aufzustellen.

Zum Transport des Deckmaterials dürfen nur geeignete Lastaufnahmemittel, z. B. Ziegelpritschen, verwendet werden. Eine Beförderung von Personen und die Verwendung des Aufzugs als Leiter sind nicht zulässig.

8.7 Deckung mit Dachziegeln

61. Bevor die Wahl auf eine Deckungsart fällt, sind noch folgende Merkmale von Bedeutung:
- Welche Regeldachneigung besitzt die Deckung?
- Welche Deckungsmerkmale besitzt die Deckung: Einfachdeckung, Doppeldeckung?
- Wie kann die Verlegung der Deckwerkstoffe erfolgen – in Reihe oder im Verband?
- Welche Höhen- oder Seitenüberdeckungen sind einzuhalten? Abhängigkeit von Dachneigung oder Verfalzung?
- Besitzen die Dachziegel eine Verfalzung und in welchen Bereichen kann das Lattmaß variieren?
- Lässt sich die Deckung auf eine bestehende Unterkonstruktion anpassen?
- Ist ein Ausgleich von Unebenheiten in der Dachfläche mit den Dachziegeln möglich?
- Was ist bei der Einteilung der Dachfläche zu berücksichtigen?
- Wie können die Dachdetails Traufe, Ortgang und First ausgeführt werden?
- Welche Möglichkeiten bietet die Deckung zur Ausführung von Kehlen, Graten oder Anschlüssen an aufgehende Bauteile?
- Mit welchen Lasten auf die Unterkonstruktion ist bei der gewählten Deckung zu rechnen?
- Sind die erforderlichen Formziegel und Zubehörteile für die Deckung lieferbar?

62. In der Fachregel werden folgende Falzziegelarten unterschieden:
- Dachziegel mit Ringfalz und besonderen Merkmalen (Flachdachziegel, Romanische Dachziegel),
- Dachziegel mit Kopffalz oder Fuß- und Kopfrippe und Seitenverfalzung (Doppelmuldenfalzziegel, Reformziegel, Glattziegel, Verschiebeziegel),
- Dachziegel mit Kopffalz oder Fuß- und Kopfrippe und Seitenfalz (Doppelmuldenfalz/Reformziegel, Glattziegel, Verschiebeziegel),
- Dachziegel mit Seitenfalz bzw. seitlich eingreifender Überdeckung (Strangfalzziegel).

63. Bei den Dachziegeln mit ein- oder mehrfacher Verfalzung liegt der durchschnittliche Bedarf an Dachziegeln bei ca. 12-15 St/m^2 Dachfläche.

Eine Ausnahme bilden die Strangfalzziegel mit ca. 18-20 St/m^2 Dachfläche.

64. Der Unterschied liegt in einer einfachen oder zweifachen Seitenverfalzung bei der Strangfalzziegeldeckung, die die Schindelunterlage bei der Biber-Einfachdeckung ersetzt.

Die Deckung erfolgt als Einfachdeckung im Halbverband (Biber-Einfachdeckung wird überwiegend in Reihe verlegt), ist aber herstellerspezifisch auch in Reihe, also Fuge über Fuge zulässig. Die Regeldachneigung liegt bei 35° (Biber-Einfachdeckung 40°).

65. Bei der Eindeckung eines Daches mit quer- und längsverfalzten Dachziegeln müssen zur Einteilung der Dachfläche die mittleren Decklängen und Deckbreiten bekannt sein. Diese müssen zuvor auf der Baustelle ermittelt oder den Verlegerichtlinien des Herstellers entnommen werden.

66. Die Hohlpfannendeckungen werden als Einfachdeckung in Vorschnitt- oder Aufschnittdeckung mit Seiten- und Höhenüberdeckung verlegt.

Die Vorschnittdeckung wird mit Langschnittpfannen gedeckt. Bei diesen sind die Schrägschnitte so gestaltet, dass die beiden Ecken der diagonal liegenden Pfannen in einer Ebene liegen und aneinanderstoßen. Dies hat den Vorteil, dass die Pfannen bei identischer Größe dicht aneinander, aber im 4-Ziegel-Eck, der Stelle, an der 4 Ziegelecken aufeinandertreffen, nur 3-fach aufeinanderliegen. Die Langschnittpfanne besitzt dadurch ein etwas ruhigeres Deckbild gegenüber der Kurzschnittpfanne. Die Höhenüberdeckung ergibt sich durch das Aneinanderstoßen des Eckenschnitts auf ein unveränderliches Maß von 7 cm. Die Regeldachneigung liegt bei 40°.

Hohlpfannen mit kurzem Eckenschnitt werden in der Aufschnittdeckung verlegt. Bei diesen Kurzschnittpfannen sind die Schnitte so gestaltet, dass die beiden Ecken der diagonal liegenden Pfannen aufeinanderliegen. Dadurch ergibt sich ein unruhigeres Deckbild gegenüber der Vorschnittdeckung und durch das fehlende Aneinanderstoßen der Eckenschnitte ist die Höhenüberdeckung variabel. Im 4-Ziegel-Eck liegen die Ziegel 4-fach aufeinander. Die Regeldachneigung liegt mit 35° um 5° niedriger als bei der Vorschnittdeckung.

Die Höhenüberdeckung ist variabel und liegt dachneigungsabhängig zwischen 8 und 10 cm.

67. Die Mönch- und Nonnendeckung besteht aus rinnenförmig verlegten Nonnenziegeln, deren Zwischenräume von den Mönchziegeln überdeckt werden. Die Verlegung erfolgt trocken mit Verklammerung oder traditionell vermörtelt.

68.

• Biber-Einfachdeckung mit Spließen	RDN 40°
• Biber-Doppeldeckung	RDN 30°
• Biber-Kronendeckung	RDN 30°

69. Biber-Doppeldeckung:
- Jede Ziegelreihe liegt auf einer eigenen Traglatte,
- Traglattung im Querschnitt 24/48mm wäre zulässig in S13 bei Lattenabstand ≤ 17cm,
- Doppelter Lattenbedarf pro m^2 Dachfläche durch halben Lattenabstand,
- Verwendung von Firstanschlussbibern mit verkürzten Längen im Kronengebinde unter der Firstziegelreihe.

Biber-Kronendeckung:
- 2 Ziegelreihen (Deck- und Lagerschicht) liegen auf einer Traglatte,
- Traglattung muss mindestens 30/50mm an Querschnitt aufweisen (S10),
- Halber Lattenbedarf pro m^2 im Vergleich zur Doppeldeckung,
- Firstanschluss mit Normalziegeln im Kronengebinde unter der Firstziegelreihe.

70. Je nach vorhandener Dachneigung die erforderliche Höhenüberdeckung in cm bestimmen.

Maximalen Traglattenabstand bestimmen nach der Formel:

$$\text{maximaler Traglattenabstand} = DL = \frac{\text{Ziegellänge} - \text{Höhenüberdeckung}}{2}$$

- Deckbreite (DB) = Ziegelbreite (keine Seitenüberdeckung beim Biberschwanz innerhalb einer Reihe)
- Anzahl pro m²:

$$\frac{St.}{m^2} = \frac{100\ cm}{DL} \cdot \frac{100\ cm}{DB}$$

71. Format A: 15,5 cm/38 cm
Format B: 18 cm/38 cm

72. Biber-Doppeldeckung: ca. 33,6–38,3 St/m², Lattweiten: 14,5–16,5 cm
Biber-Kronendeckung: ca. 16,8–19,1 St/m², Lattweiten: 29,0–33,0 cm

8.8 Deckung mit Dachsteinen

73. Die Ausbildung der Seitenverfalzung, die Fußverrippung, die Höhenüberdeckung und die Form der Dachsteine bestimmen die Regensicherheit einer Dachsteindeckung.

Je höher die Verfalzung über der wasserführenden Ebene liegt, desto größer ist die Regensicherheit der Deckung und desto niedriger ist deren Regeldachneigung.

74. Bei den Dachsteinen mit Seitenverfalzung werden unterschieden:
- profilierte Dachsteine mit hochliegender Seitenverfalzung (RDN 22°)
- ebene Dachsteine mit tiefliegender Seitenverfalzung (RDN 25°)

75. Profilierte oder ebene Dachsteine mit hoch- oder tiefliegender Seitenverfalzung werden überwiegend im Standardformat 330 × 420 mm und im Format 245 × 420 mm hergestellt.

76. Die Höhenüberdeckung bei Dachsteinen ist durch eine fehlende Kopfverfalzung variabel und von der Dachneigung abhängig. Die Seitenüberdeckung ist durch die Seitenverfalzung vorgegeben.

77. Durch die Lage der Seitenverfalzung werden profilierte und ebene Dachsteine von rechts nach links in Einfachdeckung gedeckt. Einzelne Dachsteinformen lassen auch eine Deckung im Verband zu.

78. Format 33,0 cm/42 cm: 9,7–10,4 St/m² Lattabstand: 32,0–34,5 cm
Format 24,5 cm/42 cm: 14,5–15,6 St/m² Lattabstand: 32,0–34,5 cm

79. Bei den Dachsteinen ohne Verfalzung sind lediglich ebene Dachsteine im Biberformat mit unterschiedlichen Schnittarten auf Dächern zu finden. Dachsteine in Biberform haben Abmessungen von ca. 170 × 420 mm. Vergleichbar mit den Biberschwanzdeckungen bei den Dachziegeln sind folgende Deckungsarten anzutreffen:
- Doppeldeckung
- Kronendeckung
- Einfachdeckung mit Spließen

8.9 Dachdetails bei Deckungen mit Dachziegeln und Dachsteinen

80. Die Ausführung der Deckung an der Traufe kann mit einem Überstand über die Traufkonstruktion, bündig oder zurückgesetzt erfolgen. Dies ist abhängig von der Einteilung der Dachfläche, den klimatischen Verhältnissen und der Dachrinnenkonstruktion.

Die unterste Reihe an der Traufe kann mit den gleichen Dachziegeln oder Dachsteinen wie in der Dachfläche oder mit speziellen Formziegeln/-steinen, z. B. Traufanschlussziegeln oder -steinen, gedeckt werden. Auch Sonderkonstruktionen, z. B. mit Einlaufblechen oder mit Traufgebinden aus anderen Deckungsmaterialien, sind möglich.

81. Die Vorderkante der Traufreihe ist so festzulegen, dass die Entwässerung in die Dachrinne sichergestellt ist. Bei hochhängenden Dachrinnen soll die Deckung, waagerecht gemessen, nicht mehr als ⅓ der Rinnenbreite in die Dachrinne ragen. Für die gängigen Rinnengrößen liegt dieses Maß bei ca. 5 cm (z. B. halbrunde Dachrinne mit einer Zuschnittbreite von 333 mm). Bei tiefhängenden Rinnen muss die erste Reihe zurückgesetzt werden, damit bei starkem Niederschlag das Wasser nicht über die Rinne schießt. In diesem Fall ist immer ein Einlaufblech bzw. Traufstreifen oder ein Tropfwinkel erforderlich.

82. Je größer der Höhenunterschied zwischen der wasserführenden Ebene der Traufreihe und der Dachrinne ist, desto eher wird ein Einlaufblech an der Traufe erforderlich. Dies ist immer bei tiefhängenden Dachrinnen, bündiger und zurückgesetzter Deckung der Traufreihe der Fall.

83.

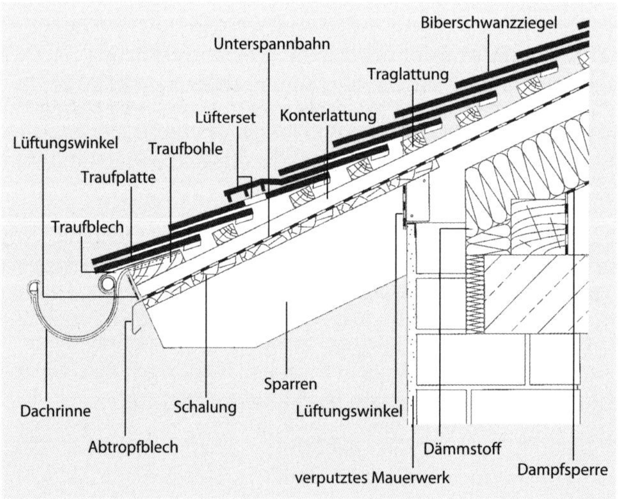

Traufdetail bei der Biberschwanz-Doppeldeckung

84. Die Verwendung von Trauf- oder Keilbohlen, Doppellatten, Traufelementen o. ä. als untere Auflage sorgt dafür, dass die Traufreihe die gleiche Neigung hat wie die folgenden Reihen.

85. Die Lüftungsebene zwischen der Unterseite der Deckung und der Unterspannung bzw. Unterdeckung muss im Bereich der Traufe an die Außenluft angeschlossen werden. Dies kann z. B. durch Traufllüftungselemente oder Lochblech-Winkelleisten erfolgen, oder indem die Konterlattung bis zur Außenkante der Traufkonstruktion geführt wird und die Öffnungen zwischen den Konterlatten durch Lüftungsgitter verschlossen werden.

Bei geschlossener Traufkonstruktion müssen oberhalb der Traufeindeckung Lüfterziegel/-steine in ausreichender Anzahl eingebaut werden.

86. Bei den Biberschwanzdeckungen wird die Traufe entweder mit Traufplatten oder mit Normalziegeln in Kronendeckung ausgeführt. Die Traufplatten, die mit einer Länge von 26 cm etwa 12 cm kürzer sind als die Normalbiber, liegen dabei auf einer eigenen Latte, die von der Traufunterkante so weit entfernt befestigt wird, dass die Unterkante der Traufplatte und die Unterkante der aufliegenden ersten Normalbiberreihe bündig enden.

87. Die Dachdeckung am First besteht bei Dachziegel- und Dachsteindächern aus Firstziegeln oder Firststeinen. Alternativ sind Sonderkonstruktionen mit anderen Materialien möglich.

Die Deckung am First wird entweder als Trockenfirst oder als Mörtelfirst ausgeführt.

Bei trockener Verlegung werden unterhalb der Firstziegel/-steine Trockenfirstelemente oder flexible Firstbänder montiert, um das Eindringen von Niederschlag zu verhindern.

88. Die Ebene unterhalb der Dachdeckung ist im Firstbereich durch Öffnungen von 0,5 ‰ der zugehörigen Dachfläche zu entlüften. Dies kann über die Trockenfirstelemente (Lüftungselemente), geeignete Lüftungsfirstziegel oder Lüfterziegel/-steine erfolgen.

89. Wird die Deckung der Firstziegel/-steine als Mörtelfirst ausgeführt, müssen diese zusätzlich zur Vermörtelung mit Längs- und Querschlag mechanisch, z. B. mit korrosionsbeständigem Bindedraht, befestigt werden. Dies ist erforderlich, weil die Vermörtelung nicht zur Windsogsicherung herangezogen werden kann.

Beim Mörtelfirst kann die Lüftung der Ebene unterhalb der Dachdeckung durch Lüfterziegel/-steine oder Sonderfirstziegel/-steine sichergestellt werden.

90. Bei den Firstziegeln/-steinen werden konische und solche mit Verfalzung unterschieden. Sofern die Überdeckung nicht durch eine Verfalzung vorgegeben ist, sind die konischen Modelle mit einer Überdeckung von 4 cm untereinander zu decken. Am Firstanfang und am Ende des Firstes bietet die Industrie entsprechende Formziegel/-steine oder Endplatten an.

Als Unterkonstruktion zur Befestigung und Ausrichtung der Firstziegel/-steine werden ausreichend befestigte Firstlatten oder Firstbohlen verwendet. Oftmals werden 1 bis 2 Latten übereinander auf den Sparren befestigt, um die erforderliche Höhe für die Auflage der Firsteindeckung zu erreichen.

Eleganter ist dies allerdings durch geeignete Firstlattenhalter zu lösen. Die Oberkante der Firstlatte ist so auszurichten, dass die Firstziegel/-steine die obersten Ziegelreihen noch ausreichend und regensicher überdecken. Unter Berücksichtigung der Lüftungsöffnungen sollen sie beidseitig auf der Deckung aufliegen.

91. Zur Windsogsicherung sind bei allen Firstausführungen die Firstziegel/-steine an der Unterkonstruktion mechanisch zu befestigen. Diese Forderung gilt als erfüllt, wenn die Befestigung mit einer Holzschraube (Mindestdurchmesser 4,5 mm, Einschraubtiefe > 24 mm in Nadelholz) und einer Klammer erfolgt. In der Regel gibt der Hersteller Montagehinweise zu den entsprechenden Modellen.

92. Bei den Biberschwanzdeckungen wird die letzte Reihe vor den Firstziegeln/-steinen als Kronengebinde gedeckt. Bei der Kronendeckung werden dafür immer Flächenbiber verwendet, während bei der Biberdoppeldeckung die oberste Reihe überwiegend mit Firstanschluss-Bibern gedeckt wird. Diese sind mit einer Länge von ca. 26 cm so kurz, dass in Kronendeckung verlegt ein einheitliches Deckbild verbleibt.

Über die (z. B. bei Satteldächern) beiderseits angedeckten Firstanschlussziegel/-steine wird dann die Firstziegelreihe gedeckt.

93. Für die Eindeckung der Ortgangkanten können Ortgangziegel/-steine, Doppelwulstziegel, Schlusssteine oder Flächenziegel/-steine verwendet werden. Es sind aber auch andere dafür geeignete kleinformatige Deckwerkstoffe, z. B. Schiefer oder Faserzementplatten, zu finden. Sonderkonstruktionen mit Windbrettern aus Holz oder mit Metallblechen sind ebenfalls möglich.

94. Ortgänge sollen mit ungeschmälerten Dachziegeln/-steinen gedeckt werden. Bei schmalen Dachflächen, versetzten oder schrägen Orten kann es erforderlich sein, die Ortgangreihe zu schneiden und eine entsprechende Sonderkonstruktion herzustellen.

95. Zur Windsogsicherung sind an den Ortgangkanten alle Dachziegel/-steine, mit Ausnahme der Deckschicht bei der Biberschwanz-Kronendeckung, an der Unterkonstruktion im Überdeckungsbereich zu befestigen. Dies muss mindestens mit einer Holzschraube, Durchmesser 4,5 mm, bei einer Einschraubtiefe von >24 mm in Nadelholz erfolgen.

96. An den Außenkanten der Giebelwand bzw. einer Holzunterkonstruktion soll der Überstand von Doppelwulstziegeln, Schlusssteinen oder Flächenziegeln/-steinen mindestens 3 cm betragen.

97. Bei der Verwendung von Ortgangziegeln/-steinen ist zwischen der Innenkante der Ortganglappen und der Außenkante der Giebelwand oder Bekleidung ein Abstand von mindestens 1 cm einzuhalten.

Einen besseren Schutz gegen Schlagregen bieten Ortgangkonstruktionen, die deutlich über die Giebelwand hinausragen. Der freie Überstand der Traglatten über die Außenkante darf aber nicht mehr als 30 cm betragen. Die Länge des Überstandes richtet sich nach den Anforderungen und der Dacheinteilung und hängt auch vom verwendeten Traglattenquerschnitt ab.

Wenn der Außenputz bis zur Unterkante der Dachdeckung geführt werden soll, muss die Trag- und Konterlattung mindestens 2 cm vor dem Putzträger enden.

98. Bei den Biberschwanzdeckungen sind Ortgangausführungen mit Ortgangbibern möglich, die als 1/2- und 1/1- oder als 3/4- und 5/4-breite Ortgangziegel angeboten und von Reihe zu Reihe im Verband eingedeckt werden.

Die Verwendung von Flächenbibern mit mindestens 30 mm Überstand ist bei Konstruktionen mit Windbrettern und Zahnleisten ebenfalls möglich.

99.

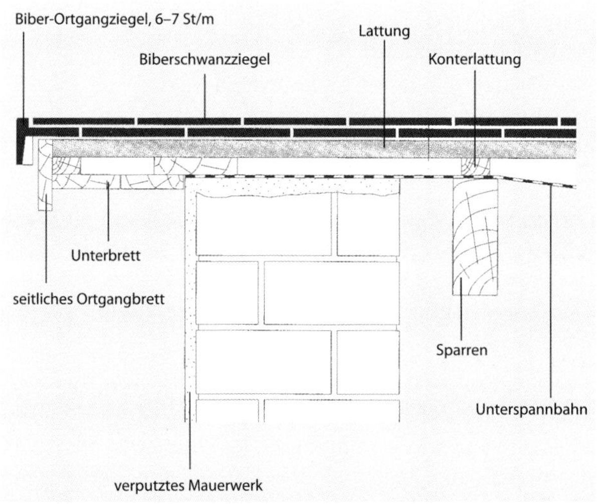

Ortgangdetail bei der Biberschwanz-Doppeldeckung

8.10 Dacheinteilung bei Deckungen mit Dachziegeln und Dachsteinen

100. Bei der Dacheinteilung müssen folgende Punkte berücksichtigt werden:
- Abmessungen der Dachfläche,
- Decklängen und Deckbreiten der Deckwerkstoffe,
- Dachform,
- Gliederung des Daches, z. B. vorhandene Dachversprünge, Dacheinbauten oder -aufbauten.

101. Unter der Einteilung der Decklänge wird die Ermittlung der erforderlichen Traglattenabstände von First zu Traufe verstanden. Die Einteilung erfolgt heute üblicherweise auf der Oberseite der Konterlatte, deren Gesamtdecklänge (GDL) durch die Verwendung von Zusatzmaßnahmen wie Schalung oder Aufsparrendämmung und durch die Dicke der Konterlattung beeinflusst wird.

102. Die erforderlichen Traglattenabstände werden bestimmt durch:
- die Länge der Dachziegel/-steine,
- die Form der Dachziegel/-steine,
- die mögliche Decklänge,
- die Höhenüberdeckung – dachneigungsabhängig oder durch eine Verfalzung vorgegeben,
- die Sparrenlänge bzw. die Gesamtdecklänge (GDL) auf der Konterlattenoberseite,
- die Traufausbildung,
- den Abstand der obersten Traglatte zum Firstscheitelpunkt (LAF).

103. Der Abstand der obersten Traglatte auf der Konterlatten- oder Sparrenebene zum Firstscheitelpunkt ist abhängig von
- der Dachneigung,
- der Traglattendicke,
- der Form der Dachziegel und Dachsteine,
- der Länge der Einhängenasen,
- der Art der Dachziegel/-steine in der letzten Reihe (Firstanschlussziegel/-steine, Flächenziegel/-steine),
- der Form der Firstziegel und Firststeine,
- der Art der Firstausführungen (Trocken- oder Mörtelfirst).

104. Bei dieser Art von Dachziegeln wird die Decklänge, wenn sie nicht vom Hersteller verbindlich vorgegeben ist, auf der Baustelle unter Verwendung der Formziegel und der Art der Verlegung ermittelt. Die mögliche Decklänge liegt dann zwischen der kleinsten und der größten ermittelten Decklänge.

105. Durch den zusätzlichen Dachaufbau mittels Schalung, Aufsparrendämmung und Konterlattung ist vor der Einteilung in Sparrenrichtung die sich dadurch ergebende Verlängerung der Gesamtdecklänge durch die Höhe der zusätzlichen Schichten über der Sparrenoberseite zu bestimmen. Die Verlängerung der Gesamtdecklänge durch den zusätzlichen Dachaufbau berechnet sich über die Formel:

$a = H \cdot \tan \alpha$ mit H = Höhe des zusätzlichen Dachaufbaus,
α = Dachneigung

106. Sparrenverlängerung a durch den Dachaufbau mit Aufsparrendämmung und Konterlattung:

$a = H \cdot \tan \alpha = (14\text{ cm} + 4\text{ cm}) \cdot \tan 38° = 14{,}1\text{ cm}$
Gesamtdecklänge GDL $= s + a = 786\text{ cm} + 14{,}1\text{ cm} = 800{,}1\text{ cm}$

Die letzte Ziegelreihe unter dem First soll mit Firstanschlussziegeln ausgeführt werden, die aber dasselbe Lattmaß wie die Normalziegel haben. Ein Abzug der Decklänge am First entfällt somit.

Einzuteilende Restdecklänge RDL:

RDL = GDL – DLT – LAF = 800,1 cm – 34 cm – 3,5 cm = 762,6 cm

Anzahl der Ziegelreihen in der Restdecklänge:

$$RH = \frac{RDL}{max.\ DL} = \frac{762{,}6\ cm}{35{,}5\,\frac{cm}{Reihe}} \approx 21{,}5\ \text{Reihen, gewählt: 22 Reihen}$$

Erforderlicher Traglattenabstand in der Restdecklänge:

$$DL = \frac{RDL}{RH} = \frac{762{,}6\ cm}{22\ Reihen} \approx 34{,}7\,\frac{cm}{Reihe}$$

Mit 34,7 cm liegt der berechnete Traglattenabstand zwischen den Herstellerangaben von mind. 34,2 und max. 35,5 cm für diese Deckung.

Die Anzahl der erforderlichen Ziegelreihen für diese Dachfläche ergibt sich somit zu:

21 + 1 (Traufreihe) + 1 (Firstanschlussreihe) = 23 Ziegelreihen

107. Sparrenverlängerung *a* durch den Dachaufbau mit Schalung und Konterlattung:

$a = H \cdot \tan \alpha = (2{,}4\ cm + 3\ cm) \cdot \tan 32° = 3{,}4\ cm$
Gesamtdecklänge $GDL = s + a = 764\ cm + 3{,}4\ cm = 767{,}4\ cm$

Die letzte Dachsteinreihe unter dem First wird mit Normalsteinen eingedeckt, so dass kein Abzug der Decklänge am First erforderlich ist.

Einzuteilende Restdecklänge RDL:

RDL = GDL – DLT – LAF = 767,4 cm – 34 cm – 4 cm = 729,4 cm

Die maximale Decklänge ergibt sich für eine Dachsteinlänge von 42 cm bei 32° Dachneigung und einer Mindesthöhenüberdeckung von 7,5 cm zu:

max. DL = SL – HÜ = 42 cm – 7,5 cm = 34,5 cm

Anzahl der Dachsteinreihen in der Restdecklänge:

$$RH = \frac{RDL}{max.\ DL} = \frac{729{,}4\ cm}{34{,}5\,\frac{cm}{Reihe}} \approx 21{,}1\ \text{Reihen, gewählt: 22 Reihen}$$

Erforderlicher Traglattenabstand in der Restdecklänge:

$$DL = \frac{RDL}{RH} = \frac{729{,}4\ cm}{22\ Reihen} \approx 33{,}2\,\frac{cm}{Reihe}$$

Mit 33,2 cm liegt der berechnete Traglattenabstand zwischen den Herstellerangaben von mind. 31,2 und max. 34,5 cm für diese Deckung.

Die Anzahl der erforderlichen Dachsteinreihen für diese Dachfläche ergibt sich somit zu:
22 + 1 (Traufreihe) = 23 Dachsteinreihen

108. Bei Einteilung in Traufrichtung ist zu berücksichtigen:
- Größe des Dachüberstandes an den Ortgangkanten
- Art der Ortgangausbildung
- Deckbreite der Dachziegel/Dachsteine
- Deckbreite der Ortgangziegel/- steine rechts und links
- Überstand der Formziegel

109. Geplante Konstruktionsbreite: KB = 1436 cm + 2 · 15 cm = 1466 cm

Gesamtdeckbreite **GDB** = ÜL + KB + ÜR =
= 7,5 cm + 1466 cm + 7,5 cm = 1481 cm

Restdeckbreite **RDB** = GDB – OL – OR =
= 1481 cm – 26,5 cm – 21,5 cm =
= 1433 cm

Anzahl der vertikalen Ziegelreihen **RV**:

$$RV = \frac{RDB}{DB} = \frac{1433\text{ cm}}{21{,}5\ \frac{\text{cm}}{\text{Reihe}}} \approx 66{,}7 \text{ Ziegelreihen}$$

gewählt: **67 Ziegelreihen** => tatsächliche Gesamtdeckbreite $\mathbf{GDB}_{neu}$:

$\mathbf{GDB}_{neu}$ = OL + 67 × DB + OR = 26,5 cm + 67 × 21,5 cm + 21,5 cm =
= 1488,5 cm

Neue Konstruktionsbreite KB_{neu} der Unterkonstruktion:

$\mathbf{KB}_{neu}$ = GDB – 2 × 7,5 cm = 1488,5 cm – 15 cm = 1473,5 cm

Wenn man das Dach ohne Sonderformate eindecken möchte, muss der geplante Dachüberstand jeweils um 3,75 cm vergrößert werden auf eine Länge von:

Lösungen
LF 8

110. Arbeitsabfolge bei der Dacheinteilung für eine Biberschwanzdeckung:
- Wahl des Biberformats (Format A oder B)
- Art der Ausführung von Trauf- und Firstanschluss (Sonderziegel oder Normalziegel in Kronendeckung?) festlegen.
- Traufausbildung – Unterkonstruktion und Rinnenüberstand (RÜ) festlegen.
- Wahl des Lattenabstands am First (LAF)
- Ermittlungen der Decklängen an der Traufe – 1. und 2. Latte (DLT1 und DLT2)
- Ermittlung der einzuteilenden Restdecklänge
- Berechnung der maximale Decklänge DL (maximaler Traglattenabstand)
- Berechnung der Anzahl der horizontalen Lattenreihen
- Berechnung der Decklänge bzw. des tatsächliche Traglattenabstandes

111. Diese muss nicht gesondert geplant werden, da die einzelnen Ziegel sowohl mit geringem Seitenabstand verlegt, als auch in der Breite bis zu einem Mindestmaß von 5 cm geschmälert werden können.

112. Müssen Biberschwanzziegel geschmälert werden, empfiehlt es sich aus optischen Gründen, 2 nebeneinander liegende Ziegel um jeweils das halbe Maß zu schmälern und die Schnittkanten aneinanderzulegen.

113. Abstand 1. Latte: DLT1 $= L_{Traufziegel} - RÜ - \text{Nasenlänge}$

$= 26\ cm - 5\ cm - 4\ cm = 17\ cm$

Abstand 2. Latte: DLT2 $= L_{Normalziegel} - RÜ - \text{Nasenlänge}$
$= 38\ cm - 5\ cm - 4\ cm = 29\ cm$

bzw. DLT2 $= DLT1 + (L_{Normalziegel} - L_{Traufziegel}) =$
$= 17\ cm + (38\ cm - 26\ cm) = 29\ cm$

Gesamtdecklänge **GDL** = 652 cm

Einzuteilende Restdecklänge **RDL**:
RDL = GDL – DLT2 – LAF = 652 cm – 29 cm – 7,5 cm = 615,5 cm

Die maximale Decklänge ergibt sich für eine Biberschwanzlänge von 38 cm bei 38° Dachneigung und einer Mindesthöhenüberdeckung von 8,0 cm zu:

$$\text{max. DL} = \frac{38\ cm - 8\ cm}{2} = 15\ cm$$

Anzahl der Biberschwanzziegelreihen in der Restdecklänge:

$$RH = \frac{RDL}{\text{max. DL}} = \frac{615{,}5\ cm}{15\ \frac{cm}{Reihe}} \approx 41{,}03\ \text{Reihen, gewählt: 41 Reihen}$$

Erforderlicher Traglattenabstand in der Restdecklänge:

$$DL = \frac{RDL}{RH} = \frac{615{,}5\ cm}{41\ Reihen} \approx 15\frac{cm}{Reihe}$$

Mit 15 cm liegt der berechnete Traglattenabstand genau bei den Herstellerangaben von mindestens 15 cm für diese Deckung bei einer Dachneigung von 38°. Bei einer Ausführung mit 42 Reihen pro Dachseite ergäbe sich ein Traglattenabstand von:

$$DL = \frac{RDL}{RH} = \frac{615{,}5\ cm}{42\ Reihen} \approx 14{,}7\frac{cm}{Reihe}$$

Die Anzahl der erforderlichen Ziegelreihen für dieses Dach bei einem Lattmaß von 15 cm ergibt sich somit zu:

2 × (41 + 1 (Traufreihe)) = 84 Ziegelreihen mit Normalbiber
+ 2 Traufziegelreihen
+ 2 Firstanschlussziegelreihen

114. Die maximale Decklänge ergibt sich für eine Biberschwanzlänge von 38 cm bei 48° Dachneigung und bei einer Mindesthöhenüberdeckung von 6,0 cm zu:

max. DL = 38 – 6 = 32 cm

Der Biberbedarf pro m² errechnet sich dann nach der Formel:

$$\frac{St.}{m^2} = \frac{100}{DL} \cdot \frac{100}{DB} \cdot 2 = \frac{100}{32} \cdot \frac{100}{18} \cdot 2 = 17{,}36 \cdot 2 = 34{,}72 \frac{St.}{m^2}$$

Der Bedarf an Traglatten in m pro m² errechnet sich dann nach der Formel:

$$\frac{La}{m^2} = \frac{100}{DL} = \frac{100}{32} = 3{,}13 \frac{m}{m^2}$$

115. Die maximale Decklänge ergibt sich für eine Biberschwanzlänge von 38 cm bei 32° Dachneigung und bei einer Mindesthöhenüberdeckung von 9,0 cm zu:

$$\text{max. DL} = \frac{38 - 9}{2} = 14{,}5 \text{ cm}$$

Der Biberbedarf pro m² errechnet sich dann nach der Formel:

$$\frac{St.}{m^2} = \frac{100}{DL} \cdot \frac{100}{DB} = \frac{100}{14{,}5} \cdot \frac{100}{18} = 38{,}31 \frac{St.}{m^2}$$

Der Bedarf an Traglatten in m pro m² errechnet sich dann nach der Formel:

$$\frac{La}{m^2} = \frac{100}{DL} = \frac{100}{14{,}5} = 6{,}9 \frac{m}{m^2}$$

116. Ermittlung der Restdecklänge:

RDL = s – DLT – LAF = 6,80 m – 0,24 m – 0,10 m = 6,46 m

Anzahl der Lattreihen LR =

$$\frac{RDL}{\text{mittlere Lattweite}} = \frac{6{,}46 \text{ m}}{0{,}225 \text{ m}} = 28{,}7$$

gewählt: 41 Reihen

$$\text{tatsächliche Lattweite DL} = \frac{RDL}{LR} = \frac{6{,}46 \text{ m}}{29} = 0{,}223 \text{ m}$$

Lernfeld 9 Dächer mit Schiefer, Faserzement-Dachplatten und Schindeln decken

Schiefer

1. Schwefelkies in Verbindung mit saurem Regen kann im Schiefer ausgewaschen werden und kann eine Nagelung angreifen.
2. Schieferdeckungsarten:
   - Altdeutsche Deckung (25°)
   - Altdeutsche Doppeldeckung (22°)
   - Schuppendeckung (25°)
   - Rechteckdoppeldeckung (22°)
3. Schieferhammer, Haubrücke, Schieferschere …
4. Vollholzschalung, Holzwerkstoffschalung, Lattung, Metallprofile
5. Anforderungen:
   - Gesund und trocken,
   - mindestens Sortierklasse S 10
   - Mindeststärke: 24 mm
   - Mindestbreite: 12 cm
6. Die Vordeckung schützt Holzwerkstoffe und Vollholz vor Feuchtigkeitsaufnahme während der Bauphase, die später beim Abtrocknen z. B. zu Schwundprozessen führen kann.
7. Die Decksteine der Altdeutschen Deckung werden in Höhe und Breite nach folgender Tabelle sortiert:

Sortierung	Höhe in cm	Breite in cm
1/1	50–40	42–32
1/2	42–36	38–28
1/4	38–32	34–25
1/8	34–28	30–23
1/12	30–24	26–20
1/16	26–20	22–17
1/32	22–16	18–13
1/64	18–12	16–11

8. Normaler Hieb: HÜ= SÜ=29 % der Steinhöhe, BW = 74°; RW = 125 °, scharfer Hieb: Hü=29% der Steinhöhe, SÜ= 38% der Steinhöhe, BW=65°, RW=135°

9. Zeichnungen erstellen, siehe auch „Die Ausbildung im Dachdeckerhandwerk“, Abb. 9.13, Seite 313.

10. Schiefernägel haben einen konischen Schaft und verlangen eine Lochung von der Rückseite zur Vorderseite. Schieferstifte haben einen geraden Schaft, die Lochrichtung kann von vorne nach hinten oder von hinten nach vorne erfolgen.

11. Brust, wenden → Rücken → Fuß → Kopf → lochen und fertig.

12. Das Decken von 2 schmalen Steinen auf einen breiten Stein und umgekehrt nennt man übersetzen.

13. Zeichnerische Lösung siehe auch „Die Ausbildung im Dachdeckerhandwerk, Abb. 9.14, Seite 314: DN 29°=>27,26°; DN 38°=>21,02°; DN 54°=>10,81°

14. In der Altdeutschen Doppeldeckung überdeckt in der Höhe das 3. Gebinde das 1. um mindestens 20 mm.

15. **a)** Spitzwinkeldeckung: siehe auch „Die Ausbildung im Dachdeckerhandwerk“, Abb. 9.29, Seite 321
b) Linksdeckung mit Schieferschuppen: siehe auch „Die Ausbildung im Dachdeckerhandwerk“, Abb. 9.23, Seite 318.

16. Ein Gebindestein wird im eingebundenen Schieferfußgebinde gedeckt und hat 2 Brustkanten. Auf dem Gebindestein beginnt ein Deckgebinde, auf ihm endet ein Fußgebinde und auf ihm beginnt ein weiteres Fußgebinde.

17. Jeder Firststein ist mit mindestens 4 Schiefernägeln oder Schieferstiften innerhalb der Seitenüberdeckung zu befestigen. Die Nagelung ist versetzt anzuordnen. Die Seitenüberdeckung, die mindestens der Seitenüberdeckung in der Fläche entsprechen muss, ist um das Maß der Versetzung zu erhöhen. Ggf. sind die Steine am Kopf zu hinterlegen. Die Eindeckung der Firstgebindes kann mit oder entgegen der Deckrichtung der Fläche erfolgen. Die Höhenüberdeckung des Firstes über die Fläche muss mindestens der Höhenüberdeckung der Fläche im Bereich des Firstes entsprechen. Der Schlussstein darf nicht unmittelbar an der Ort- oder Gratkante liegen. Die der Hauptwetterrichtung zugewandte Seite ist mit ca. 5 cm Überstand zu decken.

18. a)

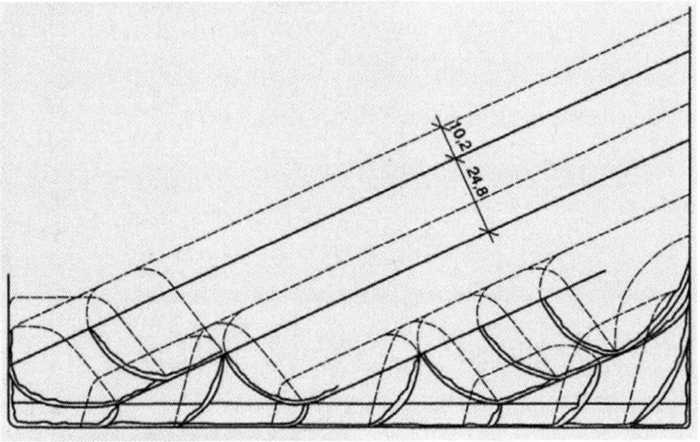

Berechnung:

220 cm Trauflänge – 35 cm max. Steine = 185 cm einzuteilen
29 % von 35 cm = 10,2 cm Höhenüberdeckung
71 % von 35 cm = 24,8 cm Gebindehöhe
1/3 der Gebindehöhe ist die Rückenhöhe
→ 24,8 cm : 3 = 8,3 cm Rückenhöhe

Bei einer zeichnerischen Ermittlung gemessene Fußlänge der Mindestgebindesteigung:
68 cm = 2,7 Fußlängen → gewählt 3 Fußlängen:

Neue Einteilung mit 3 Fußlängen:
185 cm : 3 Fußlängen = 37,7 cm

b)

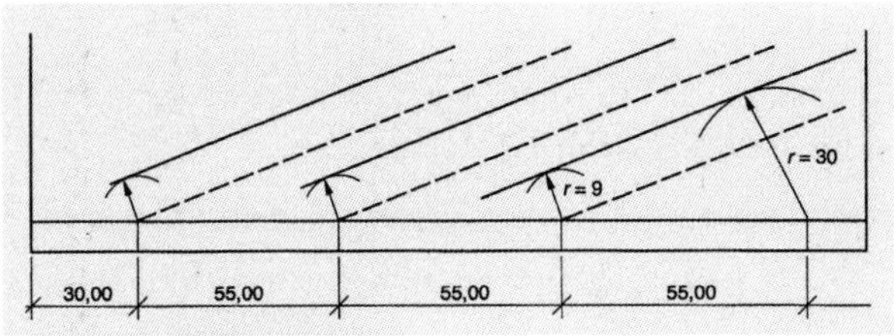

Berechnung:

DN 38° ; 9 cm Höhenüberdeckung bzw. 21 cm Gebindehöhe
Rückenhöhe konstant 7 cm
Fußeinteilung: 30 cm (Ort), 3 × 55cm (bei DN 38°),
Restgebinde X = 25 cm

Faserzementplatten

19. Die Regeldachneigung darf auch mit einem wasserdichten Unterdach nicht mehr als 10 ° unterschritten werden.

20. Der Holzwerkstoff muss mindestens 22 mm dick sein.

21.
- Deutsche Deckung (Bogenschnittdeckung)
- Doppeldeckung
- Waagerechte Deckung

22. DN $\geq$ 25°

23. Die Gebindesteigung ist von der Dachneigung abhängig.

24. Die Dachplatten sind mit mindestens 2 Schieferstiften zu befestigen. Platten die größer als 30 × 30 cm sind, sind zusätzlich mit einem Plattenhaken zu befestigen.

Deutsche Deckung

25. Die Seitenüberdeckung beträgt mindestens 12 cm.

26. Die Traufplatten sind mit mindestens 3 Schieferstiften zu befestigen.

27. Bei der Deutschen Deckung sollen die Orte eingebunden gedeckt werden.

28. Die Ortplatten werden mit einem Überstand von 40 bis 60 mm gedeckt.

29. Ortplatten sind mit mindestens 3 Schieferstiften zu befestigen. Stichendortplatten sind zusätzlich mit einem Plattenhaken zu befestigen.

30. Bei einem Plattenformat von 30 × 30 cm beträgt die Seitenüberdeckung 9 cm.

31. Die Höhenüberdeckung ist von der Dachneigung und von dem Plattenformat abhängig.

32. Das Firstgebinde muss die Flächendeckung mindestens mit der Höhenüberdeckung aus der Dachfläche überdecken.

33. Die dem Wetter zugewandte Seite ist mit einem Überstand von 40 bis 60 mm zu decken.

Doppeldeckung

34. Die Platten müssen mit einem Abstand von 3 bis 6 mm gedeckt werden.

35. Bei der Doppeldeckung sind Plattenformate 20 × 40 cm mit mindestens 2 Schieferstiften zu befestigen.

36. Es müssen zusätzlich Ansetzerplatten gedeckt werden.

37. Schnürabstand + Höhenüberdeckung = Ansetzer

38. Die Ansetzer müssen an der Traufe um Materialstärke unterlegt werden.

39. Die Mindestbreite der Platten an den Ortgängen beträgt 12,5 cm.

40. Es muss mit mindestens 100 mm Seitenüberdeckung gedeckt werden.

41. Ausspitzer = Gebindehöhe + Mindestüberdeckung + Nagelbereich

Faserzement-Wellplatten

42. • Standardplatten mit oder ohne Eckenschnitt
- Profil 177/51 (5 Wellen) und Profil 130/30 (8 Wellen)
- Kurzwellplatten mit Eckenschnitt ungelocht, Profil 177/51 (5 Wellen)

43. Die Breite der Standardplatte 177/51 mit 5 Wellen beträgt 920 mm.

44. In der Überdeckung ist zusätzlich eine Kittschnur einzuarbeiten.

45. Die Höhenüberdeckung bei Standardwellplatten beträgt einheitlich 200 mm.

46. Die Auflagebreite muss mindestens 60 mm betragen.

47. Die Befestigung der Wellplatten erfolgt grundsätzlich mitten auf dem Wellenberg.

48. Die Eindringtiefe beträgt mindestens 36 mm.

49. Die Standardwellplatten Profil 5 werden auf dem 2. und 5. Wellenberg und bei Bedarf zusätzlich auf dem 3. Wellenberg befestigt.

50. Die Bohrung muss 11 mm im Durchmesser sein.

51. Bei der Breiteneinteilung muss auch die Ausführung der Ortgänge berücksichtigt werden.

52. Ein Abstand von 5 bis 10 mm muss bei den Eckenschnitten eingehalten werden.

53. Die Schenkellänge muss mindestens 200 mm betragen.

54. Der senkrechte Schenkel der Formstücke muss mit einem Mindestabstand von 20 mm gedeckt werden.

55. Die Länge der Kurzwellplatten beträgt 625 mm. Ausgenommen hiervon sind die Ausgleichsplatten mit einer Länge von 830 mm.

56. Die Höhenüberdeckung beträgt 125 mm.

Holzschindeln

57. • Dachneigung
- Hinterlüftung
- Richtige Verlegetechnik (Überdeckung, Fuge)
- Chemische Holzschutzmaßnahmen (darauf sollte nach Möglichkeit aus ökologischen Gründen verzichtet werden)
- Sonstige Beanspruchungen wie z. B.
  - Klimatische Verhältnisse
  - Gebäudelage
  - Verschattungslage
  - Umweltbelastung (Industrie etc.)
  - Hohe relative Luftfeuchte
  - Zu geringe Luftbewegung
  - Verwendung von Holzarten mit geringer Beständigkeit
  - Ungewöhnliche Abmessungen (z. B. sehr lange Sparren)
  - Wechselnde Dachneigungen
  - Gedrehte oder geschwungene Flächen
  - Durchdringungen

58.
- Lärche
- Fichte
- Eiche
- Buche
- Rot-Zeder
- Alaska-Zeder

59. Nägel mit Flachkopf und rauem, gerautem oder gerilltem Schaft. Der Schaft ist zwischen 1,8 und 2,5 mm dick. Die Schindelnägel müssen feuerverzinkt sein. Bei Schindeln aus Western Red Cedar, Eastern White Cedar und Eiche und bei salzimprägnierten Schindeln müssen die Nägel aus nichtrostendem Stahl sein. Damit die Nägel für eine dauerhafte Befestigung der Schindeln sorgen können, müssen sie so lang sein, dass sie ca. 18 bis 20 mm in die Schalung oder Lattung eingetrieben werden können.

60. Klammern müssen einen Mindestdurchmesser von 1,5 mm und eine Rückenbreite zwischen 10 und 12 mm aufweisen. Klammern müssen aus nichtrostendem Stahl sein. Damit die Klammern für eine dauerhafte Befestigung der Schindeln sorgen können, müssen sie so lang sein, dass sie ca. 18 bis 20 mm in die Schalung oder Lattung eingetrieben werden können.

61. Die Breite richtet sich nach dem Quell- und Schwindmaß der verwendeten Schindeln, der Einbauholzfeuchte und der zu erwartenden durchschnittlichen Holzfeuchte während der Gebrauchszeit.

62. Der Bedarf wird in Breitenmetern (Bm) angegeben. Er ist abhängig von der einzudeckenden Fläche, vom Reihenabstand und dem Verschnitt:
- Breitenmeter (Bm) = Fläche A (m^2) : Reihenabstand a (m) (+ Verschnitt (%))
- Bei gleicher Schindelbreite (z. B. Zierschindel) ist natürlich auch möglich, die Anzahl der Schindel zu bestimmen:

Anzahl der Schindel = Breitenmeter (Bm) : Schindelbreite (m)

63. Abfegen mit einem harten Besen oder/und Übersprühen der Dachfläche mit einer 10 %-igen Zink-Chlorid-Lösung

64.
- Ortgangausbildung im Verband
- Ortgangausbildung mit Überstand der Deckung
- Ortgangausbildung mit Abschlussleiste
- Ortgangausbildung mit Blech als Blende
- Ortgangausbildung mit untergelegter Ortgangrinne
- Ortgangausbildung mit verschindelter Blende
- Ortgangausbildung mit verschindelter Ortgangblende

65. Wegen der unterschiedlichen Breiten der Schindeln ist eine Breiteneinteilung der Dachfläche vor der Eindeckung nicht möglich. Das Eindecken erfordert vom ausführenden Handwerker daher besondere Aufmerksamkeit, denn er hat stets auf die richtige Breite und den einzuhaltenden Versatz der Fugen untereinander zu achten. Beim Anlaufen an Details ist außerdem (wegen der Befestigungsmöglichkeiten) auf eine ausreichende Breite der Schindeln zu achten.

66. Auf einen entsprechenden Traufüberstand (je nach Ausführung ist ggf. ein Traufblech erforderlich). Die erste Reihe darf nicht abkippen, muss demnach ggf. unterlegt werden.

67. Die Deckrichtung des Firstes erfolgt gegen die Hauptwetterrichtung.

68. Eine vor der Eindeckung des Holzschindeldaches vorzunehmende Einteilung (Sparreneinteilung, Ermittlung der Reihenabstände) ist nur dann erforderlich, wenn aus optischen Gründen ein gleichmäßiger Reihenabstand zwischen Traufe und First erwünscht ist. Ansonsten gilt, dass eine Einteilung erst im Zuge der Eindeckung etwa 10 bis 15 Reihen unterhalb des Firstes vorgenommen wird.

Bitumenschindeln

69.
- Bitumenschindeln für Deckungen mit neigungsabhängiger Höhenüberdeckung
- Bitumenschindeln für Deckungen mit vorgegebener (neigungsunabhängiger) Höhenüberdeckung

70. Nein

71.
- Die Befestigung der Bitumenschindeln in der Fläche erfolgt mit Breitkopfstiften. In der Höhe sind die Nägel so anzubringen, dass sie mindestens 20 mm über den Schürzeneinschnitten liegen. Haben die Schindeln einen schmalen Klebestreifen (neigungsabhängige Höhenüberdeckung), muss die Befestigung oberhalb des Klebstreifens erfolgen. Die Bitumenschindeln sind mit mindestens 4 Breitkopfstiften über jedem Schlitz und an den Seiten der Schindeln zu befestigen. Daraus ergibt sich, dass bei Schindeln mit 4 Schürzen die Befestigung mit 5 Stiften erfolgt. Bei Deckungen mit vorgegebener Höhenüberdeckung ist mittig in den ersten Klebefeldern oberhalb der Schürzeneinschnitte zu nageln. Bei beiden Schindelarten ist darauf zu achten, dass die angebrachten Befestigungsmittel die Schindeln im voran gedeckten Gebinde mit erfassen.
- Bei Dachneigungen über 60° sind wegen der geringeren Auflage und der damit verbundenen höheren Gewichtslast zwei zusätzliche Befestigungen erforderlich. Diese können in den oberen äußeren Ecken der Schindeln erfolgen oder auf der zuvor angesprochenen Nagellinie.

72. Schalungen aus Vollholz, mindestens 24 mm dick, mit Brettbreiten zwischen 80 und 150 mm

73.
- Die Bahnen sind mindestens 80 mm zu überlappen.
- Sie sind gleichlaufend mit den Gebinden der Schindeldeckung zu verlegen.
- Die Stöße sind zu versetzen. Dennoch ist damit zu rechnen, dass sich die Nahtüberlappungen der Vordeckung in der Schindeldeckung abzeichnen.

74.
- Natursteinsplitt (Schiefersplitt) oder -granulat
- Metallfolien (z. B. Kupfer)

75. • Rechteck
• Biberschwanz
• Dreieck
• Wabe

76. • Sollte an der Traufe eine Rinne vorgesehen sein, ist zu beachten, dass die Rinneisen in die Schalung einzulassen sind, da sich diese sonst in der Bitumenschindeldeckung abzeichnen könnten.
• Zur fachgerechten Deckung an der Traufe ist in jedem Fall ein Traufblech vorgesehen.
• Die Schindeldeckung soll mit der Abkantung des Traufbleches bündig beginnen oder geringfügig (ca. 1 cm) überstehen.
• Damit das Traufgebinde die gleiche Neigung hat wie die folgenden Gebinde, kann es erforderlich sein, es zu unterlegen. Dies kann erfolgen durch eine dünne Dreikantleiste unter dem Traufblech.

77. • Die Detailausbildung am First kann mit überdeckenden Blechen erfolgen.
• Die Detailausbildung am First kann ebenfalls mit Einzelschürzen (mindestens 200 mm breit) erfolgen. Die Schindelschürzen werden dann mittig geknickt und können so auf den First aufgesetzt werden. Die Deckung des Firstes mit Bitumenschindeln ist als seitliche Doppeldeckung auszuführen. Dabei muss die dritte Firstschindel die erste noch um mindestens 45 mm überdecken

78. • Am Ort sind Schindeln zu decken, die breiter als eine Schürzenbreite sind.
• Beim Zuschneiden der Schindeln im Ortgangbereich ist darauf zu achten, dass eine Schützenbreite von ¼ nicht unterschritten wird. Ggf. ist unmittelbar vor dem Ortgang eine entsprechende Aufteilung in der Fläche vorzunehmen.

79. Bei der Ausführung mit untergelegten Ortblechen ist der dachseitige Schenkel mit einem Wasserfalz zu versehen. Die Schindeln sind an der oberen äußeren Ecke mit einem Wasser abweisenden Schrägschnitt zu versehen. Dadurch soll verhindert werden, dass sich Wasser hinter die Schindel zieht. Empfohlen wird ebenfalls ein Schrägschnitt am unteren äußeren Rand der Schindel. Da dieser sichtbar ist, sollte er einheitlich sein (z. B. 5 x 5 cm)

80. (240+10) mm : 2 = 250 mm : 2 = 125 mm

Lernfeld 10 Dachflächen abdichten

1. Die Funktionsfähigkeit der Dachabdichtung wird durch folgende Faktoren beeinflusst:
   - freie Bewitterung, wie Schnee, Regen, Wind, Hagel
   - Nutzung des Gebäudes, Vibrationen von Maschinen
   - Chemische Belastung
   - Temperaturbelastungen
   - Alterung der Werkstoffe
   - Immissionen
   - UV-Strahlung
   - Bewegung der Bauteilschichten, Setzungen
2. Man unterscheidet die folgenden Flachdachkonstruktionen:
   - belüftetes Flachdach
   - nicht belüftetes Flachdach
   - Kompaktdach
   - Umkehrdach
   - Plusdach
3. - Bitumen und Polymerbitumen
   - Kunststoff- und Elastomerbahnen
   - Flüssigabdichtungen
4. Haftbrücken müssen aufgebracht werden wenn die Windsogsicherung durch die Verklebung des Dachaufbaues erfolgt. Für bituminöse Dachaufbauten sind Voranstriche aus Bitumenlösung oder Bitumenemulsion geeignet.

   Grundierungen sind auf die nachfolgenden Schichten (Flüssigkunststoffen, Kunststoffbahnen) abzustimmen.
5. Die Trenn- und Ausgleichsschicht trennt den Untergrund von den darüber liegenden Schichten und schützt sie so vor mechanischen und/oder chemischen Einflüssen. Bei Holzunterkonstruktionen schützt sie den Untergrund vor der Brennerflamme.

   Sie gleicht kleine Spannungs- und Schwundrisse aus.
6. Die Wärmedämmschicht soll in erster Linie Wärmeverluste begrenzen.

   Erreicht werden sollen:
   - ein ganzjährig möglichst gleich bleibendes angenehmes Innenraumklima für die Bewohner bzw. Benutzer von Gebäuden,
   - die Reduzierung von Heizenergie
   - die Reduzierung von umweltschädigenden Abgasen,
   - die Reduzierung von Bauteilbewegungen,
   - die Reduzierung von Wärmeverlusten in der kalten Jahreszeit und
   - die Vermeidung hoher Bauteilfeuchte, die z. B. zu Schimmelpilzbildung führen kann.

7. Die Formbeständigkeit von Wärmedämmstoffen wird sowohl durch thermisch bedingte Längenänderungen, als auch durch Nachschüsseln (insbesondere Polyurethandämmstoffe) beeinflusst.

Um Schäden durch Formveränderungen entgegen zu wirken, sollten:
- Hartschaumplatten vollflächig durch eine Trennlage von der Abdichtung getrennt werden,
- ausreichend abgelagerte, kleinformatige Hartschaumplatten verwendet werden,
- vorzugsweise verformungs- und spannungsfreie Dämmstoffe eingesetzt werden und die Dämmstoffe vor, während und nach der Verarbeitung vor Feuchtigkeit geschützt werden.

8. Auswahlkriterien für Dämmstoffe sind:
- Wärmeleitfähigkeit,
- Verhalten gegenüber Feuchtigkeit, Nässe und Wasserdampf,
- Formbeständigkeit, Dauerhaftigkeit,
- Temperaturbeständigkeit,
- Verträglichkeit mit anderen Stoffen,
- Druckfestigkeit,
- Brandverhalten,
- Schalldämmeigenschaften,
- Umweltverträglichkeit (beispielsweise nachwachsende Rohstoffe, Entsorgung, Recycling).

9. Sicherungsmaßnahmen
- gegen horizontale Kräfte,
- gegen vertikale Kräfte (Windsog),
- gegen Abrutschen bei einem Gefälle über 3°.

10. Maßnahmen gegen horizontale Kräfte werden in, oder unmittelbar über der Abdichtungsebene mit mechanischen Befestigungen durch lineare oder Linienbefestigung ausgeführt.

11.
- bei lose verlegten einlagigen Abdichtungen
- bei Unterkonstruktionen aus Stahltrapezprofilen (außer bei vollflächig verklebtem Schichtenaufbau mit Schaumglas)
- bei Dachaufbauten mit leichtem Oberflächenschutz und Wärmedämmstoffen aus Hartschaum, die mit Kaltkleber mit Nachklebeeffekt verklebt sind

12. Die wesentlichen Eigenschaften von Bitumen sind:
- wasserdicht,
- diffusionshemmend,
- große Beständigkeit gegenüber den meisten Chemikalien,
- gute Klebefähigkeit,
- wärmeverformbar,
- nicht lösemittelbeständig.

13. • Oberlage einer mehrlagigen Dachabdichtung
• Eigenschaftsklasse E1: hoher mechanischer Widerstand und Widerstand gegen hohe thermische Beanspruchung
• Mit Elastomeren modifiziertes Bitumen
• Trägereinlage Polyestervlies 200 g/m^2
• Schweißbahn, 5 mm Dicke

14. • Witterungsbeständig ohne Oberflächenschutz
• schnell und wirtschaftlich zu verlegen
• flexibel
• einlagig
• lose Verlegung möglich
• ohne offene Flamme zu verarbeiten
• geringe Brandlast
• recyclebar

15. • Kontaktverklebung
• Quellverschweißung
• Warmgasschweißen
• Dichtungsbänder

Lernfeld 11 Außenwandflächen bekleiden

1. A_{ges} = 64,88 m^2
a) m^3 Holz = 1,65 m^3
b) St/m^2 = 39,06 St/ m^2
c) St ges = 2737 St

2. A_{ges} = 44,56 m^2
a) HÜ = 5 cm ; max. Schnürabstand= 17,5 cm
lfd m/m^2 = 5,71 lfd m/m^2
gesamt lfd m = 265 m
b) St / m^2 = 28,57 St / m^2
St ges = 1350 St

3. A_{ges} = 36,94 m^2

a) lfd. m Konterlattung = 64 m
b) lfd. m / m^2 = 6,67 lfdm
gesamt lfd. m = 247 m
c) lfd m ges = 311 m
1 Bund = 40 m
Gesamtbundanzahl = 8 Bunde
d) 2,89 % wurde mehr bestellt.

4.

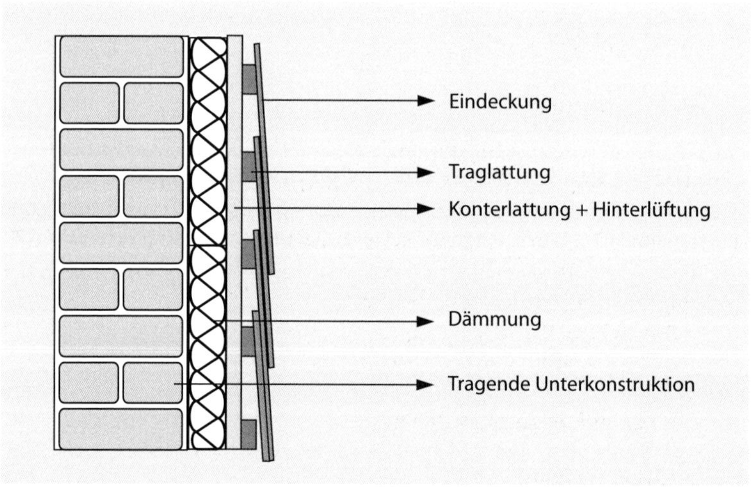

5.

Schichten	Aufgaben und Funktion
Deckunterlage, z. B. Mauerwerk	tragende Unterkonstruktion und Befestigungsgrundlage für die Dämmung und Konterlattung
Dämmschicht	verhindert, dass Wärme schnell nach außen dringen kann
Konterlattung mit Hinerlüftung	Befestigungsgrundlage für die Traglattung/Schalung und ermöglicht gleichzeitig die Hinterlüftung der Außenwand
Traglattung	Auf ihr werden die Deckmaterialien befestigt.
Eindeckung	ist der Witterungsschutz für die Außenwand und gleichzeitig Gestaltungselement

6. Altdeutsche Deckung

Die Altdeutsche Deckung mit Schiefer wird auf einer flächigen Unterlage mit Decksteinen unterschiedlicher Höhe und Breite und mit Fersenversatz gedeckt. Sie erfolgt i. d. R. ohne Gebindesteigung. Die Deckgebinde werden von der Traufe zum First hin kleiner. Die Decksteinhöhe beträgt maximal 26 cm. Ab einer Decksteinhöhe von > 20 cm sind diese mit 3 Nägeln oder Stiften zu befestigen. Der waagerechte Schnürabstand errechnet sich aus der Decksteinhöhe minus Höhenüberdeckung. Die Orte können eingebunden oder aufgelegt gedeckt werden.
Decksteinhöhe bis max. 26 cm

Schuppendeckung

Die Schuppendeckung kann aus Schiefer oder Faserzementplatten hergestellt werden. Die Decksteine haben die gleiche Decksteinhöhe und -breite in normalem Hieb und werden auf einer flächigen Deckunterlage gedeckt. Die Decksteinhöhe beträgt ebenfalls maximal 26 cm. Die Eindeckung erfolgt mit Fersenversatz und i. d. R. ohne Gebindesteigung. Die Gebinde sind von der Traufe bis zum First gleich groß. Der waagerechte Schnürabstand errechnet sich aus der Decksteinhöhe minus Höhenüberdeckung. Die Orte können eingebunden oder aufgelegt gedeckt werden.
Decksteinhöhe bis max. 26 cm

Deutsche Deckung

Die Deutsche Deckung kann auf Lattung oder flächiger Unterlage erfolgen. Entsprechend dem Eindeckmaterial sind verschiedene Höhen- und Seitenüberdeckungen einzuhalten. Die Eindeckung erfolgt mit Fersenversatz und i. d. R. ohne Gebindesteigung. Die Orte können ebenfalls eingebunden oder aufgelegt gedeckt werden.
Formate 20 × 20 cm, 25 × 25cm, 30 × 30 cm

Wabendeckung

Die Wabendeckung wird aus quadratischen Platten mit einer gestutzten Ecke ausgeführt. Die gestutzten Ecken werden bei der Eindeckung nach unten gedeckt. Die Eindeckung erfolgt im Verband, d. h., die Platten der einzelnen Gebinde sind jeweils um ein halbes Maß der Diagonale versetzt. Sie können auf Lattung oder flächiger Unterlage gedeckt werden.
Größe 20 × 20 cm, 25 × 25 cm

Spitzwinkeldeckung

Die Spitzwinkeldeckung wird mit rautenförmigen Schiefern mit 2 gestutzten Ecken im Verband gedeckt. Die Hängespitze muss die vorhergehende Deckung um mindestens 1 cm überdecken. Die Spitzwinkelschablonen werden mit einer Stoßfuge gedeckt. Sie können auf Lattung oder flächiger Unterlage gedeckt werden.
Größe entsprechend der Hersteller

Waagerechte Deckung

Die Waagerechte Deckung wird mit quadratischen oder rechteckigen Schablonen gedeckt. Die Schablonen werden in der Höhe und Seite überdeckt. Sie können auf Lattung oder flächiger Unterlage gedeckt werden.
Größe 50 × 25xm, 60 × 30cm, 60 × 40cm

Rechteckdoppeldeckung

Die Rechteckdoppeldeckung wird mit quadratischen oder rechteckigen Platten im Verband gedeckt. Die Ecken können vollkantig, gestutzt oder gerundet sein. Die Stoßfuge ist 3 bis 6 mm, je nach Plattengröße und ob sie genagelt oder geklammert werden. Sie können auf Lattung oder flächiger Unterlage gedeckt werden. Die Befestigung erfolgt mit mindestens 2 Schiefernägeln oder -stiften. Ein Nagel kann durch einen Plattenhaken ersetzt werden.
Formate: 20 × 40 cm, 25 × 50 cm, 20 × 30 cm

Gezogene Rechteckdoppeldeckung

Die Gezogene Rechteckdoppeldeckung wird mit quadratischen oder rechteckigen Platten gedeckt. Die Ecken können vollkantig, gestutzt oder gerundet sein. Die Befestigung erfolgt mit mindestens 2 oder 3 Schiefernägeln oder -stiften, je nach Plattengröße und Deckmaterial. 1 bis 2 Nägel können durch 2 Plattenhaken ersetzt werden. Die Orte werden mit mindestens 3 Nägeln befestigt.
Formate: 20 × 40 cm, 25 × 50 cm, 20 × 30 cm

Dynamische Deckung

Diese Eindeckungsart wird mit unterschiedlich breiten Rechteckschablonen gedeckt. Sie kann als Doppeldeckung oder Einfachdeckung gedeckt werden.
Bei der Einfachdeckung werden die Fugen mit Metallstreifen unterlegt, um die Regensicherheit zu gewährleisten.
Formate entsprechend den Herstellern verwenden

7. a) Rechteckdoppeldeckung 40 × 20 (cm) mit HÜ= 4 cm

- Deckbreite = Wandlänge + 2× Vorsprung = 1,90 m Deckhöhe = Wandhöhe + 1× Vorsprung = 2,05 m
- waagerechter Schnürabstand: max. Schnürabstand = Plattenhöhe – HÜ / 2 = 18 cm
- Anzahl der Lattreihen = Wandhöhe – 1 Platte / max. Schnürabstand= 9,16 → Aufrunden auf 10
- tats. Schnürabstand h = Wandhöhe – 1 Platte / 10 = 16,50 cm
- Traufplatte= tats. Schnürabstand + 4 cm = 20,50 cm
- senkrechter Schnürabstand: von der Mitte aus Schnüren 1/2 Plattenbreite + Fuge
- Ortplatte muss mindestens ½ Plattenbreite betragen

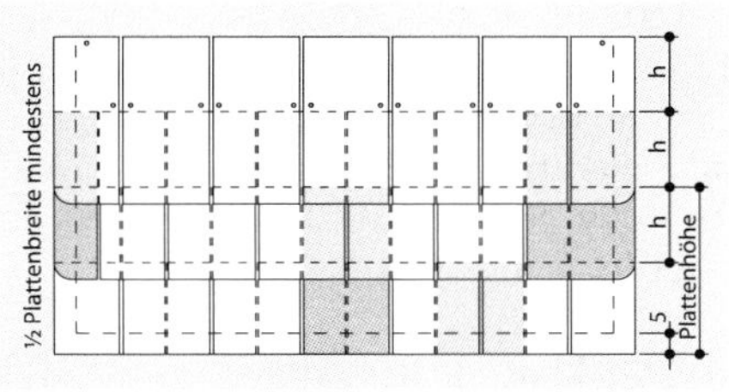

b) Wabendeckung (20 × 20) mit eingebundenem Ort

- senkrechte Schnürung – Plattenbreite/2 = 14,2 cm
- waagerechte Schnürung – 8,5 cm ab einer vollen Platte
- eingebundene Orte je nach Größe aus 40/20 oder 30/20 herstellen
- Höhenüberdeckung der Flächendeckung durch den First mindestens 4 cm

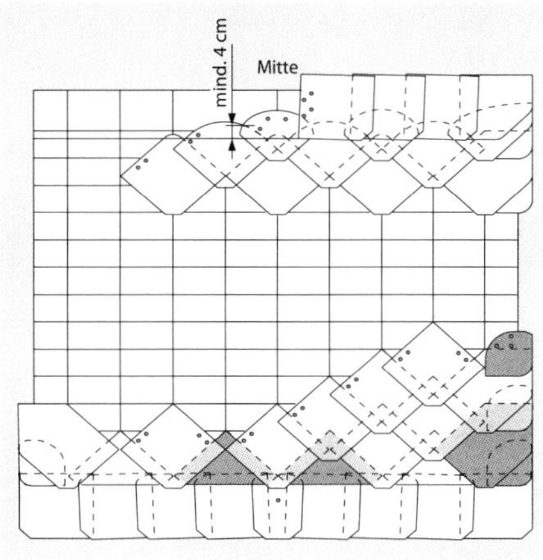

Wabendeckung (20 × 20) mit aufgelegtem Ort (25 × 25 cm)

- von der Mitte aus Schnüren
- Ortgang abschnüren – 5 cm überdeckt der Ort die Fläche
- Ort aufteilen – Ortlänge / Sichthöhe einer Ortplatte → aufrunden
- Ortlänge durch den gerundeten Wert = tatsächliche HÜ der Ortplatte

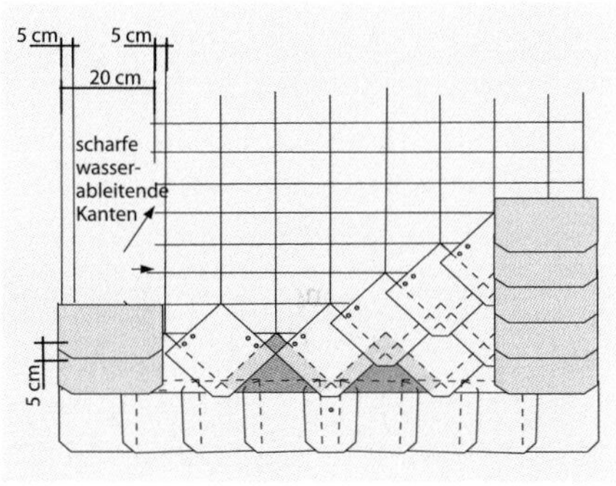

c) Deutsche Deckung mit Bogenschnitt 20 × 20 (cm) eingebundenem Ort.

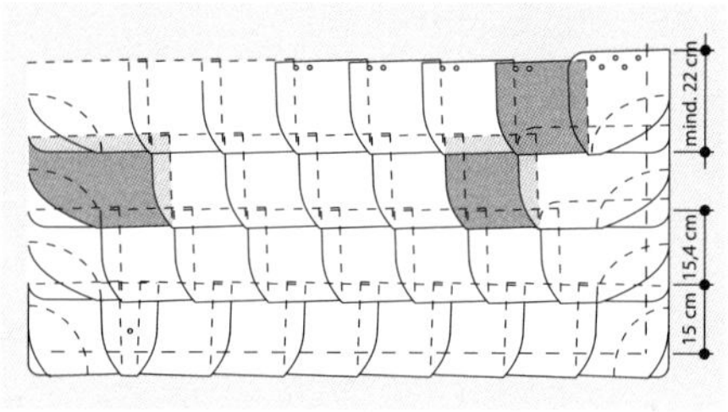

- Waagerechte Schnürung = Wandhöhe / max. Schnürabstand
- Deckhöhe = Wandhöhe + 1× Vorsprung = 2,05 m
- Anzahl der Schnürabstände =
  Deckhöhe – 1 Platte / max. Schnürabstand= 1,85m / 16 cm = 11,6
  → 12 aufrunden
- tats. Schnürabstand = Deckhöhe / 12 = 15,40 cm

d) Waagerechte Deckung

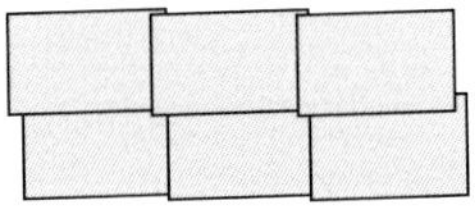

- mit hängender Ferse decken
- HÜ/SÜ entsprechend der Plattengröße
- kann mit Plattenhaken befestigt werden
- auf flächiger Unterlage oder auf Lattung

8. • Die Hinterlüftung muss mindestens 20 mm breit sein.
• Sie hat die Aufgabe Feuchtigkeit, die auf der Dämmung kommt und eindringen könnte, abzuführen.

9. • mindestens S 10
• keine Imprägnierung
• korrosionsbeständige Befestigungsmittel

Lernfeld 12 Geneigte Dächer mit Metallen decken

1. • Kupfer,
• Aluminium,
• Blei
• Edelstahl
• Titanzink

2. Titanzink ist eine Legierung aus Zink und geringen Mengen Titan und Kupfer. Es wird als Blech in unterschiedlichen Dicken (am häufigsten 0,7 mm) hergestellt. Titanzink wird als Tafelware oder als Rollenware auf Coils in Verkehr gebracht.

Durch das enthaltene Titan kann das Blech auch parallel zur Walzrichtung mit den in der Klempnertechnik üblichen minimalen Radien gebogen werden. Reines Zink würde brechen. Gegenüber reinem Zink sind außerdem die Zugfestigkeit und Dauerstandfestigkeit erhöht

3. Blei besitzt eine gute Korrosionsbeständigkeit
• Es bildet eine natürliche Schutzschicht (Patina).
• Es ist zudem UV-beständig, verrottungsfest, bruchsicher und wiederverwendbar.
• Des Weiteren zeichnet sich Blei durch die gute Verarbeitbarkeit aus, da es auch im kalten Zustand sehr gut verformt werden kann.

4. Titanzink zeichnet sich auch durch die Korrosionsbeständigkeit aus, da bei der freien Bewitterung eine natürliche wasserunlösliche Schutzschicht (Patina) aus basischem Zinkkarbonat entsteht.

5. Für das Umformen und Bearbeiten von Blechen im Bauwesen benötigen Dachdecker unterschiedliche Arten von Werkzeugen für die verschiedensten Anwendungstechniken. Folgende Werkzeuge werden in der Falztechnik eingesetzt:
• Blechscheren,
• Deckhammer,
• Deckzange,
• Schaleisen,
• Faltenzieher,
• Doppelfalzeisen,
• Rundzange,
• Falzzange.

Neben den Handwerkzeugen gibt es auch eine Reihe neuerer Handwerkzeuge, die die Falzarbeit erleichtern:
• Traufenkanter,
• Traufenschließer,
• Winkelfalzschließer,
• Doppelfalzschließer,
• Pfanneneckkanter.

6. Für eine maßgenaue Vorfertigung von Scharen für die Stehfalze sind die folgenden Maschinen die gebräuchlichsten:

• Profiliermaschine (zum Erstellen von Scharen),
• Rundbogenmaschine (zum Biegen von fertigen Scharen),
• Tafelscheren (zum Schneiden von Blechen),
• Kantbank/Segmentkantbank (zum Kanten von Blechen),
• Rundmaschine (zum Drehen von Rundungen),
• Sickenmaschine (zum Formen von Sicken).

Lösungen
LF 12

7. Bei der Art der Unterkonstruktionen wird zwischen belüfteten und nicht belüfteten wärmegedämmten Unterkonstruktionen unterschieden.

8. Dabei ist darauf zu achten, dass Belüftungsöffnungen am tiefsten und Entlüftungsöffnungen am höchsten Punkt der Dach- und Wandkonstruktion vorgesehen werden.

9. Bei einer nicht belüfteten Konstruktion ist darauf zu achten, dass keine Feuchtigkeit in die Dämmung eindringen kann. Es ist eine Dampfsperre anzuordnen.

10. Als Unterkonstruktion für die Metalldächer und Metallfassaden aus Tafeln oder Bändern werden üblicherweise Holzschalungen verwendet, die eine bewährte Befestigung der Metallhaut ermöglichen.

11.
- Die Schalung muss bei der Ausführung mindestens eine Nenndicke von 24 mm haben,
- eine Holzfeuchte ≤ 20 % aufweisen,
- mindestens der Sortierklasse S 10 nach DIN 4074-1 entsprechen,
- die Breite der Bretter oder Bohlen soll zwischen 100 und 160 mm betragen, wobei bei gekrümmten Dachflächen schmalere Bretter oder Bohlen erforderlich sein können.

12. Die Schalung ist rechtwinklig oder diagonal zum Scharenverlauf anzubringen, um zu gewährleisten, dass die Befestigung mit Haften in verschiedenen Brettern ausgeführt wird. Ausnahmen sind z. B. Mauerabdeckungen oder Schornsteinbekleidungen.

13. Holzwerkstoffe auf denen eine Dachdeckung direkt befestigt wird, müssen mindestens 22 mm dick und die Kantenlängen dürfen nicht länger als 2,50 m sein. Es dürfen nur Holzwerkstoffe mit vollständiger PMDI-Verklebung verwendet werden. Fugen zwischen den einzelnen Platten sind anzuordnen, da es sonst durch feuchte- und temperaturbedingte Längenänderungen der Platten zu Verwerfungen in der Metalldeckung kommen kann. Die Platten müssen im Verband verlegt werden.

14.
- Massivholzplatten,
- Sperrholz und Furniersperrholz,
- OSB/3 und OSB/4,
- Zementgebundene Spanplatten.

15. Trennlagen werden zwischen Metalldeckung und einer vollflächigen Deckunterlage (Schalung) eingebaut.
- Sie schützen vor schädigenden Einflüssen aus dem Untergrund (z. B. Zement, Holzschutzmittel).
- Sie verbessern die Gleitfähigkeit der Metallprofile bei thermischen Längenänderungen,
- vermindern Prall- und Trommelgeräusche und
- dienen als Notabdichtung während der Bauphase. Trennlagen dürfen wegen der Korrosionsgefahr nicht aus wasserspeichernden Materialien bestehen. Müssen Trennlagen brandschutztechnische Aufgaben erfüllen, so ist deren Eignung zu prüfen.

16. Als Trennschichten können verwendet werden:
- Bitumenbahnen, fein besandet
- Kunststoffbahnen, mit und ohne Struktur,
- geeignete Unterdeckbahnen,
- strukturierte Trennlagen
- vollflächige Verklebungen.

17. Der Übergang von der Dachfläche zum aufgehenden Bauteil wird als Verwahrung bezeichnet.

18. Es werden
- traufseitige Anschlüsse,
- seitliche Anschlüsse,
- firstseitige Anschlüsse,

unterschieden.

19. Folgende Anschlusshöhen sind bei Verwahrungen einzuhalten:

„S" Seitlicher „T" Traufseitiger „F" Firstseitiger

Dachneigung Anschluss	*S* in mm	*T* in mm	*F* in mm
< 5°	150	150	150
< 22°	100	100	150
≥ 22°	80	80	150

20. **Traufseitige Anschlüsse** überdecken den Deckwerkstoff und werden am aufgehenden Bauteil hochgeführt. Dabei sollten die aufliegenden Bleche der Profilierung der Deckung entsprechend angeformt (z. B. Blei) oder durch Ausschnitte (Zahnung) an die Deckung angepasst oder mit einem Umschlag versehen werden.

Seitliche Anschlüsse werden unterschieden in unterliegende und aufliegende Metallanschlüsse.

Unterliegende Metallanschlüsse können unterhalb der Eindeckung auf einer vollflächigen Deckunterlage oder auf einer Lattung mit einem lichten Abstand der Traglattung von maximal 170 mm liegen. Anschlüsse aus Blei oder Schichtstücken (Nockenanschlüsse) kommen nur bei vollflächiger Deckunterlage oder bei Doppeldeckungen zur Anwendung. Durch die Ausführung der Metallanschlüsse wird unterschieden zwischen Schichtstücken (Nocken) oder durchgehenden unterliegenden Metallblechen. Bei der Einfassung mit Schichtstücken wird unter jedem einzelnen Anschluss am anlaufenden Deckwerkstoff ein Metallstück gedeckt.

Anschlüsse mit durchgehend unterliegenden Blechen können ausgeführt werden als

- einfache Anschlüsse mit Wasserfalz (nur bei geringer Wasserbelastung anzuwenden),
- vertiefte Anschlüsse,
- Sonderkonstruktionen (z. B. mit Steg).

Bei dem **aufliegenden** und **überdeckenden** Anschluss liegt das Metall direkt auf der Deckung und ist teilweise oder überwiegend sichtbar. Bei dieser Art der Ausführung sollte der Anschluss besonders sorgfältig bearbeitet werden. Aufliegende Anschlüsse werden entweder mit Schichtstücken (Nocken) bei profilierten oder bei ebenen Deckwerkstoffen durchgehend aufliegend ausgeführt.

Firstseitige Anschlüsse werden als unterliegende Anschlüsse je nach Dachneigung und Deckungsart flächig oder vertieft ausgeführt. Der firstseitige Anschluss sollte sehr sorgfältig geplant und ausgeführt werden, weil in diesem Bereich durch Starkregen eine große Menge an Wasser sicher abgeführt werden muss. Zur sicheren Ableitung des Regenwassers sollte zwischen Unterkante Deckwerkstoff und Anschlussaufkantung ein Abstand von mindestens 100 mm (waagerecht gemessen) eingehalten werden. Die Anschlussbleche erhalten im firstseitigen Überdeckungsbereich einen Wasserfalz von mindestens 15 mm und werden mit Haften befestigt.

21. Seitliche Anschlüsse werden unterschieden in **unterliegende** und **aufliegende** Metallanschlüsse.

22.

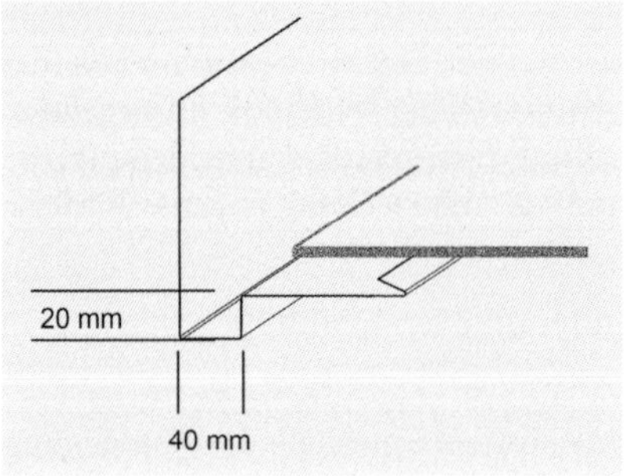

23. Bei überdeckenden Anschlüssen werden geeignete Bleche selbsttragend und durchgehend über dem Deckwerkstoff angeordnet. Die überdeckenden Bleche enden dachseitig entweder mit einem Umschlag oder mit der Deckung angepassten Ausschnitten (Zahnung).

24. Firstseitige Anschlüsse werden als unterliegende Anschlüsse je nach Dachneigung und Deckungsart flächig oder vertieft ausgeführt. Der firstseitige Anschluss sollte sehr sorgfältig geplant und ausgeführt werden, weil in diesem Bereich durch Starkregen eine große Menge an Wasser sicher abgeführt werden muss.

Bei Längen ab etwa 1,00 m sollte die Ausführung mit Gefälle bzw. Sattel oder Keil erfolgen, damit das Wasser zu einer Seite sicher abgeleitet werden kann. Die Anschlusshöhe erfolgt gemäß der Tabelle 12.3 „Anschlusshöhen“ in „Die Ausbildung im Dachdeckerhandwerk“, Seite 440.

25. Dachrandabschlüsse

Unter diesem Begriff wird die Ausbildung des Dachrandabschlusses bei Dachdeckungen oder Dachabdichtungen verstanden. Unter diesen Dachrandabschluss fällt auch der Ortgang, der den Abschluss von der Dachfläche zum Giebel bildet und mit oder ohne Holzleiste ausgeführt werden kann. Aus optischen Gründen und um ein Gebäude vor Witterungseinflüssen (z. B. Sturm) zu schützen, werden heute Dachrandabschlüsse mit Metallprofilen verwahrt. Diese Art der Verwahrung bietet viele Gestaltungsmöglichkeiten. Auf eine sichere Befestigung der Metallprofile ist zu achten, da gerade an Ortkanten mit erhöhten Windlasten zu rechnen ist. Ebenso ist die temperaturbedingte Längenänderung zu gewährleisten. Mit anderen Worten sollten die Dachrandabschlüsse und Abdeckungen auf beweglichen Haltekonstruktionen befestigt werden.

Abdeckungen

Bauwerksteile wie Gesimse, Mauern oder Sockel müssen fachgerecht durch Abdeckungen verwahrt werden. Durch die bauseitigen Vorgaben können Zuschnitt und Form der Abdeckungen mehrteilig mit Abkantung oder mit Auf- und Abkantung ausgeführt werden.

Bei der Montage der Abdeckungen an Dachrandabschlüssen sollte darauf geachtet werden, dass diese ein ausreichendes Gefälle zur Dachseite aufweisen. Kann man die Abdeckungen nicht mit einem Gefälle versehen, besteht die Möglichkeit, eine Aufkantung zum Schutz der Wandseite auszubilden, um anfallendes Niederschlagswasser sicher auf die Dachfläche abzuleiten. Abdeckungen werden unterschieden in selbst tragende und nicht selbstragende Profile.

Bei der Montage der Abdeckungen an Dachrandabschlüssen sollte darauf geachtet werden, dass diese ein ausreichendes Gefälle zur Dachseite aufweisen.

26. Tropfkanten sollen einen Abstand vom Bauwerk von mindestens 20 mm und bei Kupfer von mindestens 50 mm aufweisen.

27. Um ein Gebäude vor Witterungseinflüssen (z. B. Sturm) zu schützen und aus optischen Gründen werden heute Dachrandabschlüsse mit Metallprofilen verwahrt. Diese Art der Verwahrung bietet viele Gestaltungsmöglichkeiten. Auf eine sichere Befestigung der Metallprofile ist zu achten, da gerade an Ortkanten mit erhöhten Windlasten zu rechnen ist. Ebenso ist die temperaturbedingte Längenänderung zu gewährleisten. Mit anderen Worten sollten die Dachrandabschlüsse und Abdeckungen auf beweglichen Haltekonstruktionen befestigt werden.

Stütz- oder Hilfskonstruktionen sind aus Holz (geschützt mit Holzschutzmitteln) als vollflächige Unterlage oder korrosionsgeschütztem Profilstahl oder entsprechenden Aluminiumprofilen auszuführen. Ab- schlussbleche im Randbereich können mit selbsttragenden gekanteten Blechen oder mit Industrieprofilen auf korrosionsgeschützten Haltebügeln bzw. Haltern befestigt werden. Unzulässig sind sichtbare direkte Befestigungen. Die Ausführung von Dachrandabschlüssen ist abhängig von der Gebäudehöhe, dem verwendetem Werkstoff, Überdeckung der Unterkonstruktion und dem Abstand zum Mauerwerk. Damit soll eine Verschmutzung des Mauerwerks durch ablaufendes Wasser vermieden werden.

28. Abdeckungen werden unterschieden in selbsttragende und nicht selbsttragende Profile.

29. Bei der Montage der Abdeckungen an Dachrandabschlüssen sollte darauf geachtet werden, dass diese ein ausreichendes Gefälle zur Dachseite aufweisen. Kann man die Abdeckungen nicht mit einem Gefälle versehen, besteht die Möglichkeit, eine Aufkantung zum Schutz der Wandseite auszubilden, um anfallendes Niederschlagswasser sicher auf die Dachfläche abzuleiten.

30. h_1 = 25 mm
h_2 = 80 mm
a = 20 mm (Titanzink)

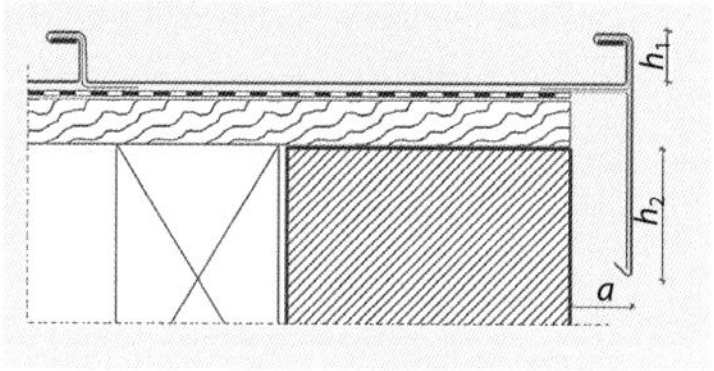

31.

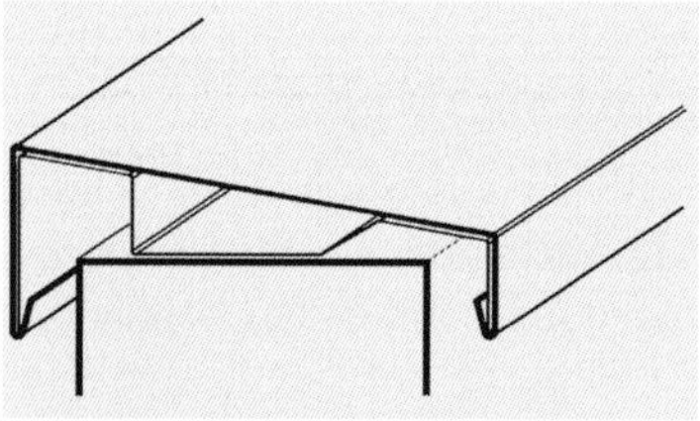

selbsttragende Abdeckungen

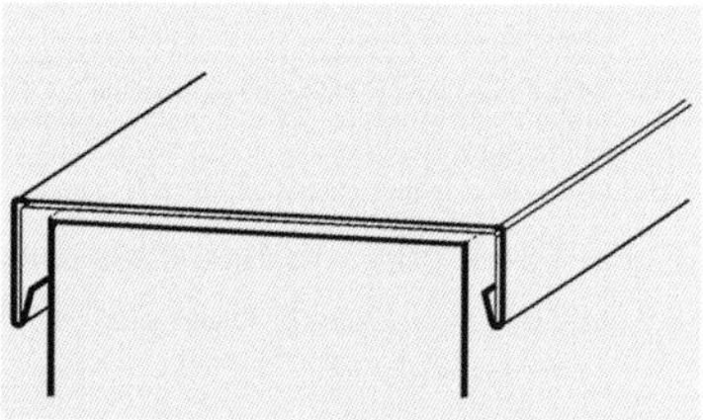

nicht selbsttragende Abdeckungen

32. Traufbleche dienen als Rinneneinlaufblech oder als Tropfblech bei Dacheindeckungen und sind nicht zwingend erforderlich.

33. Rinneneinhangbleche sind erforderlich, wenn bei einer Traufausbildung mit Dachrinne der Überstand des Deckwerkstoffes (Einhang) weniger als 50 mm beträgt.

34. Bei der Montage der Traufbleche sollte darauf geachtet werden, dass durch hohe Windsogkräfte im Traufbereich die Bleche an der Vorderkante zusätzlich befestigt werden müssen. Die Befestigung kann erfolgen durch Einhängen an der Rückfalz der Rinne oder durch ein zusätzliches Vorstoßblech. Die seitliche Überdeckung bzw. Verbindung der Traufbleche ist abhängig von der Dachneigung und Einbausituation des Deckwerkstoffes.

35. Rinneneinlaufbleche dienen zur sicheren Ableitung des Regenwassers in die Dachrinne, Tropfbleche hingegen zum Ableiten des Regenwassers über die Traufe, bei nichtvorhandener Dachrinne, um die darunter liegende Holzkonstruktion zu schützen.

36. Die Zuschnittbreiten der Tropfbleche unterliegen Faktoren wie
- Dachneigung,
- Eindeckungsart,
- Seitenüberdeckung,
- Dachrinnenlage und
- Einbausituation.

Sonderkonstruktionen können bei einer unteren Schenkellänge von mehr als 120 mm erforderlich werden.

37. Die Überdeckung der Bleche über den Deckwerkstoff richtet sich nach den Maßen des traufseitigen Anschlusses. Die Ausbildung der Firste erfolgt je nach Werkstoff indirekt selbsttragend mit Haltebügeln oder mit Haften auf einer vollflächigen Deckunterlage und unter Berücksichtigung der anfallenden Windsogkräfte. Beim Einbau von selbsttragenden vorgefertigten Strangprofilen muss die Mindestdicke von 1,5 mm eingehalten werden. Der Eintrieb von Flugschnee, Regenwasser usw. in die Konstruktion kann durch den Einbau von Profilfüllern, Aufkantungen oder zusätzlichen Wind- oder Wasserleitblechen gemindert werden.

38. Die Ausführung der Kehlen richtet sich nach
- der Dachdeckung,
- der Deckungsart,
- der Kehlneigung und
- der Größe der Dachfläche.

Bei einer Kehlneigung von < 15° sind die Verbindungen (Quernähte) wasserdicht auszuführen. Ab einer Kehlneigung von > 15° können einfache Überdeckungen mit angereiften Kanten ausgeführt werden.

39. Die Überdeckungen der Kehlbleche untereinander betragen
- bei Kehlneigung > 22° mindestens 100 mm,
- bei Kehlneigung ≥ 15° bis ≤ 22° mindestens 150 mm,
- bei Kehlneigung < 15° wasserdichte Verbindung.

40.

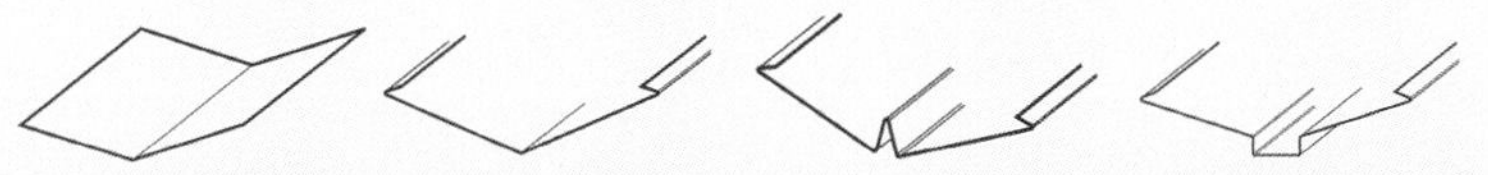

41. Die Zuschnittbreite sollte 400 mm nicht unterschreiten und richtet sich nach den Dachflächen.

42. Die Einbautemperatur beträgt 18 °C.

Ausdehnungskoeffizient:	0,022 mm/mK
Sommertemperatur:	+ 80 ° C
Wintertemperatur:	–20 °C

Formel: $L \times \alpha \times \Delta t$

Sommer:

Länge der Blende	×	Längenausdehnungskoeffizienten	× Temperaturdifferenz	
15 m	×	0,022 mm/m/K	× 62° (80 °C – 18 °C)	= 20,46 mm

Winter:

Länge der Blende	×	Längenausdehnungskoeffizienten	× Temperaturdifferenz	
15 m	×	0,022 mm/m/K	× 38° (18 °C – (- 20 °C)	= 12,54 mm

Ausdehnung insgesamt = 33,0 mm

43. Metalle müssen sich bei der temperaturbedingten Längenänderung bewegen können. Deshalb ist es wichtig, in bestimmten Abständen sogenannte Bewegungsausgleicher einzubauen. Die Ausführung der Bewegungsausgleicher kann mit industriell oder handwerklich hergestellten Formteilen gestaltet werden. Eine indirekte Befestigung ist Voraussetzung für eine fachgerechte Funktion der Bewegungsausgleicher.

Beispiele für Bewegungsausgleicher

Verwendungszweck	Ausführung
Halbrunde und kastenförmige Dachrinnen	Rinnenelemente mit und ohne Blende
Mauer- und Brüstungsabdeckungen, Shedrinnen, eingelegte Kastenrinnen usw.	Bewegungsausgleicherband in verschiedenen Breiten und Längen
Wandanschlüsse, Ortgänge, Traufbleche, Dachrand-An- und Abschlüsse u.s.w. Dachrand-, An- und -Abschlüsse usw.	Einkopfelemente[1)] in verschiedenen Breiten und Längen
Eingeklebte innen liegende Rinne, Gebäudeabstufungen usw.	Zweikopfelemente[1)] in verschiedenen Breiten und Längen

1) Ein- und Zweikopfbewegungsausgleicher müssen ca. 500 mm bzw. 1000 mm länger sein als der Zuschnitt der Blechteile, in die der Einbau erfolgen soll.

44. Es wird unterschieden in **direkte** und **indirekte** Befestigungen.

Eine unmittelbare Befestigung des Metalls mit der Unterkonstruktion wird als **direkte Befestigung** bezeichnet und ist in Einzelbereichen bis zu einer Länge von 3 m möglich. Bei der direkten Befestigung müssen die Befestigungen mit sogenannten Hauerbuckeln zugelötet werden.

Bohrlöcher werden größer gebohrt als der eigentliche Schaft der Schraube ist, um im Befestigungsbereich die thermische Längenänderung zu gewährleisten. Sogenannte Spenglerschrauben oder andere Befestigungsmittel müssen korrosionsbeständig sein und dürfen nur bei wandseitigen Anschlüssen eingesetzt werden.

Bei **der indirekten Befestigung** werden korrosionsgeschützte Halter, Hafte, Haftstreifen oder Vorstoßbleche mit der Unterkonstruktion so verbunden, dass die temperaturbedingte Längenänderung aufgenommen wird und mit dem Untergrund ein sicherer Verbund eingegangen wird.

45. Metallanschlüsse an aufgehende Bauteile werden in der Regel zweiteilig ausgeführt, wobei auch Einzellängen bis 3,00 m einteilig ausgeführt werden können. Die Höhe der Anschlüsse wird der Tabelle „Anschlusshöhen“ entnommen. Ist im Bereich des Anschlusses mit hohem Wasseranfall zu rechnen, so ist ein Wasserfalz von mindestens 15 mm vorzusehen.

46. Beim Vorsatzmauerwerk (Klinkermauerwerk) muss der Anschluss hinter dem vorgesetzten Mauerwerk bis an die tragendende Wand hochgeführt und fachgerecht verwahrt werden. Bei einer nachträglichen Ausführung und Sanierung können Sonderlösungen erforderlich werden. Kappleiste, oder auch sogenannte Überhangstreifen, überdecken den Anschluss am senkrechten Bauteil um mindestens 40 mm. Die Überhangstreifen können in vorher geschlitzten Fugen eingelassen und abgedichtet oder in Einhangschienen eingehängt werden, die ins Mauerwerk eingelassen sind. Die Einlasstiefe sollte bei dieser Ausführung mindestens 20 mm betragen und eine Rückkantung aufweisen. Die Dichtung der Überhangstreifen an aufgehenden Bauteilen erfolgt z. B. mit Mörtel, Bleiwolle, Bleiverguss, oder Dichtungsstoffen.

47. Aufgesetzte Kappleisten sind mindestens alle 250 mm, Wandanschlussschienen mindestens alle 200 mm mit ausreichend korrosionsgeschützten Befestigungsmitteln zu befestigen.

48. Eine Kappleiste oder Wandanschlussschiene entfällt, wenn der obere Abschluss der wandseitigen Anschlussteile durch eine Außenwandbekleidung oder eine Abdeckung erfolgt.

49.

50. Metalleindeckungen werden in nicht selbsttragende, selbsttragende Deckungsarten oder Sonderausführungen unterschieden.

Selbsttragende Metalldeckungen bestehen aus maschinell vorgeformten Blechbahnen unterschiedlicher Länge und Breite, die aufgrund ihrer Profilierung oder Verfalzung in der Lage sind, auftretende Beanspruchungen in Form von Wind-, Schnee- und Verkehrslasten aufzunehmen und zu übertragen (z. B. Trapezbleche). Sie erfordern daher keine vollflächigen Deckunterlagen.

Nicht selbsttragende Metalldeckungen werden aus Bändern und Tafeln sowie industriell vorgefertigten profilierten Scharen hergestellt und auf einer tragfähigen vollflächigen Deckunterlage verlegt. Bei nicht selbsttragenden Metalldeckungen müssen die Bleche in Längs- und Querrichtung miteinander verbunden werden und werden daher auch als Scharen bezeichnet.

51. Nicht selbsttragende Metalldeckungen werden aus Bändern und Tafeln sowie industriell vorgefertigten profilierten Scharen hergestellt und auf einer tragfähigen vollflächigen Deckunterlage verlegt. Bei nicht selbsttragenden Metalldeckungen müssen die Bleche in Längs- und Querrichtung miteinander verbunden werden und werden daher auch als Scharen bezeichnet. Diese Scharen werden durch Stehfalzdeckung oder Leistendeckung auf der Unterkonstruktion so befestigt, sodass Wärmedehnung und Windsogsicherung gewährleistet sind. Dabei sind unterschiedliche Regeldachneigungen zu berücksichtigen.

52. Regeldachneigungen bei nicht selbsttragenden Metalldeckungen

Dachneigung	**Ausführungsart**
7°	Doppelstehfalzdeckung • Im Dachneigungsbereich ≥ 3°-7° können Sondermaßnahmen erforderlich werden (z. B. Dichtbandeinlage, Falzerhöhung bzw. Unterdach) • bis 15° zusätzliche Maßnahmen bei Titanzink, z. B. Trennlage mit Drainagefunktion
25°	Winkelstehfalzdeckung • 35° bei erhöhten Anforderungen. Erhöhte Anforderungen können sich aus klimatischen Verhältnissen oder exponierten Lagen ergeben, z. B. starkem Wind, schneereiche Gebiete.
7°	Deutsche Leistendeckung • bis 15° zusätzliche Maßnahmen bei Titanzink, z. B. Trennlage mit Drainagefunktion
ab 0°	Rollennahtgeschweißte Edelstahldeckung
10°	Bleideckung mit Hohl- oder Holzwulst • Holzwulst mit sichtbaren Haften zulässig bis 30°

53. Richtwerte der Scharenlänge

Werkstoff	**Maximal zulässige Scharenlänge (m)**
Aluminium	10
Kupfer	10
Edelstahl	14
Stahl, verzinkt	14
Titanzink	10

54.

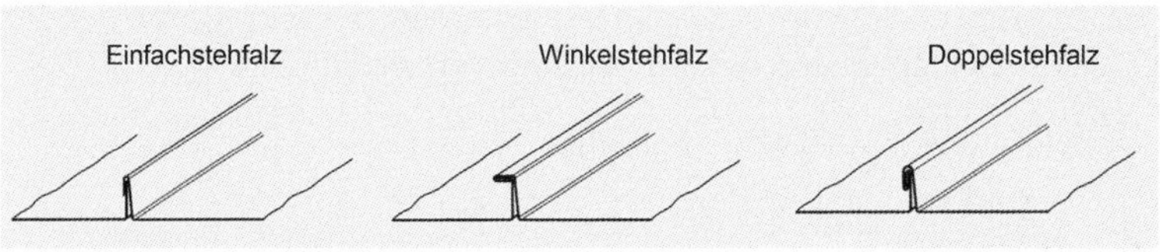

55. Stehfalzdeckungen werden aus Bändern und Tafeln sowie industriell vorgefertigten profilierten Scharen hergestellt und auf einer tragfähigen vollflächigen Deckunterlage verlegt. Bei nicht selbsttragenden Metalldeckungen müssen die Bleche in Längs- und Querrichtung miteinander verbunden werden und werden daher auch als Scharen bezeichnet. Diese Scharen werden durch Stehfalzdeckung oder Leistendeckung auf der Unterkonstruktion so befestigt, dass Wärmedehnung und Windsogsicherung gewährleistet sind.

Bei der Stehfalzdeckung erfolgt die Befestigung indirekt auf der Schalung, dass die zu erwartenden temperaturbedingten Längenänderungen ohne Zwänge (Beulenbildung) aufgenommen werden können.

Je nach Dachneigung und der Scharenlänge sind die Festhafte und Schiebehafte anzuordnen, die nicht sichtbar befestigt und sind durch das doppelte Verfalzen Bestandteil des Systems. Durch dieses System wird eine kraftschlüssige Befestigung auf der Schalung erreicht.

56.

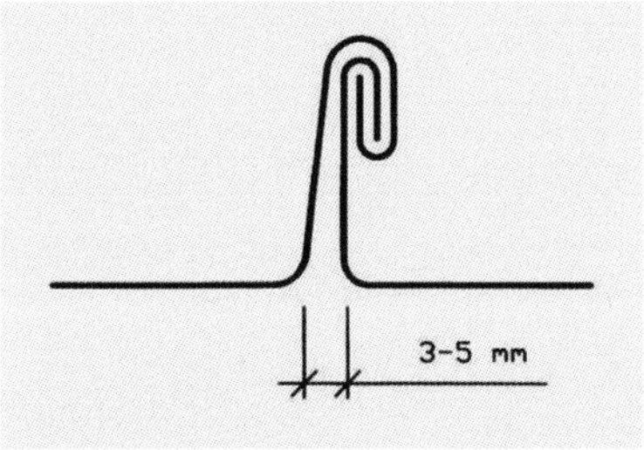

57. Querfalzausbildungen

Dachneigung	**Art der Querverbindung**
> 25°	Einfacher Querfalz
> 10°	Einfacher Querfalz mit Zusatzfalz
> 7°	Doppelter Querfalz (ohne Dichtband)
< 7°	wasserdichte Ausführung je nach verwendetem Werkstoff

58. Die Ausführung der Bewegungsausgleicher ist abhängig von den Vorgaben des Planers und der Art der Unterkonstruktion.

Aufnahme der Längenbewegung

Ausführungsart	**Erforderliche Dachneigung**
Schiebenaht mit einfachem Falz	≥ 25°
Schiebenaht mit Zusatzfalz	≥ 10°
Gefällestufe[1]	≥ 7°
Aufschiebling[2]	≥ 7°

1) Bauseitige Ausbildung der Unterkonstruktion
2) Bauseitige Ergänzung der Unterkonstruktion unter Beachtung der kleinsten zulässigen Dachneigung

Einfacher Querfalz, Dachneigung ≥ 25°

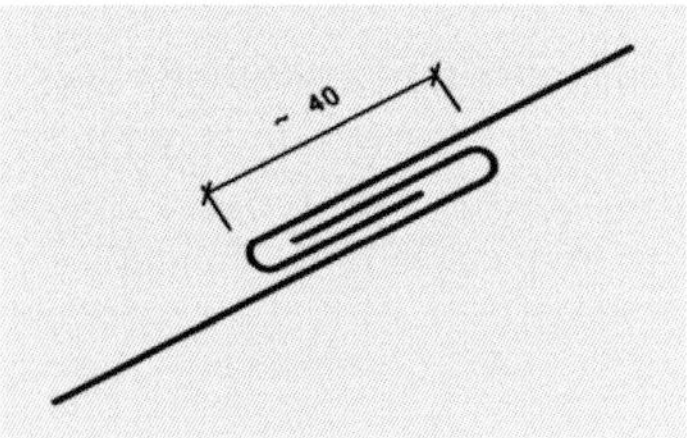

Gefällestufe ≥ 7°

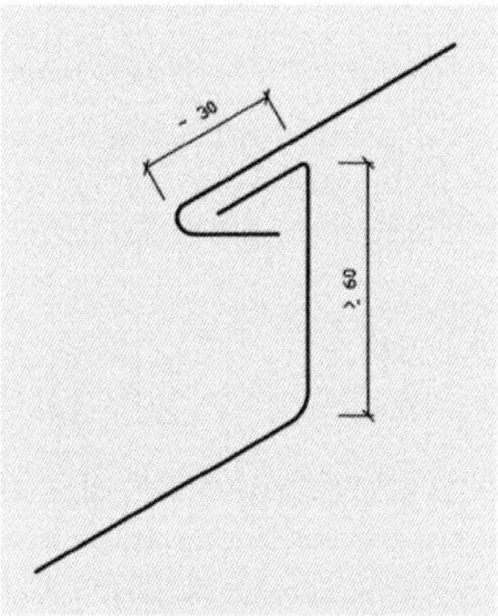

Einfacher Querfalz mit Zusatzfalz, Dachneigung ≥ 10°

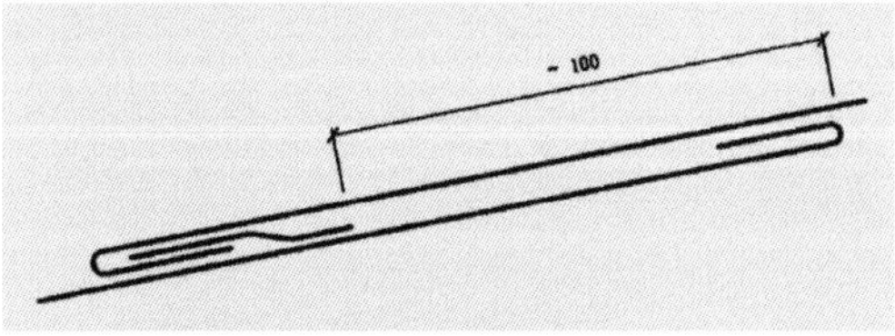

Aufschiebling ≥ 7°

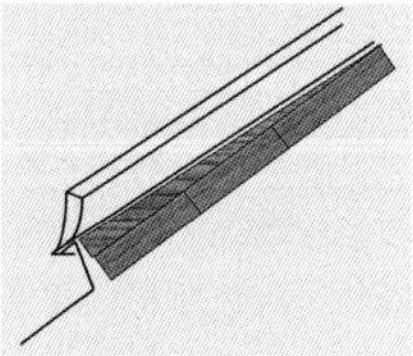

59.

Lösungen
LF 12

60.

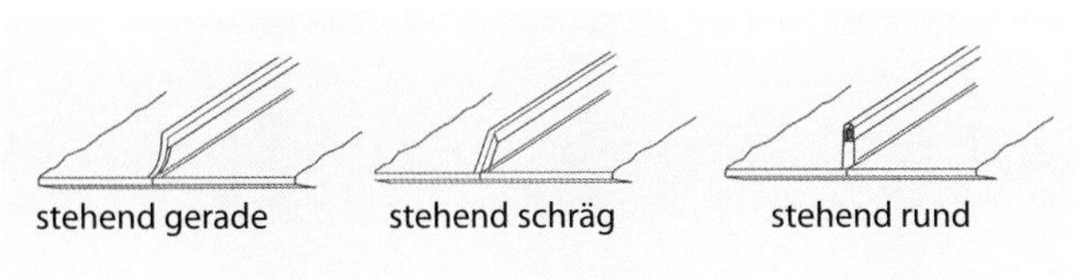

61. Bereits bei der Planung sollte darauf geachtet werden, dass der Mindestabstand der Dachdurchbrüche von den Längs- und Querverbindungen der Scharen ca. 200 mm beträgt. Durchführungen von Schornsteinen, Dachfenstern, Entlüftungsrohren, Ausstiegen usw. sind erforderliche Einbindungen, die je nach Dachneigung und verwendetem Werkstoff regendicht ausgeführt werden müssen.

62. Sind Be- und Entlüftungskonstruktionen durchlaufend nicht möglich, können Lüftungsgauben nach entsprechender Berechnung eingebaut werden. Die Be- und Entlüftung der Unterkonstruktionen (im Bereich der einzelnen Sparrenfelder von Dächern bzw. der Fassadenschalungen) erfordert als gezielte Maßnahme unter anderem das Einsetzen von Lüftungsgauben in die Scharen. Diese mit Lochblenden ausgeführten Aufsätze erhalten Aufkantungen bzw. Aufbördelungen, um das Eindringen von Regenwasser bzw. Flugschnee weitgehend zu vermeiden. Die Ausführung und Anordnung der Lüftungsgauben ist an die Dachneigung und den erforderlichen Lüftungsquerschnitt anzupassen.

63. Diese Anschlüsse kommen zur Anwendung, wenn die Metalldachdeckung an aufgehende Bauteile wie Gefällesprung, Aufschiebling, Fassade, First sowie Firstfalz bzw. Gratfalz hochgeführt werden muss. Hierbei wird am oberen Ende der Schar in der Regel eine Aufkantung benötigt, die am Ende einen Wasserfalz enthält.

Für die Längsfalzverbindung im Bereich der Scharaufkantung kommen je nach den örtlichen Verhältnissen folgende Möglichkeiten in Frage:

- Der Anschluss mit aufgekantetem umgelegten Doppelfalz ist regensicher, erfordert aber bestimmte räumliche Voraussetzungen bei der Herstellung.
- Der Anschluss mit rund ausgefalzter Quetschfalte ist regensicher, erfordert aber eine ausreichende Falzaufkantung.
- Der Anschluss mit eingeschnittener gefalzter Quetschfalte ist nur bis zur Stehfalzhöhe regendicht. Im Bereich der Quetschfalten-Oberkante entsteht eine durchgehende Öffnung nach innen.

64. Bei der First- und Gratausbildung wird unterschieden zwischen einer nicht belüfteten und einer belüfteten Ausführung. Bei der Metalldachdeckung ist im First- und Gratbereich die Bewegungsmöglichkeit der Scharen zu berücksichtigen.

Folgende Varianten können bei der nicht belüfteten Ausführung verwendet werden:

- First-/Gratfalze, die etwas höher als die Längsfalze ausgeführt werden, in welche die umgelegten Längsfalze der Scharen mit eingefalzt werden,
- First-/Gratfalze, in welche die stehend herangeführten Längsfalze der Scharen mit eingefalzt werden
- Gratausbildung mit Abdeckkappe.

65. nicht belüfteter First

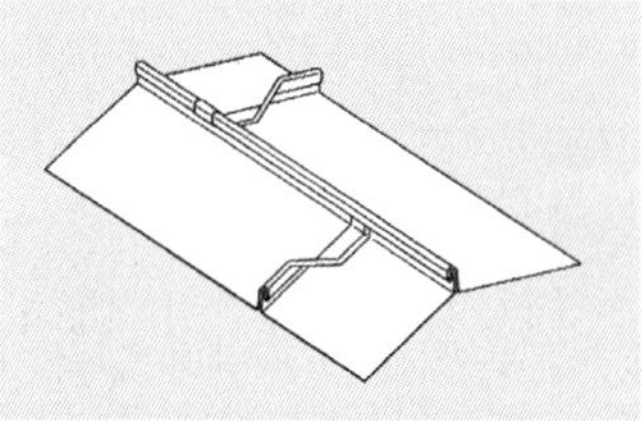

belüfteter First

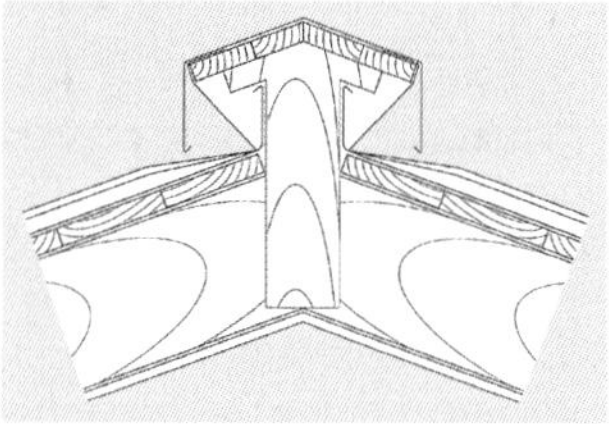

66. Anschluss von Kehlen

Kehlneigung	Kehlausbildung
≥ 3°	vertieft angeordnete Kehle mit Einhangblech
≥ 7°	Beidseitig, mit doppeltem Kehlfalz eingefalzt in Dachscharen. Keine Ausdehnung möglich. Deshalb ist die Kehllänge auf ca. 6 m zu begrenzen
≥ 10°	Verbindung mit Kehlschar durch einfachen Falz mit Zusatzfalz (gute Ausdehnung)
≥ 25°	Kehlschar mit einfachem Falz (gute Ausdehnung)

67. Bei der Leistendeckung wird unterschieden zwischen Leistenfalz in deutscher Ausführungsart und Leistenfalz in Sonderausführung.

68. Bei der Leistendeckung wird unterschieden zwischen Leistenfalz in deutscher Ausführungsart und die Leistenfalz in Sonderausführung.

Beim Leistenfalz wird eine Holzleiste mit einer Mindestabmessung von 40/40 mm verwendet, um die seitlichen Aufkantungen der Scharen anzuschließen die mit einem Leistendeckel überdeckt werden.

Bei dem Leistenfalz in deutscher Ausführungsart werden die seitlichen Scharaufkantungen am oberen Ende in Höhe der Holzleiste um etwa 15 mm ca. 90° nach außen gekantet. In diese Kantung werden die Streifenhafte eingehängt und auf der Leiste befestigt. Im Anschluss wird der aufgesetzte Leistendeckel durch einen einfachen Falz mit den Scharen verbunden.

69.

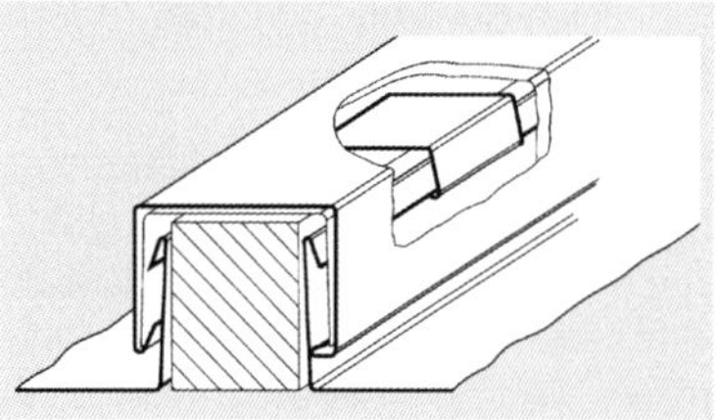

70. Selbsttragende Metalldeckungen bestehen aus maschinell vorgeformten Blechbahnen unterschiedlicher Länge und Breite, die aufgrund ihrer Profilierung oder Verfalzung in der Lage sind, auftretende Beanspruchungen in Form von Wind-, Schnee- und Verkehrslasten aufzunehmen und zu übertragen (z. B. Trapezbleche). Sie erfordern daher keine vollflächigen Deckunterlagen. Der Abstand der Auflager muss entsprechend den Werkstoffdicken, der Biegefestigkeit des verwendeten Metalls und der Form und Höhe des Profils oder der Verfalzung ausgeführt werden. Unterschieden werden selbsttragende Metalldeckungen zwischen großformatigen Elementen und kleinformatigen Elementen.

71. Trapezprofil

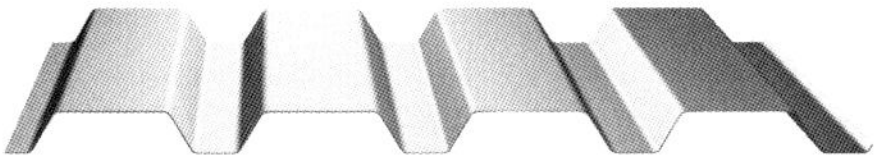

Schnappfalzsystem

Wellprofil

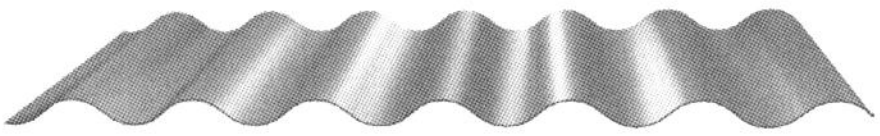

Sandwichelement

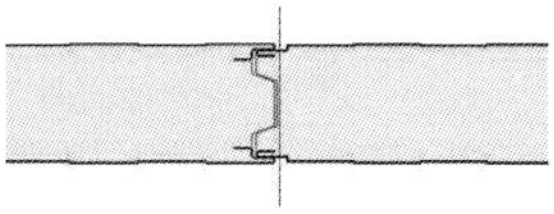

72.

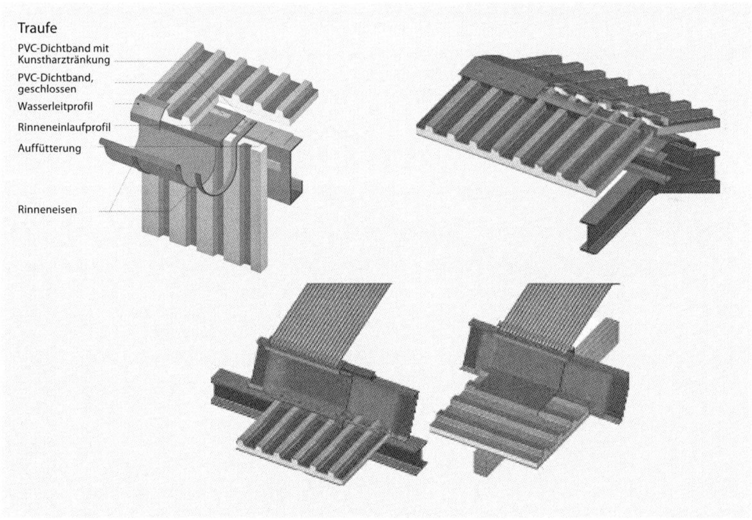

73.

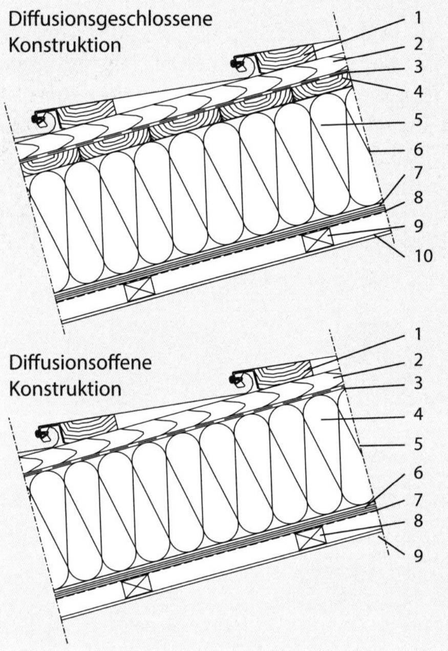

Konstruktionsbeschreibung:
1. QUICK STEP – Das RHEINZINK Treppendach® auf Systemlattung mit Systembefestiger
2. Lattung 30/50 mm, oberhalb der Sparrenlage
3. Unterdach: z.B. Bitumenbahn, je nach Region und Klima
4. Holzschalung, 18 mm, imprägniert (GK 2), DIN 68800
5. Sparrenvolldämmung, Dimensionierung nach WSchVO 95, mind. Werte nach DIN 4108 für das Einzelbauteil sind einzuhalten
6. Dachsparren imprägniert (GK 2), DIN 68800
7. Holzwerkstoffplatte als sommerlicher Wärmeschutz (BFU- oder OSB-Platten als temperaturdämpfende Schicht)
8. Luftdichte Schicht mit dampfsperrender Wirkung, UV-beständig, s_d-Wert ≥ 100 m oder Feuchtenachweis nach DIN 4108
9. Installationsebene
10. Innenbekleidung

74.

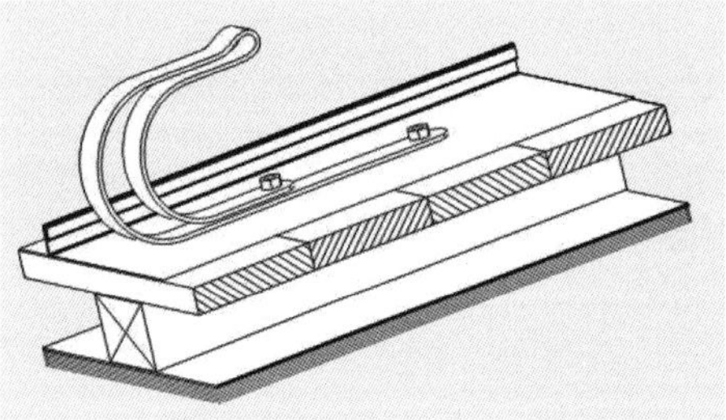

75. Werden bei der Eindeckung Einbauteile eingebaut, so müssen diese für den vorgesehenen Verwendungszweck geeignet sein und regensicher bzw. wasserdicht eingebaut werden.

Einbauteile, Formteile und Einfassungen können industriell oder handwerklich hergestellt sein. Für Durchdringungen wie z. B. Dachausstiege oder Dachfenster können industriell vorgefertigte Systemblechteile des Herstellers verwendet werden. Sicherheitsdachhaken, Stützen für Schneefangvorrichtungen, Solaranlagen, Laufstege usw. sollen unter Verwendung von genügend breiten Blechen eingebaut und eingedeckt werden und müssen für den Verwendungszweck geeignet und zugelassen sein. Die Einbauteile und Einfassungen müssen mit der Deckunterlage und der Deckung abgestimmt werden, dabei können Last verteilende Unterlagen erforderlich werden.

76. Beispiele:

77. Für die indirekte Befestigung der Bleche und Bänder auf der Unterkonstruktion sind Hafte in den verschiedensten Ausführungen erforderlich. Die Ausführung der Hafte, deren Anordnung und deren Befestigung auf der Unterkonstruktion, sind für die Aufnahme der Windsogkräfte und der temperaturbedingten Längenänderung von entscheidender Bedeutung. Bei Verwendung einer strukturierten Trennlage sind geeignete Hafte oder sogenannte Wirrgelegehafte zu verwenden.

Diese Hafte müssen sorgfältig und verwindungsfrei aufliegend auf dem Wirrgelege (strukturierte Trennlage) befestigt werden. Schiebehafte dürfen sich im Gleitbereich nicht verformen.

Wir unterscheiden **Festhafte** für den Festhaftbereich, **Schiebehafte** für den Bereich der Längendehnung, **Wirrgelegehafte** bei Verwendung von einer strukturierten Trennlage und Hosenhafte für den Bereich von Graten bzw. höher liegenden Aufkantungen. Hafte aus Edelstahl sind bei allen Deckmaterialien einsetzbar.

78. Je Haft müssen mindestens 2 Befestigungsmittel mit einer Einbindetiefe von mindestens 20 mm zur Anwendung kommen. Mit 2 Nägeln befestigte Hafte müssen unter dynamischer Belastung eine zulässige Haftbelastung von 400 N nachweisen. Die Werte gelten für industriell hergestellte Hafte.

79. Hafte müssen unter dynamischer Belastung eine zulässige Haftbelastung von 400 N nachweisen.

80. Die Anordnung der Fest- und Schiebehafte richten sich nach
- der Scharenlänge,
- der Lage von Durchdringungen und
- der Dachneigung.

81. Die Festhafte werden auf einer Länge von 1 bis 3 m angeordnet, wodurch ein Rutschen der Scharen verhindert wird. In dem übrigen Bereich der Scharen kommen Schiebehafte zum Einsatz.

82. Werden bei Stehfalzen Schneefang- und Solarsysteme vorgesehen, so ist in diesem Bereich die Anzahl der Festhafte den zu erwartenden Belastungen anzupassen.

83. Unter Löten versteht man ein dichtes und festes Verbinden von metallischen Werkstoffen durch Einsatz eines Lotes. Die Schmelztemperatur des Lotes liegt unterhalb der Schmelztemperatur des Metalls. Bei der Fügetechnik Löten wird unterschieden zwischen Weichlöten und Hartlöten.

84. Durch das **Weichlöten** wird bei Metallblechen eine kraftschlüssige und wasserdichte Verbindung hergestellt. Im Bereich der Nahtverbindung findet keine Gefügeänderung des Metalls statt (Grobkornbildung = Versprödung). Bei dieser Art der Verbindung müssen noch sogenannte Hilfsstoffe wie Flussmittel und Lot verwendet werden. Beim Lötvorgang muss das Lot im Nahtbereich durchfließen. Titanzink hat einen Schmelzpunkt von 418 °C und kann daher nur weichgelötet werden. Die lötenden Metallbleche müssen fettfrei und metallisch blank sein. Die Bleche werden im Nahtbereich mit Lötwasser vorbereitet.

Beim **Hartlöten** wird eine kraftschlüssige, wasserdichte Verbindung unter Einsetzung von Wärme (Hartlötgerät) und Lot erstellt. Die Wärmeübertragung erfolgt unter Anwendung von Gas-Sauerstoff-Gemischen (offene Flamme). Die Metalle bleiben in einem festen Zustand, wobei das Lot in flüssigem Zustand den Lötspalt füllt. In der Naht kommt es in den Berührungsflächen zur Legierungsbildung, die die Festigkeit der Nahtstelle wesentlich mitbestimmt. Verfärbungen im Nahtbereich sind unvermeidbar.

Die Bleche müssen so aufeinandergelegt werden, dass der Lötspalt < 0,5 mm beträgt. Durch das flächige Aufliegen der Bleche entsteht ein Kapillareffekt, der das Lötzinn in den Nahtbereich einfließen lässt.

85. Nach der VOB Teil C, DIN 18339 soll die Lötnahtüberdeckung mind. > 10 mm betragen.

Die gebundene Lötnahtbreite muss bei der Flachnaht > 10 mm und bei der Steilnaht > 5 mm betragen. Durchgelötete Nähte ergeben eine hohe Festigkeit. Bei zu großer Überdeckung kann nicht durchgelötet werden und die Naht verliert dadurch an Festigkeit.

86. Folgende Werkstoffe können hartgelötet werden:
- Kupfer,
- Aluminium,
- nicht rostender Stahl,
- verzinkter Stahl.

87. Nieten
Nietverbindungen sind kraftschlüssige Verbindungen von gleichen oder unterschiedlichen Metallen mit einem maximalen Nietabstand von 30 mm. Der Abstand der Nieten vom Blechrand darf nicht mehr als 10 mm betragen.

Schweißen
Schweißen ist ein technisches Verfahren, bei dem Metallteile unter Anwendung von Wärme und Druck oder aus beidem zusammengefügt werden. In unseren bauhandwerklichen Ausführungen findet das Schmelzschweißen die gebräuchlichste Anwendung. Bei der Anwendung der verschiedensten Schweißtechniken sind die zurzeit gültigen Normen und Verarbeitungsrichtlinien zu beachten.

Kleben
Die Verbindung durch Kleben kann nur mit werkstoffgerechten und systemgerechten Klebern erfolgen. Hierbei sind immer die Herstellerangaben zu berücksichtigen. Dichtmassen wie Acryle oder Silikone sind dafür nicht geeignet.

Lernfeld 13a Details an geneigten Dächern herstellen

13.1 Grate

1. Ein Grat entsteht an den Außenecken von Walmdächern. Er bildet dort die Verschneidungslinie zwischen der Walm- und der Hauptdachfläche beim Walmdach.

2. Bei einem Walmdach mit allseits gleicher Dachneigung sind die Gratsparren länger und flacher geneigt als die Normalsparren (Verlauf recht winklig zur Traufe).

3. Die Eindeckung der Grate kann mit Sonderziegeln oder mit anderen Materialien, wie z. B. Schiefer, Faserzement oder Blech erfolgen. Die Sonderziegel sind mit Ausnahme der Anfangs- und Endziegel mit den Firstziegeln identisch. Am unteren Ende des Grates werden Gratanfänger, am oberen Übergang zum First die sogenannten Walmhauben verwendet.

4. Zur Montage der Gratziegel/-steine ist eine aufwendige Unterkonstruktion erforderlich. Anders als beim First läuft unterhalb der Gratlinie ein gesonderter Sparren, der sogenannte Gratsparren. Dieser ist beidseitig abgegratet, d. h. an die jeweils benachbarte Dachfläche angepasst. Bei gleich geneigten Dachflächen verläuft die Gratlinie als Verschneidungslinie in der Mitte des Gratsparrens.

   Je nach den erforderlichen Zusatzmaßnahmen zur Regensicherheit können als nachfolgende Schichten Unterdeckplatten, Unterdeckbahnen oder Unterspannungen eingesetzt werden. Bei nicht unterlüfteten Konstruktionen werden die Bahnen oder Platten an der Verschneidungslinie zwischen Walm- und Hauptdachfläche gestoßen bzw. überdeckt und werkstoffgerecht verklebt.

   Beim Einsatz von Unterspannungen muss die Lüftungsebene unterhalb der Unterspannung ausreichend entlüftet werden. Vergleichbar mit der Entlüftung am First ist am Grat ebenfalls eine Hinterlüftungsöffnung von 0,5 ‰ der zugehörigen Dachfläche bzw. 50 cm^2 pro m Gratlänge sicherzustellen. Wenn durch die Unterkonstruktion die Hinterlüftung eingeschränkt oder nicht vorhanden ist, muss diese mit Lüftungsziegeln im Bereich des Grates hergestellt werden.

   Auf der Ebene der Unterdeckung werden im nächsten Schritt rechts und links der Gratlinie Konterlatten montiert, zur Sicherung der Hinterlüftung des Daches und als Auflager für die anschließende Traglattung.

   Im Anschluss werden die Traglatten auf der Konterlattung befestigt und an den zur Gratlinie parallel montierten Konterlatten bündig abgeschnitten.

5. Bei den Grateindeckungen werden die Ausführungen Trockengrat und Mörtelgrat unterschieden.

6. Bei der Trockengratausführung werden auf das verlegte Gratband die Gratziegel mit verschraubten Gratklammern auf der Unterkonstruktion befestigt. Beim Mörtelgrat werden ohne Einsatz eines Gratbandes die Gratziegel mit korrosionsbeständigem Draht gegen Abrutschen gesichert und mit Mörtel regensicher vermörtelt.

7. Der verwendete Mörtel zur Vermörtelung von Gratziegeln ist in der Regel ein Fertiggemisch, auch bekannt unter dem Namen Dachdeckermörtel. Der Mörtel braucht unterschiedliche Bedingungen, um richtig auszuhärten. Eine davon ist die Verarbeitungstemperatur, die auf keinen Fall unter 5 °C liegen sollte. In der Regel sind die Verarbeitungshinweise auf der Verpackung zu finden und zu beachten. Bei großer Hitze wird ein Vornässen der Ziegel empfohlen, damit der Wasseranteil, der für das

   Abbinden des Zements gebraucht wird, nicht zuvor verdunstet. Im Sommer kann man die Gratziegel nach dem Vermörteln zusätzlich mit feuchten Tüchern oder Jutesäcken abdecken, um den späteren Verbund zwischen Gratziegel und Mörtel sicherzustellen.

13.2 Kehlen

8. Eine Kehle am Dach entsteht, wenn sich 2 Dachflächen bei einer Gebäudeinnenecke treffen. Die Kehle als Verschneidungslinie bildet dort eine Rinne, in der das Niederschlagswasser abgeleitet wird.

9. Eine gleichhüftige Kehle entsteht, wenn sich 2 gleich geneigte Dachflächen schneiden. Bei ungleichhüftigen Kehlen sind die Dachneigungen der angrenzenden Dachflächen unterschiedlich.

10.
   - Kehlen sind immer flacher geneigt als die angrenzenden Dachflächen.
   - Die Fließgeschwindigkeit des abfließenden Niederschlags in der Kehle ist geringer als die innerhalb der Dachflächen.
   - In der Kehle abfließendes Wasser wird behindert durch
     - Laub und Schmutzablagerungen in der Kehle,
     - seitlich von den Dachflächen einfließendes Wasser,
     - Winddruck entgegen der Fließrichtung,
     - Eisschanzenbildung am unteren Ende der Kehle bei vereisten Dachflächen.
   - Vergrößerte Wassermenge in der Kehle durch das Einfließen des Niederschlagswassers der benachbarten Dachflächen

11. Die Konstruktion der Kehle baut auf dem Kehlsparren bzw. der Kehlbohle auf. Die sogenannten Schifter, also die Dachsparren, die mit ihrem unteren Ende auf den Kehlsparren treffen, schließen rechts und links an die Konstruktion an.

   Auf der Sparrenoberseite dient eine Unterdeckung/Unterspannung der geforderten Regensicherheit. Diese wird durch eine Kehlbahn, die mittig zum Kehlsparren verlegt wird, zusätzlich erhöht.

   Ähnlich der Gratausbildung wird auch bei der Kehle rechts und links der Kehllinie eine Konterlatte montiert, sodass noch eine ausreichend breite Auflage für die anschließende Traglattung oder ein Kehlbrett vorhanden ist. Wenn die Unterkonstruktion in der Kehle ohne Kehlbrett ausgeführt wird, sind die Traglatten in Kehlmitte einzuspitzen. Um ein besseres und durchgehendes Auflager der Kehleindeckung zu bilden, müssen zwischen den Traglatten noch weitere Zusatzlatten montiert werden.

12. Die Auswahl der späteren Kehleindeckung wird u. a. beeinflusst durch
- die Kehlsparrenneigung (abhängig von der Dachneigung),
- das Deckmaterial der anzuschließenden Dachflächen,
- die Länge der Kehle,
- die Größe der anzuschließenden Dachflächen (Wasseranfall),
- die Architektur des Gebäudes,
- den Winkel zwischen den anzuschließenden Gebäudeteilen (Traufwinkel),
- die Bestimmungen des Denkmalschutzes, Gemeindesatzungen, örtliche Bestimmungen und Bebauungspläne,
- die Kundenwünsche.

13. Bei eingebundenen Kehlen wird die Kehleindeckung Zug um Zug mit der Eindeckung der benachbarten Dacheindeckung fertiggestellt. So wird z. B. mit dem gleichen Ziegelformat (Biberschwanzziegel) von der Kehle in die Fläche eingebunden, ohne dabei ein Fremdmaterial einzusetzen.

Kehleindeckungen, die beiderseits von der Flächendeckung überdeckt werden, nennt man überdeckte Kehlen. Dabei kann die Kehldeckung mit Biberschwanzziegeln und die Flächendeckung mit einer Hohlpfanne eingedeckt werden, also 2 verschiedene Ziegelformate. Eine überdeckte bzw. untergelegte Kehle wäre auch eine Metallkehle, die unter eine Ziegeldeckung gedeckt wird. In diesem Fall 2 Werkstoffe.

14. Bei Dachziegeln werden folgende Kehlausführungen unterschieden:
- überdeckte Metallkehlen
- eingebundene Nockenkehlen
- eingebundene Biberkehlen
- überdeckte Biberkehlen
- überdeckte Dreipfannenkehlen
- Formziegelkehlen
- Schwenkziegelkehlen

15. Kehlausführungen mit Neigungsgrenzen:

Kehlart	**Dachneigung**
Überdeckte Metallkehlen	≥ 10°
Kehlart	**Kehlsparrenneigung**
Eingebundene Nockenkehlen	≥ 25°
Eingebundene Biberkehlen	≥ 25°
Überdeckte Biberkehlen	≥ 30°
Überdeckte Dreipfannenkehlen	≥ 35°
Formziegelkehlen	≥ 35°
Schwenkziegelkehlen	≥ 35°

16. Man unterscheidet folgende Arten von überdeckten Metallkehlen:
- durchgehende Kehlen mit seitlichem Wasserfalz
- Kehlen in vertiefter Ausführung
- Kehlen mit Steg im Wasserlauf
- Dachgräben mit oder ohne Gefällestufen

17. Die Kehlbleche der Metallkehlen werden entweder auf einer Kehlschalung, oder auf der Traglattung indirekt über Hafte befestigt. Der lichte Abstand der Lattung unterhalb des Kehlbleches darf höchstens 13 cm betragen, um eine ausreichende Auflage zu gewährleisten. Bei einem größeren Traglattenabstand sind entsprechende Zwischenlatten zu montieren.

18. Überdeckungsmaße bei überdeckten Metallkehlen:

Höhenüberdeckung der Kehlbleche untereinander	
Kehlneigung	Überdeckung
> 22°	≥ 100 mm
≥ 15° bis ≤ 22°	≥ 150 mm
< 15°	Wasserdichte Verbindung
Seitliche Überdeckung des Deckmaterials auf das Kehlblech[1)]	
Dachneigung	Überdeckung
> 22°	≥ 100 mm
≥ 15° bis ≤ 22°	≥ 150 mm
< 15°	≥ 200 mm

1) rechtwinklig zum Kehlverlauf gemessen

19. Durchgehende Kehlbleche sind mit einem seitlichen Wasserfalz von mindestens 15 mm zu versehen. Ihre Mindestzuschnittbreite muss 400 mm betragen. Die Höhe der Stege richtet sich nach dem Wasseranfall. Eine Höhe von 50 bis 70 mm hat sich in der Praxis bewährt. Die geforderten Abmessungen der vertieften Kehlbleche liegen bei einer Vertiefung von mindestens 20 mm und einer Breite des Wasserlaufes von etwa 80 mm.

20. Die nachfolgende Abbildung zeigt 2 mögliche einfache Überdeckungen der Kehlbleche untereinander ab einer Kehlneigung von 15°:

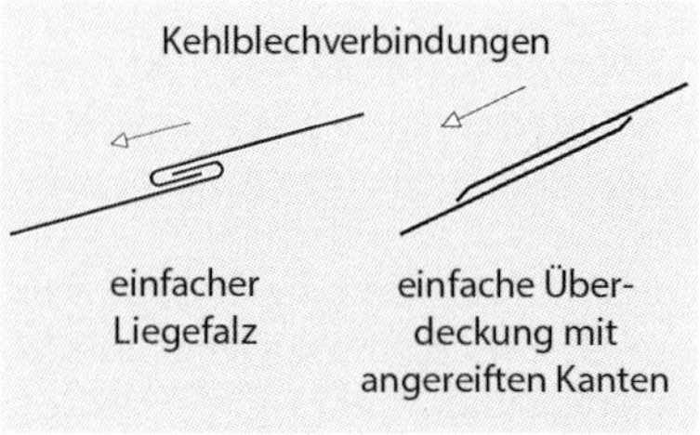

21. Bei einseitig erhöhtem Wasseranfall oder unterschiedlich hoher Fließgeschwindigkeit, z. B. bei ungleichhüftigen Kehlen oder unterschiedlich großen Dachflächen, sollten Kehlbleche mit Steg oder in vertiefter Ausführung verwendet werden. Die Höhe der Stege richtet sich nach dem Wasseranfall.

22. Nocken sind abgekantete Blechstücke, die z. B. bei eingebundenen Nockenkehlen zwischen den einzelnen Dachziegelreihen in die Kehlmitte eingebaut werden. Diese leiten von dort das anfallende Niederschlagswasser nach unten ab.

23. Bei den Nocken werden unterschieden:
- Schwalbenschwanznocken
- Rechtecknocken

Bei gleichhüftigen Kehlen werden Rechtecknocken verwendet, bei ungleichhüftigen Kehlen kommen die Schwalbenschwanznocken zur Anwendung.

24. Die Höhenüberdeckung der Nocken untereinander hängt von der Dachneigung ab (siehe Tabelle).

Dachneigung	Seitenüberdeckung in cm	Höhenüberdeckung in cm
≤ 45°	15	16
> 45°	15	14

25. Nocken haben immer eine Zuschnittbreite von mindestens 30 cm, sodass die Seitenüberdeckung der Dachziegel auf die Nocken eingehalten wird. Die Höhe der Schichtstücke ist materialsparend zu errechnen.

26. Die eingebundene Biberkehle ist sowohl bei der Biberschwanz-Doppeldeckung, als auch bei der Biberschwanz-Kronendeckung möglich.

27. Eingebundene Kehlen können bei gleichen und ungleichen Dachneigungen (gleichhüftige und ungleichhüftige Kehlen) ausgeführt werden. Bei der eingebundenen Biberkehle ist eine Mindest-Kehlsparrenneigung von 25° zwingend einzuhalten. Bei einem gleich geneigten Dach würde sich diese Kehlneigung bei einer Dachneigung von ca. 34° ergeben.

28. Die Berechnung kann nach folgender Formelgleichung erfolgen:

$$\tan \alpha_{\text{Kehle}} = \frac{\tan \alpha_{\text{Dach}}}{\sqrt{2}}$$

29. Bei eingebundenen Biberkehlen wird zwischen der Zwei- und der Drei-Biber breiten, eingebundenen Kehle unterschieden. Die Wahl der Deckbreite richtet sich dabei nach der anfallenden Niederschlagsmenge und der Länge der Kehle. Je länger die Kehle und je größer der Wasseranfall ist, desto breiter muss die eingebundene Kehle sein. Bei kurzen Kehllängen und kleinen anzuschließenden Dachflächen (z. B. Gaubendächern) ist die 2 Biber breite Ausführung ausreichend.

30. Ausspitzer nennt man die Biber, die in Richtung des Dachsparrens zugeschnitten werden (rechte und linke Ausspitzer). Unterläufer werden rechts oder links von der Flächendeckung überdeckt.

31. Um die Regensicherheit in der Kehle zu gewährleisten, muss die vierte Kehlreihe die erste um mindestens 1 cm überdecken (Dreifachdeckung).

32. Die Kehlziegel können trocken auf einer Kehlschalung oder im Mörtelbett verlegt werden. Bei der Eindeckung mit Mörtel ist die Kehlschalung durch eine Trennlage abzudecken, um die Lage des Mörtels zu sichern. Bei beiden Ausführungsarten sind die Kehlziegel, mit Ausnahme der Ausspitzer, mit korrosionsbeständigem Bindedraht gegen Abrutschen zu sichern.

33. Als Unterkonstruktion für eine eingebundene Biberkehle dient ein Kehlbrett, das aus einem oder mehreren Brettern bestehen kann. Bei gleichhüftigen Kehlen liegt dieses genau über der Mitte der Kehllinie.

Seine Breite richtet sich nach der Größe des wahren Kehlwinkels und nach der Dachneigung. Die Mindestbreite beträgt 25 cm. Je breiter die Kehle und je flacher die Dach- bzw. Kehlneigung ist, desto breiter sollte das Kehlbrett gewählt werden.

Bei ungleichhüftigen Kehlen muss das Kehlbrett außermittig zur steileren Dachseite hin montiert werden. Auch hier hat sich in der Praxis eine Mindestbreite von 25 cm bewährt.

34. Überdeckte Biberkehlen als Sonderform der überdeckten Kehlen dürfen nur bei annähernd gleichen Dachneigungen und gleichem Wasseranfall der benachbarten Dachflächen gedeckt werden.

35. Bei überdeckten Biberkehlen richtet sich die Höhenüberdeckung der Biberreihen in der Kehle nach der Einteilung der Kehle. Als Mindestforderung muss die erste Reihe die vierte Reihe um mindestens 1 cm überdecken (Dreifachdeckung).

Die Flächendeckung soll die Kehldeckung um mindestens 10 cm, rechtwinklig zur Kehllinie gemessen, überdecken.

36. Beim Format A liegt die Mindestbreite der Kehle bei 5 Bibern, beim Format B sind mindestens 4 Biber in der Breite vorgeschrieben.

37. Als Unterkonstruktion für die überdeckte Biberkehle ist eine Kehlschalung erforderlich, die auch aus mehreren Brettern und Dreikantleisten bestehen kann. Die Breite der Kehlschalung hängt vom Kehlwinkel und vom Biberformat ab.

38. Vergleichbar mit der eingebundenen Biberkehle kann die überdeckte Biberkehle ebenso in Mörtel oder trocken verlegt werden. Wird die Kehle trocken gedeckt, sind alle Biber mit korrosionsbeständigem Draht und korrosionsbeständigen Nägeln oder Schrauben zu befestigen.

Bei der Verlegung in Mörtel muss die Kehlschalung mit einer Vordeckung geschützt werden. Die Ziegel werden mit einem Längs- und Querschlag, oder zusätzlich noch mit einem Längsfugenanstrich gedeckt. Die geschmälerten äußeren Biber sind mit einem wasserabweisenden Schnitt zu versehen.

39. Die überdeckte Dreipfannenkehle kommt lediglich bei Hauptkehlen von Hohlpfannendeckungen zur Anwendung. Hier bilden 3 Hohlpfannen mit einer Gesamtbreite von ca. 63 cm die Kehleindeckung.

40. Dreipfannenkehlen können mit einer Unterkonstruktion aus Latten oder auf einer Kehlschalung gedeckt werden. Die Breite eines Kehlmittelbrettes sollte mindestens 16 cm betragen. Wird die Kehle ohne Kehlschalung auf Lattung gedeckt, so sind die Latten, die nicht auf den Schiftern enden, zu unterstützen. Dies kann mit Brettern, die parallel zum Kehlsparren montiert werden müssen, erfolgen. Um einen gleichmäßigen Übergang zu den Traglatten zu ermöglichen, sind beidseitig in Kehlrichtung Dreikantleisten anzubringen.

41. Die Deckung der Hohlpfannen kann vermörtelt oder trocken mit Deckunterlage erfolgen. Bei der trockenen Verlegung sind die Einhängenasen der Pfannen zu entfernen und jede einzelne muss mit korrosionsbeständigem Draht befestigt werden.

Die Eindeckung der Kehle beginnt mit dem Wasserziegel in der Mitte der Kehle. Links daneben wird eine zweite Hohlpfanne als Kehlziegel verlegt. Die rechte Hohlpfanne muss umgedreht werden, sodass sie von rechts den mittig liegenden Wasserziegel überdeckt. Um die sichere Auflage der nächsten Kehlreihe zu gewährleisten, muss die ansonsten nach oben zeigende Nase entfernt werden.

Die Höhenüberdeckung der Kehlgebinde beträgt 10 cm, die Seitenüberdeckung liegt bei mindestens 4 cm.

42. Die Formziegelkehle ist eine überdeckte Ziegelkehle, bei der gesonderte Formkehlziegel in der Kehlmitte entlang der Kehllinie verlegt sind. Diese können sowohl mit Rinne, als auch mit mittigem Steg hergestellt sein.

43. Die Höhenüberdeckung der Kehlziegel untereinander richtet sich nach der Dachneigung und wird vom Hersteller vorgegeben. Die Kehlziegelreihe wird dann rechts und links jeweils von der Eindeckung der angrenzenden Dachflächen überdeckt.

Die seitliche Überdeckung sollte mindestens 10 cm betragen, wenn die Verlegeanleitung des Herstellers nicht etwas anderes vorschreibt.

44. Schwenkziegelkehlen kommen nur bei der Biberschwanz-Kronendeckung zur Anwendung.

45. Hier werden speziell gefertigte, konisch geformte Kehlbiber verwendet, die dann über geschmälerte Flächenbiber in die angrenzenden Dachflächen eingebunden werden. Dadurch wird von Reihe zu Reihe ein gleichmäßiger Übergang zwischen den Flächendeckungen und der Kehleindeckung erreicht.

13.3 Anschlüsse

46. Anschlüsse der Dacheindeckung an Dachdurchdringungen lassen sich unterteilen in
- traufseitige,
- firstseitige und
- seitliche Anschlüsse.

47. Bei Deckungen mit Dachziegeln und Dachsteinen können Anschlüsse aus dem gleichen Deckwerkstoff, mit Metallblechen oder mit anderen dafür geeigneten Werkstoffen gefertigt werden. Die Anschlüsse müssen an das Bedachungsmaterial, an die örtlichen und baulichen Anforderungen und die Architektur des Gebäudes angepasst werden. Für Anschlüsse sind folgende Materialien geeignet:
- Schiefer
- Faserzementplatten
- Metall
- Holz
- Kunststoffe o. Ä.

48. Folgende Anschlusshöhen sind einzuhalten:

Dachneigung	Anschluss		
	seitlich	traufseitig	firstseitig[1)]
	Anschlusshöhe in mm		
< 5°	150	150	150
< 22°	100	100	150
≥ 22°	80[2)]	80	150

1) Bei steilen Dachneigungen, großen Sparrenlängen oder erhöhten Anforderungen (siehe Grundregel) können größere Anschlusshöhen erforderlich werden.
2) Bei abgetreppten Anschlüssen und konturierten Deckwerkstoffen beträgt die Anschlusshöhe über Oberkante Deckwerkstoff mindestens 65 mm.

49. Traufseitige Anschlüsse werden in der Praxis überwiegend aus Metall hergestellt. Dies sind dann Bleche, die für die jeweilige Dachneigung abgekantet werden und am aufgehenden Bauteil so montiert werden, dass sie das Bedachungsmaterial in Richtung zur Traufe überdecken.

Am Bauteil werden sie hochgeführt und regensicher befestigt. Das aufliegende Blech sollte an die Konturen der Deckung angepasst werden. Dies gelingt durch Anformen bei Bleiblechen oder durch Ausschneiden bei aufliegenden Anschlussblechen aus anderen Metallen.

50. Die Überdeckung der Anschlussbleche auf die Deckwerkstoffe ist von der Dachneigung abhängig und darf folgende Maße nicht unterschreiten:
- DN ≥ 22° mindestens 100 mm
- DN < 22° mindestens 150 mm
- DN < 15° mindestens 200 mm

Die traufseitige Anschlusshöhe am aufgehenden Bauteil richtet sich ebenfalls nach der Dachneigung. Die einzuhaltenden Maße sind der Lösung aus Aufgabe 48 (siehe oben) zu entnehmen.

Wenn sich Bleche seitlich überdecken, ist eine Mindestüberdeckung von 10 cm einzuhalten. Besser ist es, die Bleche bei einer waagerechten Überdeckung von 1 cm mit einer Lötnaht wasserdicht zu verbinden.

51. Firstseitige Anschlüsse werden auf der Baustelle überwiegend aus Blechen hergestellt. Vergleichbar mit den traufseitigen Anschlüssen müssen auch hier die Bleche an die Dachneigung angepasst und entsprechend gekantet oder angeformt werden. Sie werden als unterliegende Anschlüsse ausgeführt, d. h. oberseitig unter das Bedachungsmaterial geführt. Das Anschlussblech muss immer auf einer flächigen Unterlage aufgelegt werden. An der Oberseite des untergelegten Anschlussbleches sorgt ein mindestens 15 mm breiter Wasserfalz für die nötige Regensicherheit und ermöglicht gleichzeitig das Einhängen der Hafte zur indirekten Befestigung.

52. Die Überdeckungsmaße des Deckwerkstoffes auf das untergelegte Blech sind wie bei den traufseitigen Anschlüssen nach der Dachneigung gestaffelt. Sie dürfen folgende Maße nicht unterschreiten:
- DN ≥ 22° mindestens 100 mm
- DN < 22° mindestens 150 mm
- DN < 15° mindestens 200 mm

Die firstseitige Anschlusshöhe am aufgehenden Bauteil richtet sich ebenfalls nach der Dachneigung. Die einzuhaltenden Maße sind der Lösung aus Aufgabe 48 (siehe Seite 167) zu entnehmen.

53. Seitliche Anschlüsse, z. B. an die seitlichen Wangen eines Schornsteins oder einer Gaube, können als unterliegende, überdeckende oder aufliegende Anschlüsse ausgeführt werden.

Bei seitlichen Anschlüssen aus Metall können diese vom Deckwerkstoff überdeckt, in diesen eingebunden oder auf dem Deckwerkstoff aufliegend hergestellt werden. Wie bei den trauf- und firstseitigen Anschlüssen sind dabei die „Regeln für Metallarbeiten im Dachdeckerhandwerk" zu beachten.

54. Bei den unterliegenden Anschlüssen werden überwiegend durchgehende Metallbleche verwendet, die von den Dachziegeln/-steinen überdeckt werden. Die gekanteten Bleche müssen entweder vollflächig oder auf einer Lattung mit einem Traglattenabstand < 17 cm aufliegen. Kann dieser Abstand nicht gewährleistet werden, sind Zwischenlatten zu montieren.

55. Bei den unterliegenden durchgehenden Metallblechen werden folgende Ausführungsarten unterschieden:
- einfache Anschlüsse mit Wasserfalz (≥ 15 mm) – nur bei geringem Wasseranfall verwendbar
- vertiefte Anschlüsse (Mindesttiefe 20 mm, Mindestbreite 40 mm)
- Sonderkonstruktionen (z. B. mit Steg)

56. Die Anschlussbleche werden im oberen Bereich der Höhenüberdeckung genagelt und an der Längsseite über den Wasserfalz mit Haften befestigt.

57. Zwischen dem angearbeiteten Deckmaterial und der wandseitigen Aufkantung am aufgehenden Bauteil oder an dem Steg eines Anschlussbleches soll ein mindestens 4 cm breiter Abstand gewährleisten, dass bei hohem Wasseranfall der Niederschlag schnellstmöglich abgeleitet wird. Bei geringer Niederschlagsbelastung kann bis an die Aufkantung bzw. den Steg gedeckt werden.

58. Müssen die seitlichen Anschlussbleche, z. B. bei sehr langen Wandanschlüssen, mehrteilig ausgeführt werden, gelten, je nach Dachneigung, für die Höhenüberdeckung der Bleche untereinander folgende Abmessungen:

Höhenüberdeckung der seitlichen Bleche untereinander

Dachneigung	Überdeckung in cm
>22°	≥10 cm
≥15° bis ≤ 22°	≥15 cm
<15°	Wasserdichte Verbindung (z. B. Löten)

59. Hier gilt sowohl bei profilierten als auch bei ebenen Deckwerkstoffen ein dachneigungsunabhängiges Maß von mindestens 10 cm Überdeckung auf den untergelegten Anschluss.

60. Unterliegende Metallanschlüsse können nicht nur mit durchgehenden unterliegenden Metallblechen hergestellt, sondern auch über eingebundene Schichtstücke (Nocken) regensicher angeschlossen werden.

61. Im Gegensatz zu den unterliegenden Anschlüssen befindet sich bei den aufliegenden und überdeckenden Anschlüssen das Metallblech oder das Kunststoffformteil auf bzw. über der Deckung.

62. Aufliegende Anschlussbleche oder -formteile liegen direkt auf dem Deckwerkstoff auf. Diese sind dann teilweise oder überwiegend sichtbar. Sie können entweder mit Schichtstücken als Nockenanschluss oder mit durchgehend aufliegenden Blechen ausgeführt werden. Werden Deckungen mit profilierten Deckwerkstoffen als Nockenanschluss mit Schichtstücken hergestellt, so wird auf jede am Anschluss anlaufende Deckreihe ein Schichtstück gedeckt. Auf dessen Sicherung gegen Abrutschen muss gesondert geachtet werden. Länge und Breite des Zuschnitts richten sich nach der Form des Deckwerkstoffes.

63. Bei überdeckenden Anschlüssen handelt es sich um selbsttragende, durchgehende Bleche, die nicht auf, sondern über dem Deckwerkstoff angeordnet werden. Dabei werden überwiegend überdeckende Bleche verwendet, die dachseitig entweder mit einem Umschlag oder mit an die Deckung angepassten Ausschnitten (Zahnung) enden.

64. Bei den Deckungen mit Biberschwanzziegeln bzw. Dachsteinen im Biberformat können – im Gegensatz zu allen anderen Dachziegel- und Dachsteinarten – die seitlichen Anschlüsse an aufgehende Bauteile oder Wände auch mit dem gleichen Deckmaterial ausgeführt werden. Dabei werden folgende Möglichkeiten unterschieden:
- Wandkehlen
- eingebundene oder durchgedeckte Wangenkehle
- eingebundener Nockenanschluss

65. Bei der Biberdoppeldeckung oder bei der Kronendeckung können bei aufgehenden Bauteilen oder bei Durchdringungen und bei seitlichen Anschlüssen Nocken zum Einsatz kommen.

Die Nockenhöhe errechnet sich aus dem Lattenabstand zuzüglich der erforderlichen Höhenüberdeckung. Die Nocken werden üblicherweise bündig mit der Oberkante der Traglatten mit Nägeln befestigt. Sollen die Nocken eingehängt werden, muss für die oberseitige Kantung ein Zuschlag beim Zuschnitt berücksichtigt werden.

Die Breite des Zuschnitts beträgt mindestens 20 cm. Beim Kanten der Nocke sollte darauf geachtet werden, die Nocken konisch zu kanten, damit an der Wand eine geradlinige Flucht der Nockenoberkanten erreicht wird.

13.4 Dachdurchdringungen

66. Dachdurchdringungen durchdringen den gesamten Dachaufbau. Beispiele dafür sind
- Antennen,
- Entlüftungs- oder Belüftungsrohre,
- Dachflächenfenster und Dachausstiege oder
- Schornsteine.

67. Bei Dachdurchdringungen müssen alle Funktionsschichten sorgfältig angeschlossen werden und dauerhaft funktionsfähig sein. Dabei sind die einzelnen Funktionsschichten nach den anerkannten Regeln der Technik dauerhaft anzuschließen. Bei wärmegedämmten Dächern ist weiter zu beachten, dass keine Wärmebrücken entstehen und es somit nicht zu Feuchteschäden im Dachaufbau kommen kann.

68. Durch die Verwendung von industriell vorgefertigten Formteilen wird die Sicherheit des dauerhaften Anschlusses erhöht, wenn sie produktspezifisch und nach den Herstellerangaben eingebaut werden. In Sonderfällen müssen Formteile handwerklich hergestellt werden.

13.5 Gauben

69. Bei nachträglich eingebauten Gauben muss deren Dacheindeckung auf die bestehende Flächendeckung abgestimmt werden. Für die Eindeckung von Dachgauben gelten die gleichen Regeldachneigungen wie für Flächendeckungen. Bei der Wahl der Gaubenform ist dieser Punkt ebenso zu berücksichtigen wie die Ausführung der erforderlichen Anschlusspunkte an die bestehende Dachfläche.

Gaubendachflächen sind gesondert nach deren Dachneigung und Gesamtdecklänge einzuteilen.

70. Da Gauben überwiegend bei ausgebauten Dächern zum Einsatz kommen, liegen dort immer erhöhte Anforderungen an die Regensicherheit vor. Für die Wahl von Zusatzmaßnahmen hat dies eine wesentliche Bedeutung. Bei der Ausführung sind nach Prüfung der Materialverträglichkeit diese Schichten immer funktionsgerecht anzuschließen.

71. Die Dachfläche einer Schleppgaube hat immer eine flachere Dachneigung als die Dachfläche, in die die Gaube eingebaut wird. Die Unterschreitung der Regeldachneigung und auch die Wahl der erforderlichen Zusatzmaßnahmen zur Regensicherheit sind dabei gesondert zu prüfen.

Eine Schleppdachgaube hat 2 Ortgänge und eine Traufe. Bei der Dacheinteilung von Schleppdachgauben ist zu beachten, dass die oberste Ziegelreihe vom Gaubendach zu den Hauptdachflächen durchgedeckt werden kann.

Ist dies nicht möglich, müssen handwerkliche Lösungen aus Metall Verwendung finden.

Bei der Einteilung der Dachbreite des Schleppdaches kann es bei schmalen Gauben vorkommen, dass die Orte nur mit Fremdwerkstoffen gedeckt werden können.

72. Fledermausgauben können nicht mit allen Dachziegel- oder Dachsteinarten eingedeckt werden. Bevorzugt werden Biberschwanzziegel ver- wendet, aber auch die Eindeckung mit Hohlpfannen ist möglich.

Alle anderen Dachziegelarten benötigen vor der Ausführung eine Machbarkeitserklärung des Herstellers.

73. Bei der Konstruktion und Ausführung einer Fledermausgaube ist das Verhältnis von Gaubenstirnwandbreite zu dessen Höhe zu beachten. Für die nachfolgend genannten Deckungsarten sind folgende Mindestverhältnisse einzuhalten, um die Deckung ausführen zu können:
- Biberformat ≥ 5 : 1 (Breite zu Höhe)
- Hohlpfanne ≥ 8 : 1

74. Um eine ausreichende Hinterlüftung zu gewährleisten, sind auch bei der Fledermausgaube Konterlatten vorzusehen.

75. Beim Einlatten müssen sich die Traglatten an die Schweifung der Gaube anpassen lassen. Durch eine Wasserlagerung der Latten lassen sich die Latten besser verformen. Denkbar und praktikabel ist auch die Verwendung von mehreren dünnen Holzleisten oder von Leisten aus anderen biegsamen Materialien.

76. Die sich beim Eindecken einer Fledermausgaube ergebenden unterschiedlichen Deckbreiten können bei den Hohlpfannen durch Drücken und Ziehen der Ziegel ausgeglichen werden.

Bei den Biberschwanzdeckungen müssen die Ziegel geschmälert werden, oder es werden Sonderziegel verwendet.

13.6 Details bei Schieferdeckungen

77. Deckunterlage (16 cm breites Kehlbrett mit Dreikantleiste und Dachlatte), Bleinocke, Kappleiste.

78. Die Gratdeckung der Dachfläche, die der vorherrschenden Windrichtung (Hauptwetterrichtung) zugewandt ist, wird überstehend gedeckt (ca. 5 cm). Bei unterschiedlichen Dachneigungen kann es erforderlich sein, die flacher geneigte Fläche mit Überstand zu decken. Bei kleinen Dachflächen und kurzen Gratlängen kann aus optischen Gründen von beiden Regeln abgewichen werden.

79. Die Steine am Grat werden mit mindestens 3 Schiefernägeln oder Schieferstiften befestigt. Die äußeren oberen Ecken erhalten einen wasserabweisenden Schnitt (Runden oder Stutzen)

80. 10 cm

81. Die Anzahl der Kehlsteine bei Wandkehlen beträgt 3-5. Diese sind mindestens 13 cm breit und werden seitlich halb überdeckt.

82. Wandkehlen gelten als sehr regensicher, da sie aus der wasserführenden Ebene herausgehoben werden.

83. Sicherheitsdachhaken und Stützen für Schneefangvorrichtungen oder Laufstege müssen unter Verwendung von genügend breiten Blechen mit seitlichem Umschlag eingebaut und eingedeckt werden. Dabei sind die Mindesthöhen- und Seitenüberdeckungen der Flächendeckung einzuhalten. Jedoch muss die seitliche Überdeckung mindestens 10 cm betragen.

13.7 Details bei Holzschindeln

84.
- Aufgelegter Grat
- Schwenkgrat
- mit gerade herangeführten Reihen
- in rund herangeführten Reihen
- mit gerundeten Gratsparren
- Aufgelegt

85. Bei Kehlneigungen unter 25° (Dachneigungen unter ca. 35°)

86. Der aufgelegte Grat ist die einfachste Form und eignet sich ebenfalls für flache Dachneigungen (≤ 30°)

87. **a)** 666 mm
b) 500 mm

Diese Vorgaben gewährleisten zusammen, dass die Kehle „offen“ (freier Wasserabfluss und Selbstreinigungseffekt) ausgeführt werden kann und sich so weniger verstopfungsgefährdender Schmutz ansammelt.

88. Auf die Verträglichkeit der Metalle mit den verwendeten Holzart oder den verwendeten Holzarten ist zu achten. Hierzu stehen Tabellen zur Verfügung, die Aufschluss darüber geben, welche Holzarten mit welchen Metallen verträglich sind und welche nicht.

13.8 Details bei Bitumenschindeln

89. • eingebundene Bitumenschindelkehle
• untergelegte Bitumenschindelkehle mit Metall, Bitumenbahnen oder Bitumenschindeln
• wechselseitig gedeckte Bitumenschindelkehle

90. Die Kehle wird im Halbverband in Dreifachdeckung mit mindestens 1 cm Höhenüberdeckung gedeckt. D.h. dass das vierte Gebinde das erste um mindestens 1 cm überdeckt.

91. Grate werden bei Bitumenschindeln sinngemäß wie der First ausgebildet. Die am Grat anlaufenden Schindeln werden parallel zur Gratkante abgeschnitten und am Fuß mit einem (nach der Gratdeckung nicht sichtbaren) Wasser abweisenden Schnitt versehen. Anschließend wird die Gratkante mit einem „Gratgebinde“ (einzelne sich überdeckende Schürzen) abgedeckt.

92. Aus der Mitte heraus gemessen müssen ganze Schindeln min. 30 cm in die gegenüberliegende Fläche geführt werden. Aus der Mitte heraus gemessen ist 15 cm nach links und rechts ein nagelfreier Bereich einzuhalten.

93. 1. als Wandkehle mit Dreikantleiste
2. mit untergelegten Anschlussblechen
3. mit Schichtstücken (Nocken)

13.9 Details bei Faserzement-Dachplatten

94. Ein Metallanschluss kann vertieft und unterlegt ausgeführt werden.

95. Diese Anschlüsse müssen 2-teilig ausgeführt werden.

96. Die Anschlussbleche müssen auf einer vollflächigen Deckunterlage mit Vordeckung aufliegen, oder auf einer Traglattung mit einem Lattenabstand <170 mm.

97. Bei unterlegten Bleianschlüssen muss eine vollflächige Auflage vorhanden sein.

98. Die Anschlussbleche müssen einen mindestens 15 mm breiten Wasserfalz haben.

99. Der Wasserlauf muss mindestens 40 mm breit und 20 mm tief sein.

100. Die Überdeckung beträgt mindestens 100 mm.

101. Die Überdeckung muss mindestens 100 mm betragen.

102. Es werden 3–5 Kehlplatten gedeckt.

103. Die Kehlplatten sind mit mindestens 3 Schieferstiften zu befestigen.

104. Gegenüber der Dachfläche muss die Höhenüberdeckung in der Kehle um 1/3 erhöht werden.

105. Die Seitenüberdeckung beträgt mindestens 65 mm.

106. • Ausführung mit ebenem Wasserlauf
• Ausführung mit vertieftem Wasserlauf
• Ausführung mit Wasserlauf und Steg

107. Es kann die Ausführung mit Steg oder mit vertieftem Wasserlauf zum Einsatz kommen.

108. Die Bleche müssen sich mindestens 100 mm überdecken.

109. Die Dachplatten müssen die Kehlbleche mindestens 100 mm überdecken.

110. Die Kehlbleche werden im oberen Bereich der Höhenüberdeckung genagelt und an den Längsseiten mit Haften befestigt.

13.10 Details bei Faserzement-Wellplatten

111. Mindestens 15 cm.

112. Mindestens 5 cm.

113. Die Anschlüsse sind aus Metall.

114. Mindestens 20 cm.

115. Das Kehlblech ist um mindestens 10 cm zu überdecken.

Lernfeld 13b Geneigte Dächer mit Reet decken

1. Das Nähen, Binden oder Schrauben.
2. Es müssen geeignete Deckstühle und/oder Dachleitern verwendet werden.
3. Es ist ein allseitig waagerecht gemessener Abstand von 50cm gefordert.
4. Die RDN beträgt 45° bzw 100%. Die Neigung der Halme zwischen Stoppelende und Bindung beträgt mindestens 25°. Bei den Hauptdachflächen darf die RDN in keinem Fall unterschritten werden. Für kleine Flächen, z. B. Dachgauben, darf eine Mindestdachneigung von 40° gewählt werden.
5. 6 cm.
6. Landesbauordnung; bauaufsichtliche Vorschriften; Städte-, Kreis-, Gemeindeverordnungen oder –satzungen.
7. Von der Dachneigung, der Sparrenlänge und der Dicke der Deckung.
8. Reet, Stroh, Heidekraut, Grassoden, Ziegel, Dachsteine, Wellplatten.
9. 40/60 mm.
10. Stahldraht, nichtrostend; 1,0 mm; kunststoffummantelter Draht, Mindestgesamtdicke 2,0mm, Dicke des Drahtes mindestens 1,4 mm; Kupferdraht, 1,5 mm.
11. Der Abstand ist abhängig von der Dachneigung, der Länge des Reets, der Gefährdung durch Windsog. Eine hohe Dachneigung, hohe Windsoggefährdung und kurzes Reet fordern einen geringen Lattenabstand.
12. Das genähte Dach wird ohne Vorlagendraht befestigt.
13. Reet muss ausgereift, gut gesäubert und von gelber bis brauner Farbe sein. Die Bunde sollen frei von Beimengungen und Krummrohr sein. Der Reethalm soll zwischen dem ersten und dritten Wachstumswirbel geschnitten sein.
14. Formen und Maße, der Feuchtegehalt und der Befall von Insekten können geprüft werden.

Lernfeld 14 Details an Dächern mit Abdichtungen herstellen und Bauwerke abdichten

1. Zur Gewährleistung eines ausreichenden Schutzes vor Überflutung und Spritzwasser.

2. Bis 5° Dachneigung mindestens 15 cm über Oberkante Belag, über 5° Dachneigung mindestens 10 cm über Oberkante Belag. In schneereichen Gebieten gegebenenfalls höher.

3. Bei genutzten und befahrenen Flächen.

4. Wandanschlüsse werden am oberen Bahnenrand mechanisch befestigt, um sie gegen Loslösen und Abrutschen zu sichern. Ebenfalls müssen sie gegen Wasserhinterläufigkeit geschützt werden.

5. Es ist darauf zu achten, dass:
- die Bleche mindestens 16 cm breit sind,
- die Abdichtungslagen vollflächig im Lagenrückversatz verklebt werden,
- die Abdichtung mindestens 1 cm vor der Aufkantung endet,
- ein lose verlegter Schleppstreifen über den Übergang zwischen Blech und Abdichtung angeordnet ist,
- die Einklebeflächen sauber, fettfrei und mit einer Haftbrücke versehen sind.

6. Man kann die Anschlusshöhe auf 5 cm reduzieren, wenn jederzeit ein einwandfreier Wasserablauf im Türbereich sichergestellt ist, und die Spritzwasserbelastung minimiert wird. Dies erreicht man z. B. durch den Einbau eines rinnenförmigen Entwässerungsrostes im unmittelbaren Türbereich und/oder einer Überdachung des Türbereiches. Des Weiteren sollte der Belag ein Gefälle aufweisen.

7. Mindestens 30 cm, von Außenkante Flansch gemessen.

8. Mit Klebeflanschen, Anschweißflanschen, Dichtungsmanschetten, Klemmflanschen oder Flüssigabdichtungen.

9. Sie müsse beweglich, d. h. zweiteilig ausgeführt werden.

10. Bewegungsfuge Typ l: Langsam ablaufende und einmalige oder selten wiederholte Bewegungen.

Bewegungsfuge Typ ll: Schnell ablaufende oder häufig wiederholte Bewegungen.

11. Die Aufgabe der Bauwerksabdichtungen ist es, Bauwerke oder Bauteile gegen Grundwasser, Sicker- und Stauwasser, Bodenfeuchtigkeit, Oberflächenwasser und Niederschläge dauerhaft zu sichern und somit zu deren langfristigen Werterhaltung beizutragen.

12. Sickerwasser:
Im wasserdurchlässigen Erdreich (nicht bindigem Boden) kann der Niederschlag versickern und übt somit keinen hydrostatischen Druck auf die Bauwerksabdichtung aus.

Grundwasser:
In wasserundurchlässigen Schichten (bindiger Boden) staut sich beispielsweise das Sickerwasser, woraus sich dann Grundwasser bildet, welches einen hydrostatischen Druck auf die Bauwerksabdichtung ausübt.

13. Bauwerksflächen auf die eine Bauwerksabdichtung aufgebracht werden soll, müssen frostfrei, fest, eben, frei von Kiesnestern und klaffenden Rissen, Graten sowie frei von schädlichen Verunreinigungen sein. Bei aufgeklebten Abdichtungen müssen sie zudem oberflächentrocken sein.

14. Die Anzahl der Lagen muss auf die jeweiligen Beanspruchungen wie Angriffsart des Wassers, Wasserstand, Fließrichtung, Bodenfeuchtigkeit, Bodenart, Nutzung des Gebäudes bzw. Bauteils, mechanische, thermische und chemische Beanspruchung der Abdichtung im waagerechten oder senkrechten Bereich und Geländeform abgestimmt sein.

Lernfeld 15 An- und Abschlüsse an Wänden herstellen

1. A_{ges} = 36,21 m² (ohne Ortabzug)
A_{Ort} = 4,50 m²

A_{ges} = 31,71 m² (mit Ortabzug)

a) St /m2 = 41,67 Stck/m²
St ges = 1480 Stck
b) 2,96 Paletten = 3 Paletten
c) 1,35 %
d) 18,01 m Ortlänge, ohne Fenster
Ortplatten = 6,67 St / m
Stck ges Ortplatten = 129 St
e) 1 Brett 0,8 m², 45 Bretter

2. und **3.**
Für diese Aufgaben sind verschiedene Lösungsansätze möglich.

4.

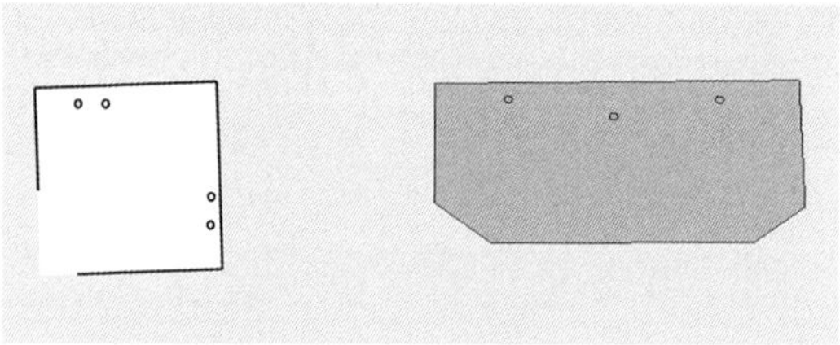

5.

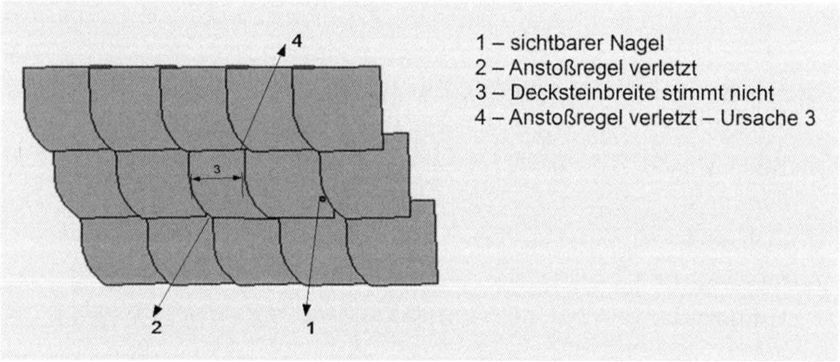

6.
- Der Hinterlüftungsquerschnitt stimmt nicht. Folge: Wärmestau
- Die Abstände der Konterlattung sind zu groß. Folge: Die Tragfähigkeit ist gefährdet.
- Es wurde kein trockenes Holz verwendet. Folge: Das Schwindverhalten vom Holz beeinträchtigt die Eindeckung.
- Die Höhen- und Seitenüberdeckung wurde nicht eingehalten. Die Regensicherheit ist nicht gewährleistet.

7.
- Brandschutzklasse B 1 – schwer entflammbar – z. B. Mineralwolle
- formstabil
- wasserabweisend

Lernfeld 16 Energiesammler, Blitzschutzanlagen und Einbauteile montieren

1. Blitzeinschläge können mechanische, thermische und elektrische Schäden verursachen.

2. Eine äußere Blitzschutzanlage funktioniert nach dem Prinzip des Faradayschen Käfigs. Um das Gebäude wird ein metallener Käfig gebaut, der den Blitzstrom im Falle eines Einschlages ungehindert und auf direktem Wege in die Erde ableitet.

3. Blitzschutzanlagen werden in 4 verschiedene Blitzschutzklassen eingeteilt, wovon die Blitzschutzklasse 1 den größtmöglichen Schutz vor Schäden durch Blitzeinschläge bietet.

4. Eine Blitzschutzanlage besteht aus
   - der Fangeinrichtung,
   - der Ableitung,
   - der Erdungsanlage und
   - der Potenzialausgleichschiene.

5. Das Blitzkugelverfahren dient zur Ermittlung von Eintrittstellen, die für einen direkten Blitzeinschlag in Frage kommen. Es definiert den durch einen Blitz gefährdeten Bereich als Kugel, deren Mittelpunkt die Spitze des Blitzes ist. Jeder Punkt eines Gebäudes, der von der Kugel berührt wird, muss durch eine Fangeinrichtung geschützt werden.

   Das Schutzwinkelverfahren ist ein vom Blitzkugelverfahren abgeleitetes Verfahren. Der Schutzwinkel wird vom Radius der Blitzkugel bestimmt. Der Schutzwinkel ist abhängig von der Schutzklasse und der Höhe der Fangeinrichtung über der Bezugsebene.

   Beim Maschenverfahren wird auf der Dachfläche ein maschenförmiges Fangnetz mit einer der Schutzklasse entsprechenden Maschenweite angeordnet.

6. Die Anzahl der Ableitungen hängt von der Schutzklasse und von dem Umfang der zu schützenden Anlage ab. Es müssen jedoch mindestens 2 Ableitungen vorhanden sein.

7. Grundsätzlich werden 2 Erdertypen unterschieden: Erder Typ A und Erder Typ B

   Erder Typ A sind einzeln angeordnete Erder. Diese unterteilen sich in vertikal angeordnete Tiefenerder und horizontal angeordnete Oberflächenerder.

   Erder Typ B unterteilen sich in Ringerder und Fundamenterder.

8. Ja, die solare Einstrahlung auf die Kontinente reicht mehrfach über die reine Weltenergiebedarfsmenge für den elektrischen Strom hin aus. Diese macht jedoch nur einen kleinen Teil des Weltenergiebedarfs hin aus.

Die technisch nutzbare Energie würde mittlerweile zur Deckung nahezu ausreichen. Jedoch kann diese zum einen noch nicht gespeichert werden, zum anderen wird sie produziert, wenn lokal meist wenig Strom abgenommen wird. Darüber hinaus können Spitzenlasten aus Industrie etc. noch längst nicht aufgenommen werden.

9. Die Sonneneinstrahlung beträgt idealerweise etwa 1000 Watt/Quadratmeter. Bei uns erreicht Sie etwa 830 bis 880 Watt/Quadratmeter.

10. Ein Wasser Glykol-Gemisch.

11. Bei Solarthermischen Anlagen können Temperaturen um +200 °C im Wasser Glykol-Gemisch und mehr auftreten. Das Glykol erhöht den Siedepunkt und senkt den Gefrierpunkt des Wassers je nach Mischungsverhältnis.

12. Das Einsparpotenzial einer Solarthermischen Anlage hängt natürlich auch von der Auslegung der Anlage ab. Sprich: Dachneigung, Dachausrichtung, Kollektorfläche, Modultyp, Speichergröße und Korrektheit der Ausführung der Arbeiten und Einstellung spielen eine Rolle. Jedoch kann man sagen: Bei der Trinkwassererwärmung können ca. 20 % und bei Trinkwassererwärmung mit Heizungsunterstützung können etwa 30 % Energie eingespart werden.

13. Der Speicher einer Solarthermischen Anlage wird in etwa nach seiner Kollektorfläche ausgelegt. Man sagt nach einer Faustformel: bei Flachkollektoren etwa 50 Liter/Quadratmeter Kollektorfläche, bei Röhrenkollektoren etwa 60 Liter/Quadratmeter Kollektorfläche. Das hieße der Speicher müsste in etwa ein Volumen von rechnerisch 600 bzw. 720 Litern haben. Diese sind dann entsprechend auszuwählen. Sprich 600/700 oder 750 Liter, da nicht alle Litergrößen hergestellt werden.

14. Man unterscheidet in 2 Hauptgruppen: Flach und Röhrenkollektoren.

Sie unterscheiden sich in Preis und Leistung. Es gibt bei den Röhrenkollektoren jedoch auch verschiedene Ausführungen (z. B. Heatpipes).

15. Röhrenkollektoren können zum einen nur Aufdach und nicht Indach montiert werden. Sie müssen zumeist ein Gefälle haben und die Röhren können einzeln ausgerichtet oder ausgetauscht werden. Bei der Installation von Flachkollektoren werden geringere Ansprüche gestellt, es sei denn sie werden Indach montiert. Hierbei ist auf eine gute Abdichtung und Abdeckung durch den Eindeckrahmen zu achten.

16. Die Dachhaken müssen der Befestigungsvorrichtung des Moduls und der Dacheindeckung entsprechen. Unterschiede gibt es auch von Hersteller zu Hersteller.

17. Die Ausrichtung in der Nord-Süd-Achse sowie die Dachneigung.

18. Die Anlage muss zum einen vom Netz getrennt sein, damit keine Ströme fließen. Darüber hinaus können Kurzschlüsse im System zu einem Lichtbogen führen. Hier sind lebensbedrohliche Verletzungen zu erwarten. Des Weiteren ist die installierende Person gegen Absturz abzusichern. Sie muss angegurtet sein, Absturzgerüst und Abdeckung z. B. von Lichtkuppeln und Öffnungen.

19. Das Modul mit der schwächsten Leistung gibt die Gesamtleistung im Strang vor. Ist ein Modul im Schatten, verhält sich der Strang, als würden alle Module abgeschattet.

20. Fehlerhafte Module können mit einer Wärmebildkamera aufgespürt und erfasst werden. Auch hier ist zu bedenken, dass ein fehlerhaftes Modul die Leistung des Strangs schwächt.

Lernfeld 17 Dach- und Wandflächen instand halten

1. Eine Inspektion ist eine augenscheinliche Kontrolle des Zustands eines Daches. Eine Wartung dagegen setzt regelmäßige Kontrolle mit entsprechender Instandhaltung voraus.

   Ein Wartungsvertrag umfasst z. B. Art, Umfang und Intervalle der Wartungsarbeiten an einem Dach.
2. Wichtige Wartungspunkte sind Dachtritte und Dachwege, da diese Einrichtungen dem persönlichen Schutz dienen, sollten sie in regelmäßigen Intervallen kontrolliert werden.
3. In einem Wartungsvertrag werden alle Details zu Art und Umfang der Wartungsarbeiten geregelt, so etwa die vereinbarten Wartungsintervalle, also die Zeiträume, in denen eine Wartung erfolgen muss, und der Umfang und die Art der Leistungen, die dann erbracht werden müssen.
4. Reinigung der Rinne und der Fallrohre
5. Die Dachentwässerung schützt das tragende Mauerwerk des Gebäudes vor Durchfeuchtung.
6. Einmal in 5 Jahren und schnellstmöglich nach einem Sturm.
7. Auswechslung einzelner defekter Schiefer.
8. Den Korrodierten ausbauen und durch einen Neuen ersetzen und alle anderen kontrollieren.
9. Klärung: Wo befinden sich Anschlagpunkte für das Sicherheitsgeschirr, wo die Laufwege?
10. Verträglichkeit des Kunststoffs mit dem Untergrund.
11. Säubern und Reinigen, dann Vorstreichen des Untergrunds. Vlieszuschnitte vorbereiten.
    - Flüssigkunststoffe ggf. mit Katalysator nach Herstellerangaben mischen. Einstreichen des Untergrunds mit Flüssigkunststoff.
    - Vlies einlegen.
    - Einarbeiten des Materials 2/3 unter dem Vlies, 1/3 überstreichen
    - Oberseitiges Abdichten des Vliesrandes und Ränder überstreichen.
12. Wichtig: Dokumentation der Schäden, z. B. durch aussagefähige Fotos.

7. Lösungen zu den Zusatzaufgaben

7.1 Bauphysik

1. Wärmetransport kann auf 3 Wegen erfolgen:
- Wärmeleitung/Transmission: z. B. Wärmedurchgang durch Bauteile und (feste) Stoffe
- Wärmeströmung/Wärmemitführung/Konvektion: z. B. Wärmemitführung durch sich bewegende Flüssigkeiten (Heizung) oder Gase (Luftzug)
- Wärmestrahlung ist die Wärmeübertragung von Wärmeenergie durch elektromagnetische Strahlung: z. B. Sonneneinstrahlung auf Gegenstände, Wärmestrahlung beim Toaster, Heizung oder Heizofen. Wärmestrahlung ist auch durch luftleeren Raum möglich.

2. Die Wärmeleitfähigkeit ist eine stoffliche Kenngröße, die ausdrückt, wie gut (oder wie schlecht) Wärmeenergie durch das Material weitergeleitet wird. Sie drückt aus, welche Wärmemenge (Ws) durch einen Stoff der Dicke 1 m pro m^2 Fläche, pro Grad Temperaturunterschied (K) und pro Sekunde (s) durchgeht. Danach ist die Einheit für λ $(Ws \times m)/(m^2 \times K \times s)$. Nach Kürzungen ergibt sich die Einheit $W/(m \times K)$.

3. **Wärmeübergangswiderstände**
Beim Ein- bzw. Austritt der Wärmeenergie in das bzw. aus dem Bauteil hinein bzw. heraus werden dem Wärmetransport (Transmission) aufgrund von Wärmestrahlung Widerstände entgegengesetzt. Die Wärmeübergangswiderstände R_{si} (innen) bzw. R_{se} (außen) sind abhängig von der Richtung des Wärmestroms und Tabellen zu entnehmen.

Wärmedurchlasswiderstände
Die Wärmedurchlasswiderstände R_i oder R_j geben die Widerstände an, die jede einzelne Bauteilschicht dem Wärmetransport entgegensetzt. Sie sind abhängig von der Schichtdicke und der Wärmeleitfähigkeit des Stoffs, aus dem die betrachtete Schicht besteht. Der Index i (oder j) steht für die Nummer der Schicht im Schichtenaufbau.

$R_j = d_j/\lambda_j$ $[m/(W/(m \times K)) = (m^2 \times K)/W)]$

Wärmedurchgangswiderstand
Aus der Summe der vorgenannten Widerstände ergibt sich der Wärmedurchgangswiderstand R_T.

4. Der U-Wert (früher k-Wert) ist eine Kenngröße zur Bewertung der wärmeisolierenden Eigenschaften eines Bauteils. Der U-Wert wird auch als Wärmedurchgangskoeffizient bezeichnet und ergibt sich nach der Formel: $U = 1/R_T$ $[W/(m^2 \times K)]$

Der U-Wert beschreibt den Energieverlust des Bauteils für jeden Quadratmeter Bauteilfläche. Je kleiner also der Wert, desto besser ist die Energieeinsparung durch das Bauteil.

5. Wärmestrom ist eine Form von Leistung, also eine verrichtete Arbeit pro Zeiteinheit. Sie gibt in der Bauphysik an, welche Wärmemenge (Ws) (Wattsekunden) pro Sekunde (s) durch die Bauteilschicht oder das Bauteil durchgeht. Die Einheit von ϕ ist demnach (Ws)/s. Nach Kürzungen ergibt sich die Einheit W (Watt).

Die Wärmestromdichte gibt das Verhältnis des Wärmestroms zur Bauteilfläche an, also in W/m^2. Anders ausgedrückt: Welche Wärmemenge (Ws) geht pro Sekunde (s) und pro Quadratmeter Fläche (m^2) durch die Schicht oder das Bauteil durch.

6. Die relative Luftfeuchte ist das Verhältnis vom absoluten Feuchtegehalt zum maximalen Feuchtegehalt der Luft in %. $\varphi = f_{abs}/f_{max} \times 100\ \%$.

7. Ist- Zustand:
$U = 0{,}4\ W/(m^2 \times K) \Rightarrow R_T = 2{,}5\ m^2 \times K/W$

Soll- Zustand:
$U = 0{,}2\ W/(m^2 \times K) \Rightarrow R_T = 5{,}0\ m^2 \times K/W$

Erforderliche Dämmstoffdicke:
$R_{zus.} = (5{,}0 - 2{,}5)\ m^2 \times K/W = 2{,}5\ m^2 \times K/W$

$R_i = d_i/\lambda_i \Rightarrow d_i = R_i \times \lambda_i = 2{,}5\ m^2 \times K/W \times 0{,}04\ W/(m \times K) = 0{,}1\ m = 10\ cm$

8. Von der Temperatur. Warme Luft kann mehr Wasserdampf aufnehmen als kalte Luft.

9. Mit **Diffusion** wird in der Bauphysik der Durchgang von Wasserdampf durch Bauteile oder Bauteilschichten bezeichnet. Mit **Konvektion** wird eine Strömung bezeichnet. Damit kann die Wärmemitführung in Wasser oder Luft gemeint sein. Ebenfalls kann mit Konvektion die direkte Luftströmung in Bauteile durch z. B. Leckagen gemeint sein. Im Vergleich zur Diffusion erfährt hierbei der Transport von Wasserdampf keinen Widerstand.

10. Der s_d-Wert ist ein Maß für den Widerstand, den ein Bauteil oder eine Bauteilschicht dem Durchgang von Wasserdampf (Diffusion) entgegensetzt. Der s_d-Wert wird auch als Äquivalente Luftschichtdicke bezeichnet. Er wird angegeben in Metern. Der s_d-Wert einer Bauteilschicht ist somit der Diffusionswiderstand der entsprechend dicken (Vergleichs-) Luftschicht. Der s_d-Wert wird errechnet aus der Schichtdicke der Bauteilschicht und der „Wasserdampfdiffusionswiderstandszahl" μ des Stoffes:

$s_d = \mu \times d$

μ wiederum ist der dimensionslose Faktor, der ausdrückt, um wie viel Mal der Diffusionswiderstand des Stoffes höher ist als der von Luft ($\mu_{Luft} = 1$).

11.
- eine Bauteilschicht ist **diffusionsoffen**, wenn ihr **s_d-Wert $\leq$ 0,5 m** beträgt
- eine Bauteilschicht ist **diffusionshemmend**, wenn ihr **s_d-Wert > 0,5 m aber < 1.500 m** ist
- eine Bauteilschicht ist **diffusionsdicht**, wenn ihr **s_d-Wert $\geq$ 1.500 m** ist

12. Konvektion (hier: Durchströmen von Bauteilschichten mit Luft) findet statt, wenn sich z. B. Fehlstellen (Leckagen) in der Gebäudehülle befinden. Die Luft kann ungebremst und ungehindert in das Bauteil eindringen. Der mitgeführte Feuchtegehalt/Wasserdampf kondensiert beim Abkühlen der Temperatur im Bauteil.

13. A **Nicht brennbare Baustoffe**
A1 ohne brennbare Bestandteile (z. B. Ziegel, Metalle)
A2 im Wesentlichen aus nicht brennbaren Bestandteilen (z. B. genormte Gipskartonplatten mit geschlossener Oberfläche)

B **Brennbare Baustoffe**
B1 schwer entflammbar (z. B. genormte Holzwolle-Leichtbauplatten, Wärmedämmverbundsysteme)
B2 normal entflammbar (z. B. Holz, genormte Holzwerkstoffe, Dach- und Dichtungsbahnen aus Bitumen)
B3 leicht entflammbar (im Bauwesen nicht zugelassen)

14. **F 90:** Erhaltung der „Funktion" im Brandfall für mindestens 90 Minuten

REI-M 90: Erhaltung der folgenden Funktionen über 90 Minuten im Brand:

Tragfähigkeit, Raumabschluss, Wärmedämmung, mechanische Einwirkung

15.
- Vermeiden des Entstehen eines Brandes
- Eingrenzen der Ausbreitung eines Brandes
- Schutz von Menschen und Tieren sowie Sachgütern und Objekten

16. Bedachungen müssen (bis auf bestimmte Ausnahmen) gegen Brandbeanspruchungen von außen (Flugfeuer, strahlende Wärme) ausreichend lang resistent sein. Bedachungen, die den Anforderungen genügen, werden als **harte Bedachung** bezeichnet.

Beispiel für harte Bedachungen:
- Bedachungen mit Natursteinen, Betondachsteinen, Ziegeln
- Bedachungen aus Metall
- Bituminöse Abdichtungen mit entsprechendem Schichtenaufbau, ansonsten
- mit 5 cm dicker Schüttung aus Kies16/32 oder Belag aus 4 cm dicken Betonplatten
- andere Bedachungen mit der Herstellerangabe „Harte Bedachung"

Demzufolge sind weiche Bedachungen alle Bedachungen, die nicht harte Bedachungen sind (z. B. Reetdächer)

17.
- Eine Verringerung um 20 dB bedeutet eine zweimalige Halbierung, somit nimmt die Lautstärke um ¾ der ursprünglichen Lautstärke ab und es verbleibt ¼ der ursprünglichen Lautstärke.
- Eine Erhöhung des Schallpegels um 30 dB bedeutet eine 3-malige Verdopplung. Somit ist die resultierende Lautstärke das achtfache der ursprünglichen Lautstärke.

18. Die Gewichtskraft eines Körpers errechnet sich aus dem Produkt seiner Masse und der Beschleunigung, die durch die Erdanziehungskraft entsteht. $F = m \times a$ $[1\ kg \times m/s^2 = 1\ N]$

19. Durch die Wechselhölzer werden die Kräfte, die der durchtrennte Sparren aufgefangen hat, an die beiden benachbarten Sparren übertragen. Generell ist das kein Problem, solange sowohl die Wechselhölzer, als auch die benachbarten Sparren ausreichend dimensioniert sind. Die Tragfähigkeit einer Auswechslung kann mithilfe des statischen Nachweises belegt werden. Das bedeutet nicht, dass bei jedem Fenstereinbau ein solcher Nachweis erforderlich ist. Ohne diesen statischen Nachweis und ohne Verstärkung der an den Seiten durchlaufenden Sparren soll im Pfettendach nur ausgewechselt werden, wenn der Achsabstand der Sparren 70 cm und der Abstand der Auflager 4 m nicht überschreitet. Ohne statischen Nachweis sollen generell die Wechselhölzer mindestens den gleichen Querschnitt haben wie die Sparren.

7.2 Wirtschafts- und Sozialkunde

1. a) Im dualen Berufsausbildungssystem erfolgt die praktische Ausbildung im Betrieb, während die Vermittlung von theoretischen Kenntnissen von der Berufsschule übernommen wird.

b) Vorteile sind u.a. :
- Die Ausbildung ist praxisbezogen.
- Beschäftigung im Betrieb während der Ausbildung.

Nachteile sind u.a. :
- Oftmals keine ausreichende Abstimmung zwischen Schule und Betrieb.
- Ausbildungsbetriebe sind evtl. zu spezialisiert.

c) Handwerksordnung, Berufsbildungsgesetz

d) Die Ausbildungsordnung legt die bundeseinheitlichen Standards für die betriebliche Ausbildung im Rahmen der Berufsausbildung fest.

2. a) Ein Ausbildungsvertrag muss schriftlich abgeschlossen werden. Dies muss bis spätestens vor Beginn der Ausbildung erfolgen.

b) Mindestangaben im Ausbildungsvertrag sind:
- Art, sachliche und zeitliche Gliederung der Berufsausbildung,
- Ziel der Berufsausbildung,
- Beginn und Dauer der Berufsausbildung,
- Dauer der regelmäßigen täglichen Arbeitszeit,
- Dauer der Probezeit,
- Zahlung und Höhe der Ausbildungsvergütung,
- Dauer des Urlaubs,
- Ausbildungsmaßnahmen außerhalb der Ausbildungsstätte,
- Voraussetzungen, unter denen der Berufsausbildungsvertrag gekündigt werden kann.

c) Pflichten des Ausbilders (Rechte des Auszubildenden):
- Ausbildungspflicht
- Kostenlose Bereitstellung der Ausbildungsmittel
- Freistellung zum Berufsschulbesuch
- Zahlung der Ausbildungsvergütung
- Fürsorgepflicht
- Pflicht zur Ausstellung eines Arbeitszeugnisses
- Anordnung von Arbeiten, die zum Ausbildungsberuf gehören

Pflichten des Auszubildenden (Rechte des Ausbilders):
- Lernpflicht
- Sorgfaltspflicht
- Gehorsamspflicht
- Pflicht zum Berufsschulbesuch
- Pflicht, schriftlichen Ausbildungsnachweis zu führen
- Schweigepflicht
- Pflicht zur Einhaltung des Wettbewerbsverbots

d) Die Probezeit muss mindestens einen Monat und darf höchstens 4 Monate betragen (§ 20 BBiG). Während der Probezeit sollen beide Vertragspartner feststellen können, ob der Auszubildende für den Beruf geeignet ist und ob er ihm gefällt. Daher können beide Vertragspartner während der Probezeit jederzeit ohne Angabe von Gründen das Berufsausbildungsverhältnis kündigen.

e) Diebstahl, Beleidigung usw. Die Kündigung erfolgt fristlos.

3. a) Das JArbSchG gilt für Personen, die das 15. Lebensjahr vollendet aber das 18. Lebensjahr noch nicht vollendet haben und sich in der Berufsausbildung oder als Arbeitnehmer in einem Arbeitsverhältnis befinden (§ 1 JArbSchG).

b) z. B. Bauberufe und Bäcker

c) Jugendliche dürfen nicht mehr als 8 Stunden täglich und 40 Stunden wöchentlich beschäftigt werden (§ 8 JArbSchG).

d) Einem 17-jährigen Auszubildenden stehen mindestens 25 Werktage Urlaub zu (§ 19 JArbSchG).

e) Die Ruhepausen müssen mindestens 30 Minuten bei einer Arbeitszeit von mehr als 4,5 bis zu 6 Stunden und 60 Minuten bei einer Arbeitszeit von mehr als sechs Stunden betragen. Als Ruhepause gilt nur eine Arbeitsunterbrechung von mindestens 15 Minuten (§ 11 JArbSchG).

4. a) Werdende Mütter sind nur eingeschränkt beruflich leistungsfähig und körperlich mobil.

b) Eine (werdende) Mutter darf 6 Wochen vor und 8 Wochen nach der Geburt nicht arbeiten.

c) Mütter und Väter können unter Beibehaltung des Arbeitsverhältnisses einzeln oder im Wechsel einen Erziehungsurlaub von zusammen 3 Jahren in Anspruch nehmen.

5. a) z. B. Gewerbeordnung, Unfallverhütungsvorschriften

b) z. B. Arbeitszeitgesetz, Mutterschutzgesetz

c) Unfallverhütungsvorschriften

d) Berufsgenossenschaften z. B. BG Bau (Berufsgenossenschaft der Bauwirtschaft)

e) z. B. Geldstrafe, Schadenersatzansprüche durch den Arbeitnehmer

6. a) Kranken-, Arbeitslosen-, Renten- und Pflegeversicherung

b) Unfallversicherung

c) Der zurzeit arbeitende Teil der Bevölkerung kommt für die Rentenzahlungen an den nicht mehr arbeitenden Teil der Bevölkerung auf.

d) Die Beiträge, die von den Versicherten geleistet werden, richten sich nach dem Einkommen, d. h. je höher das Bruttoeinkommen ist, desto höher sind die Sozialversicherungsbeiträge. Die Leistungen, die die Menschen erhalten, sind jedoch generell gleich.

e) individuelle Schülerlösung

7. a) Krankengeld

b) Arbeitnehmer und Arbeitgeber

c) Unfallversicherung

d) Lebensversicherung

8. a) Beim Dispositionskredit (auch Überziehungs-, Kontokorrent-, Giro- oder Dispokredit genannt) bekommt der Kontoinhaber gegen die Zahlung von Zinsen mehr Geld zur Verfügung gestellt als er eigentlich besitzt. Beim Ratenkredit (auch Anschaffungsdarlehen, Konsumentenkredit oder Allzweckdarlehen genannt) leiht sich der Kreditnehmer gegen die Zahlung von Zinsen bei der Bank Geld.

b) z. B. Immobilien, Wertgegenstände, Bürgschaften, Lebensversicherungen

c) siehe b)

d) Kreditgeber / Kreditnehmer

e) Standortanalyse, Eigen- und Fremdkapitalplanung, Rentabilitätsvorschau

9. a) Ein Vertrag kommt durch 2 oder mehrere übereinstimmende Willenserklärungen zustande.

b) Ein Jugendlicher darf nach Vollendung des 18. Lebensjahres eigenständig Verträge abschließen.

c) BGB = Bürgerliches Gesetzbuch

d)

Vertrag	Mündlich	Schriftlich	Notarielle Beurkundung
Grundstückskauf			×
Zeitungskauf	×		
Berufsausbildungsvertrag		×	
Ehevertrag			×
Kreditvertrag		×	

e)
- Schriftform
- ein 14-tägiges Widerrufsrecht

f) Bei einem Werkvertrag wird ein Werk hergestellt, wobei der Auftraggeber den Gegenstand oder das Material liefert. Bei einem Werklieferungsvertrag hingegen liefert der Auftragnehmer den Gegenstand oder das Material.

g) In einem Mietvertrag wird die Überlassung von Sachen, z. B. Wohnraum, gegen Entgelt vereinbart. In einem Leasingvertrag wird die befristete Miete mit anschließendem Vorkaufsrecht von Sachen, z. B. Autos, gegen Entgelt (Leasingrate) vereinbart.

10. a)
- Lieferungsverzug
- Schlechtleistung (Lieferung mangelhafter Ware)
- Annahmeverzug
- Zahlungsverzug

b)
- Preisnachlass (Minderung)
- Reparatur (Nachbesserung)
- Geld zurück und Ware zurück (Wandlung)
- Umtausch der Ware

c) z. B. Mangel in der Menge (Quantität), Mangel in der Güte (Qualität), Mangel in der Art (falsche Ware)

11. a) Gewährleistung ist die gesetzliche Mängelhaftung nach dem BGB von Gewerbebetrieben für deren Leistungen und Produkte.

b) Bürgerliches Gesetzbuch, Vergabe- und Vertragsordnung für Bauleistungen

c) BGB: 5 Jahre, VOB: 4 Jahre

d) BGB: 2 Jahre

e) BGB: 1 Jahr

f) Kulanz ist eine freiwillige, d. h. ohne rechtliche Verpflichtung durchgeführte Kostenübernahme von Mängeln. Garantie hingegen ist eine vertraglich vereinbarte Mängelhaftung.

12. a) Das Zahlungsziel ist der Termin, an dem eine Zahlung spätestens erfolgt sein soll. Zahlungsverzug bedeutet, dass ein vereinbartes Zahlungsziel nicht eingehalten wurde.

b) Beim Zahlungsverzug können Gläubiger Mahnungen versenden, d.h. eine Mahnung ist eine Zahlungserinnerung des Gläubigers. Ein Mahnbescheid ist eine gerichtliche Zahlungsaufforderung. Eine Mahnung ist keine notwendige Voraussetzung für einen Mahnbescheid.

c) Nach 3 Kalenderjahren.

d) Die Zwangsvollstreckung ist der staatliche Zwang zur Durchsetzung und Erfüllung von Ansprüchen.

e) Bei einer Verbraucherinsolvenz wird das pfändbare Vermögen des Schuldners verwertet und an die Gläubiger verteilt. Nach 6 Jahren bekommt der Schuldner eine Restschuldbefreiung, d. h. er ist schuldenfrei.

13. a) Argumente für eine Lagerhaltung: (1) Produktionsbereitschaft, (2) kurze Wege, …
Argumente gegen eine Lagerhaltung: (1) Kosten, (2) „totes Kapital", …

b) Materialentnahmeschein, Lieferschein

c) Unter „just-in-time" versteht man in diesem Zusammenhang die Lieferung des Materials erst bei tatsächlichem Bedarf auf der Baustelle.

d) Lieferant

14. a) Marketing ist die konsequente Ausrichtung des gesamten Unternehmens an den Bedürfnissen des Marktes.

b) Werbung, Preispolitik, Produktpolitik, Vertriebspolitik, Marktforschung

c) Werbebriefe, Werbetelefonate, Werbeemails

d) TV-Werbung, Bandenwerbung

e) Im Gegensatz zur Gemeinschaftswerbung wirbt bei der Einzelwerbung das Unternehmen für sich selbst bzw. für seine Produkte und Dienstleistungen.

f) Hierdurch hat man die Möglichkeit sich von der Konkurrenz abzuheben. Außerdem wird durch eine einheitliche Kleidung schon optisch signalisiert, dass die Mitarbeiter als Team auftreten.

15. a) HGB : Handelsgesetzbuch; BGB : Bürgerliches Gesetzbuch

b) Erfassen des betrieblichen Vermögens und der betrieblichen Schulden.

c) Inventar

d) Einmal im Jahr, i.d.R. am Jahresende.

e) Im Gegensatz zur Fremdfertigung, dem Warenbezug von Lieferanten, ist man bei einer Fertigung von Produkten im eigenen Betrieb unabhängig davon.

16. a) Mit einer Investition (z. B. Kauf eines Autokrans) versucht das Unternehmen den Gewinn zu steigern.

b) Eine Abschreibung erfasst in der Buchführung die Wertminderung eines Vermögensgegenstandes.

c) Unter Eigenfinanzierung versteht man die Kapitaleinlagen der Eigentümer oder neuer Gesellschafter. Als Fremdfinanzierung bezeichnet man die Kredite von Banken oder Geschäftspartnern.

d) effektiver Jahreszins

17. a) z. B. gemeinsame Aktivitäten, Mitarbeitergespräche, gerechte Entlohnung, Aufstiegschancen, selbstständiges Arbeiten

b) z. B. Zeitdruck, unpünktlicher Lohn, monotone Arbeiten

c) Darüber mit dem Arbeitgeber sprechen, denn er ist verpflichtet zugunsten des Opfers einzugreifen. Auch der Weg zum Betriebsrat, falls vorhanden, wäre ein richtiger Schritt.

d) Körperliche Leistungsfähigkeit:
- regelmäßiger Sport;
- ausreichender Schlaf

Geistige Leistungsfähigkeit:
- regelmäßige Fortbildungen
- Lösen von Denksportaufgaben

e) Rückenschule

18. a) Arbeit, Boden/Natur, Technisches Wissen/know how, Kapital

b) Arbeit: Arbeitsleistung der Mitarbeiter
Boden/Natur: Standort, Rohstoffe z. B. Sand
Know How: Das technische Wissen über den gesamten Produktionsablauf.
Kapital: z. B. Maschinen, Werkhallen, Fahrzeuge

c) Einführungsphase, Wachstumsphase, Reifephase, Sättigungsphase, Rückgangsphase

d) Rationalisierung: Maßnahmen zu Kostensenkung und Leistungssteigerung.
Automation: Die Maschine übernimmt die Steuerung und Kontrolle eines Arbeitsprozesses.
Outsourcing: Auslagerung von Produktionsbereichen, um Kosten zu senken.
Qualitätssicherung: Maßnahmen zur Sicherung der Produktqualität.
Mechanisierung: Produkte werden mithilfe von Maschinen gefertigt.
Einzelfertigung: Das Produkt wird nur ein einziges Mal hergestellt.
Massenfertigung: Das Produkt wird in Massen produziert, z. B. Nägel.

e) Berufe mit Baustellenfertigung: Dachdecker, Maurer
Berufe mit Werkstattfertigung: Schreiner, Kfz-Mechatroniker

f) Arbeitsroboter

19. a) Durch die rasante technische Entwicklung in der Arbeitswelt gewinnt der Produktionsfaktor Kapital zunehmend an Bedeutung.

b) Geldkapital: gewinnorientierte Geldanlagen, z. B. Bausparen
Sachkapital: gewinnorientierte Sachanlagen, z. B. Lagerhallen
Sozialkapital: nicht gewinnorientierte Sachanlagen, z. B. Kindergärten
Humankapital: das Wissen der Mitarbeiter

c) Bankguthaben

d) z. B. Auftragslage, Expansion des Betriebes, Marktgegebenheiten

20. a) z. B. Produktion, Vertrieb und Absatz, Finanzierung, Beschaffung und Einkauf, …

b) Aufbauorganisation: Die Struktur oder der hierarchische Aufbau eines Betriebes.
Ablauforganisation: Die produktionstechnischen Abläufe eines Betriebes.

c) Refa: Verband für Arbeitsgestaltung, Betriebsorganisation und Unternehmensentwicklung
EN: Europäische Norm
DIN: Deutsches Institut für Normung
EEG: Erneuerbare-Energien-Gesetz
GEG: Gebäudeenergiegesetz

d) Handwerksbetrieb: Geringe Anzahl an Mitarbeitern, überwiegend Einzelfertigung.

Industriebetrieb: Große Anzahl an Mitarbeitern, hohe Stückzahlen bis hin zur Massenproduktion.

e) CI = Corporate Identity

21. a) Innung: Freiwilliger Zusammenschluss von Handwerksmeistern auf kommunaler Ebene.
Handwerkskammer: Körperschaft des öffentlichen Rechts, Interessenvertretung des Handwerks.

b) Innung: Fachbezogene Fortbildungen, soziale Aufgaben, ...
Handwerkskammer: Abnahme von Gesellen- und Meisterprüfungen, Führen der Handwerksrolle, ...

c) Zentralverband des deutschen Handwerks

d) Handwerkskammer

e) Sorgt für die Sicherheit auf Baustellen, gesetzliche Unfallversicherung

22. a) e.G.

b) Förderung der Mitglieder

c) z. B. Dachdeckereinkauf, BG Bau

d) Raiffeisen

23. a) z. B. Gewinnverteilung, Haftung, Besteuerung, Kreditwürdigkeit

b) Vorteile: alleiniger Gewinn, schnelle Entscheidungsfindung
Nachteile: Haftung mit dem Privatvermögen, begrenzte Kreditwürdigkeit

c) Name des Unternehmens, Sitz des Unternehmens, Gegenstand des Unternehmens, Anzahl der Gesellschafter

d) AG

e) Nur der Komplementär ist zur Geschäftsführung berechtigt, während der Kommanditist lediglich das Kontrollrecht besitzt.

f) Die GbR ist eine einfache und unkomplizierte Rechtsform, weil sie nicht ins Handelsregister eingetragen wird und sich nicht im kaufmännischen Bereich betätigt.

24. a) Deutscher Aktienindex

b) Vorstand, Aufsichtsrat, Hauptversammlung

c) Dividende

d) Angebot und Nachfrage, Unternehmensdaten

e) z. B. VW: Automobilindustrie, Telekom: Telekommunikationsbranche, Bayer: Pharmaindustrie

25. Addiert man zu den Einzelkosten die *Gemeinkosten*, so ergeben sich die Selbstkosten. Hierzu wird der *Zuschlag für Wagnis und Gewinn* gerechnet und so bekommt man den Nettoangebotspreis. Addiert man noch die *Mehrwertsteuer* hinzu, so ergibt sich der *Bruttoangebotspreis*.

26. a) Materialkosten, Lohnkosten

b) Miete, Werbung, Leasingraten, Lagerkosten

c) Einzelkosten können den Aufträgen direkt zugerechnet werden, während die Gemeinkosten entsprechend der Auftragsgröße auf die einzelnen Aufträge verteilt werden müssen.

d) Fixe Kosten bleiben unabhängig von der Produktionsmenge immer gleich, z. B. Miete. Variable Kosten fallen und steigen mit der Produktionsmenge, z. B. Material.

27. a) Öffentliches Verfahren zur Abgabe von Angeboten

b) Art und Ausführung der Leistungen, Menge und Umfang der Leistungen

c) Als Einheitspreis bezeichnet man den Preis je Einheit in einem Leistungsverzeichnis.

d) Der Listenpreis ist der in einer Liste aufgeführte Preis für ein Produkt.

28. a) Direkte Steuern werden vom Steuerpflichtigen direkt an das Finanzamt gezahlt z. B. die Lohnsteuer. Die indirekten Steuern sind in Endpreisen enthalten, z. B. die Mehrwertsteuer. Sie werden vom Verbraucher bezahlt, aber vom Verkäufer an das Finanzamt abgeführt.

b) z. B. Arbeit und Soziales, Bundesschuld

c) z. B. Einkommensteuer, Grunderwerbsteuer

d) die Tabaksteuer

29. Lohn- und Gehaltsfortzahlung, Kosten für berufliche Fort- und Weiterbildung, gesetzliche Arbeitgeberbeiträge zur Sozialversicherung, Sozialversicherung der Arbeitgeber für Auszubildende, Steuern

30. a) Freie Tarifverhandlungen der Sozialpartner ohne Einflussnahme des Staates.

b) IG-BAU und der Zentralverband des Deutschen Dachdeckerhandwerks

c) z.B. Lohnforderungen, Arbeitszeiten

d) Kündigung, Jahresurlaub, Lohnzulagen

e) Tarifverhandlungen (neuer Tarifvertrag), sonst "Erklärung des Scheiterns", evtl. Schlichtungsverfahren (neuer Tarifvertrag), sonst „Erklärung des Scheiterns", Urabstimmung, Streik/Aussperrung, neue Verhandlungen, Urabstimmung, neuer Tarifvertrag

31. a) Als Betriebsobmann bezeichnet man einen Betriebsrat in einem Unternehmen mit einer Betriebsgröße von 5 bis 20 Mitarbeitern.

b) Mitwirkungsbereiche: Einstellungen, Personalplanung, …
Mitbestimmungsbereiche: Arbeits- und Pausenzeiten, Urlaubsplan, …

c) Die Interessen der Auszubildenden vertreten.

d) aktives Wahlrecht: Volljährigkeit
passives Wahlrecht: Volljährigkeit, 6-monatige Betriebszugehörigkeit

32. a) Arbeitsgericht, Landesarbeitsgericht, Bundesarbeitsgericht

b) Die Einigungsstelle dient zur Beilegung von Meinungsverschiedenheiten zwischen Arbeitgebern und Arbeitnehmern.

c) Als Gewerkschaftsmitglied bekommt man bei gerichtlichen Auseinandersetzungen in der 1. Instanz mit dem Arbeitgeber einen Rechtsbeistand gestellt.

33. a) Soziale Marktwirtschaft

b) z.B. Ludwig Erhard

c) z.B. Kindergeld, Wohngeld

d) Durch die Qualifikation des Mitarbeiters.

34.

Richtig	Falsch	Aussagen aus dem Bereich Betriebliches Gesundheitsmanagement
×		Ausgleichsübungen am Arbeitsplatz helfen gegen Verspannungen des Muskel-Skelettsystems.
	×	Gesundheitskurse der gesetzlichen Krankenversicherung machen nur Sinn, wenn man schon körperliche Beschwerden hat.
×		Durch ergonomische Arbeitsplatzgestaltung werden Arbeitstechniken und Arbeitsbedingungen optimiert, um Mitarbeiter möglichst wenig zu belasten.
	×	Ich kann durch meine Hebetechnik und meine Körperhaltung beim Arbeiten keinerlei Einfluss auf die Belastung meines unteren Rückens nehmen.
	×	Bandscheiben sind starre Zwischenwirbelscheiben.
×		Die Muskulatur hat Einfluss auf die Körperhaltung
	×	Die Bandscheiben bei körperlicher Arbeit einseitig zu belasten ist günstig.
×		Rücken- und Bauchmuskeln haben Auswirkung auf die Körperhaltung.
×		Maßnahmen der betrieblichen Gesundheitsförderung können die Arbeitszufriedenheit erhöhen und das Betriebsklima verbessern.

35. a) Eine Gesellschaft ist eine strukturierte und organisierte Gruppe, die sich an bestimmte Regeln hält.

b) Gruppenmitglieder, Gruppenziel, „Wir-Gefühl", gemeinsame Regeln, verschiedene Rollen …

c) Primärgruppe: umfasst Menschen, die einem sehr nahe stehen (Gruppe erster Ordnung), z. B. Familie.
Sekundärgruppe: umfasst Menschen, die gleiche Ziele verfolgen (Gruppe zweiter Ordnung), z. B. Arbeitskollegen

d) individuelle Schülerlösung

36. a) Materielle Sorge für die Familie, Erziehung der Kinder, Stütze für die Kinder, Verpflichtung gegenüber dem Ehepartner …

b) formale Rolle: bestimmte Verhaltensweisen für die Rollenausübung sind vorgeschrieben.
informelle Rolle: festgelegte Vorschriften existieren kaum, Erwartungen entstehen und ändern sich im alltäglichen Leben.

c) formale Rolle, z.B. Ärzte, Lehrer, …. ; informelle Rolle z.B. Mutter, Vater, …

d) individuelle Schülerlösung

37. a) verschiedene Interessen/Meinungen, Ängste

b) individuelle Schülerlösung

c) Interrollenkonflikt: Zwei erwartete Rollen sind schwer vereinbar
Intrarollenkonflikt: Verschiedene Erwartungen werden an eine Rolle gestellt.

d) individuelle Schülerlösung

38. a) Menschen, die von dem, was die Gesellschaft als „normal" definiert, abweichen, gehören zu einer Randgruppe.

b)
- Farbige,
- Ältere Menschen,
- Drogenabhänge,
- Strafentlassene, …

39. a)
- Erwerb von Qualifikationen
- Aufbau eines politischen Bewusstseins
- Aufnahme und Festigung von sozialen Kontakten
- Aufbau einer selbstständigen Lebensweise

b) Drogenmissbrauch, Straftaten, Schließen von „falschen" Freundschaften

c) Drogenberatungsstelle, z. B. Caritas, …

d) Alkohol, Nikotin

e) Z.B. Neugier, Probleme in der Familie, Freundeskreis, …

40. a) Unter Mobbing wird jede Handlung verstanden, die einer Person seelisches Leid zufügt und über einen längeren Zeitraum andauert. Es gibt verschiedene Formen von Mobbing.

b) Unter Cyber-Mobbing wird die Belästigung und Bedrängung einer Person mithilfe elektronischer Kommunikationsmittel (z. B. Internet) über einen längeren Zeitraum verstanden.

c)
- berufliche Karriere kann Schaden nehmen
- gesundheitliche Schäden können auftreten (Depressionen)

41. a) Medien, durch die aufgrund hoher Einschaltquoten oder Auflagenzahlen viele Menschen erreicht werden können.

b) Fernsehen, Zeitungen, Radio usw.

c) Informationsbeschaffung, Kontrollfunktion, Unterhaltung …

d) Die Erfüllung der Funktionen kann durch Manipulation erschwert werden.

e) Unter dem Begriff „Neue Medien“ werden moderne Medientechniken zusammengefasst, dazu zählen somit alle Medien, die neuartige Wege der Informationsbeschaffung und -verarbeitung ermöglichen.

f) individuelle Schülerlösung

42. a) Unterhaltungsmöglichkeit, Hilfe bei der Arbeitsplatzsuche, Knüpfen von sozialen Kontakten, Einkaufsmöglichkeit …

b) Isolierung von der Außenwelt, Sucht, Missachtung von Urheberrechten …

c) Neue Freunde kennenlernen, neuen Arbeitsplatz finden, günstig einkaufen …

d) Ein Blog ist eine Art Tagebuch, das auf einer Website geführt wird.

e) In sozialen Netzwerken grundsätzlich ein gesundes Misstrauen bewahren, persönliche Daten und Fotos nicht wahllos einstellen, auch im Netz geltendes Recht befolgen.

43. a) Ein soziales Netzwerk ist eine virtuelle Gemeinschaft, über die soziale Beziehungen über das Internet gepflegt werden.

b) Weltweiter Zugriff; Menschen kennenlernen; Kommunikation über weite Entfernungen, …

c) Verletzung der Privatsphäre; Beiträge werden protokolliert; Fotos können kopiert und vervielfältigt werden, …

d) Soziale Netzwerke finanzieren sich durch Werbung und Sponsoren. Die Privatsphäre kann verletzt werden.

e) Gästebuch, Fotoalbum, Gruppen, Spiele, …

f) Unter dem Begriff „gläserner Mensch“ wird die vollständige „Durchleuchtung“ des Menschen im Bereich des Datenschutzes verstanden.

44. a) Manipulation der Meinungsbildung, Gesundheitsschäden, Sucht – vor allem bei ständiger Smartphonenutzung

b) Öffentlich-rechtliche Sendeanstalten unterliegen gesetzlichen Regelungen, die ausgewogene Informationen, Bildung, Kultur und Unterhaltung fordern. Im Aufsichtsrat der öffentlich-rechtlichen Sendeanstalten wie ARD und ZDF sind alle wesentlichen gesellschaftlichen Gruppierungen vertreten, z.B. Parteien, Kirchen, Gewerkschaften usw. Ein wesentlicher Finanzierungsfaktor sind die Rundfunkgebühren.

Private Fernsehsender sind Wirtschaftsbetriebe, die sich im Wesentlichen selbst finanzieren.

c) Gebühreneinzugszentrale

d) Private Fernsehsender finanzieren sich überwiegend durch Werbung.

45. a) Die Wahlen zum Deutschen Bundestag werden nach dem Mischwahlsystem durchgeführt. Dieses Wahlsystem ist eine Kombination aus Mehrheits- und Verhältniswahl.

b) Bundestag

c) allgemein, frei, gleich, geheim, unmittelbar

46. a) Beim aktiven Wahlrecht haben Bürger das Recht zu wählen. Das passive Wahlrecht bedeutet, sich selbst auch zur Wahl für ein politisches Amt stellen zu können.

b) Düsseldorf, Hannover, Kiel

c)

Minderheitsregierung:	Die Regierung verfügt NICHT über die Mehrheit im Parlament.
Große Koalition:	Die beiden stärksten Parteien im Parlament, z.B. CDU und SPD, vereinbaren für eine Periode gemeinsam zu regieren.
Rot-rot-grüne Koalition:	Regierungsbildung durch die Linke, SPD und die Grünen.
Fraktionszwang:	Die Abgeordneten im Parlament stimmen so ab, wie es die Partei bzw. die Fraktion beschlossen hat.
Pattsituation:	Stimmengleichheit bei einer Abstimmung.
Koalition:	Zum Zweck der gemeinsamen Regierungsbildung arbeiten Parteien zusammen.
Parlamentarier:	Gewählte Volksvertreter in einem Parlament.
Kabinett:	Alle Mitglieder einer Regierung, z.B. Bundeskanzler und alle Minister.
Opposition:	Nicht an der Regierung beteiligte Parteien und politische Gruppierungen.

47. a) Legislative

b) Alle 4 Jahre

c)
- Gesetzgebungsprozesse (Neue Gesetze, Gesetzesänderungen …)
- Wahl des Bundeskanzlers.

d) Mitglieder des Bundestages haben regelmäßig das Recht, von der Bundesregierung Auskünfte zu Fragen zu erhalten.

48. a) Die „Immunität" der Abgeordneten bedeutet, dass diese für ihre politischen Äußerungen im Parlament und für ihr Abstimmungsverhalten nicht verantwortlich gemacht werden dürfen.

b) Die Abgeordneten erhalten für ihr Mandat eine finanzielle Entschädigung. Die so genannten Diäten sollen Verdienstausfälle ausgleichen, die den Abgeordneten durch die Ausübung ihres Mandats entstehen, und ihre Unabhängigkeit garantieren.

c) Mitglied des Bundestages

d) Bundestagsabgeordnete können beliebig oft wiedergewählt werden.

49. a) Der Bundesrat hat bei Bundesgesetzen, die auch die Bundesländer betreffen, Mitbestimmungsrechte im Sinne von Zustimmung zu diesen Gesetzen.

b) Der Bundesrat setzt sich zusammen aus Vertretern aller Bundesländer und die setzen sich je nach Ergebnis der Landtagswahlen zusammen bzw. verändern sich.

c) Vertreter des Bundespräsidenten

d) Wenn die Abgeordneten nicht frei sondern nach Vorgabe z.B. der Landesregierung abstimmen, spricht man von einem „imperativen Mandat".

50. a) Deutscher i.S. des Grundgesetzes; 18 Jahre alt.

b) Ein Kanzler kann im Rahmen des konstruktiven Misstrauensvotums dadurch zum Rücktritt gezwungen werden, wenn der Bundestag mit Mehrheit einen anderen Kanzler wählt.

c) 4 Jahre

d) CDU: Christlich Demokratische Union Deutschlands; CSU: Christlich Soziale Union Deutschlands; SPD: Sozialdemokratische Partei Deutschlands; Die Grünen, Die Linke.

51. a) Das Mindestalter ist 16 Jahre.

b) Indirekte Mitwirkung an der Kommunalpolitik; Wahl geeigneter Kommunalparlamentarier

c) Wahlberechtigte Bürger der Kommune wählen den Bürgermeister.

52. a) Beiträge; Spenden; staatliche Zuwendungen; Abgaben der Parlamentarier.

b) Mitwirkung an der politischen Meinungsbildung; sinnvolle Interessenbündelung der Mitglieder

c) Auf kommunaler Ebene: Bürgerbegehren (= Antrag auf Bürgerentscheid); kassierendes Bürgerbegehren (= Korrekturbegehren). Auf Landesebene: Volksbegehren.

d) Eine Partei kann nur durch ein Urteil des Bundesverfassungsgerichtes verboten werden, wenn der Partei gravierende Verstöße gegen die freiheitlich-demokratische Grundordnung nachgewiesen werden.

53. a) Unter Föderalismus versteht man den Zusammenschluss von selbstständigen (Bundes-) Ländern zu einem Bundesstaat mit zentralen Aufgaben wie z.B. Verteidigung.

b) Die Bundesländer wirken über den Bundesrat bei der Gesetzgebung des Bundes mit.

c) Bonn

d) Bundesrepublik Österreich

e) 16 Bundesländer bilden die Bundesrepublik.

54. a) Abstimmung per Akklamation: Die Abstimmung erfolgt per Handzeichen. Hammelsprung: Die Abgeordneten verlassen den Saal und betreten ihn wieder durch eine Türe für „Ja“, eine andere für „Nein“ oder eine dritte Tür für „Enthaltung“. In einer namentlichen Abstimmung ist das Abstimmungsverhalten namentlich markiert. Das freie Mandat beschreibt die grundsätzlich ungebundene Abstimmungsfreiheit.

b) Der Bundestagspräsident führt die Abstimmungen durch.

55. a) Repräsentation des Staates nach innen und außen; Ernennung des Bundeskanzlers …

b) Bundesversammlung

c) Der jetzige Bundespräsident heißt Frank-Walter Steinmeier (2018).

d) Die Amtszeit eines Bundespräsidenten dauert 5 Jahre, einmal ist die Wiederwahl möglich.

e) Die Bundesversammlung besteht aus den Mitgliedern des Deutschen Bundestages und derselben Anzahl von Vertretern aus den 16 Bundesländern.

56. a) Der Bundeskanzler wird vom Bundestag gewählt.

b) Der Kanzler kann dem Bundestag die „Vertrauensfrage“ stellen, um festzustellen, ob die Mehrheit der Abgeordneten ihn noch unterstützt. Das Abstimmungsergebnis hat keine zwingenden Konsequenzen.

c) Der Bundeskanzler bestimmt die Richtlinien der Politik und schlägt die Minister für sein Kabinett vor.

d) Unter der „Richtlinienkompetenz“ wird das grundsätzliche Recht des Bundeskanzlers verstanden, die Richtung seiner Politik verbindlich zu gestalten.

57. a) Metalle, PVC, ...

b) Brandschutz; Umweltschutz.

c) Ökonomische Vorteile sind z.B. Kosteneinsparungen der Entsorgung; ökologische Vorteile sind z.B. geringere Umweltbelastung.

d) TRGS bedeutet Technische Regeln für Gefahrenstoffe. Beispiel TRGS 519: Asbest, Abbruch-, Sanierungs- oder Instandhaltungsarbeiten.

58. a) Traglattung; Deckunterlage.

b) Gesundheitlich unbedenklich; nachwachsender Rohstoff.

c) Nachhaltigkeit bedeutet, dass beim Abholzen von Wäldern nicht mehr Holz geschlagen wird als gleichzeitig durch Anpflanzen nachwächst.

d) Der Baustoff Holz ist ein nachwachsender und günstiger Rohstoff. Holz selbst hat bereits kostendämpfende Wärmedurchgangswerte.

59. a) Schadstoffreduktion: Verringerung des Schadstoffausstoßes in die Umwelt.

Regenerative Energie zur Erzeugung von Strom wird aus erneuerbaren Quellen gewonnen, z.B. Wind, Wasser, Sonne, Geothermie oder Biomasse!

Emissionshandel ist ein Instrument der Umweltpolitik mit dem Ziel, Schadstoffemissionen mit möglichst geringen volkswirtschaftlichen Kosten zu verringern. Wer viel emittiert, bezahlt, wer wenige Emissionen hat, wird belohnt.

Aufgrund der menschlichen Zufuhr klimawirksamer Gase in die Atmosphäre entsteht ein anthropogener Treibhauseffekt.

Als Energiewende wird die Umstellung einer nachhaltigeren Energieversorgung mit erneuerbaren Energien wie Sonne, Wind, Biomasse usw. bezeichnet.

b) CO_2-Emissionen durch den Straßenverkehr verursachen u.a. einen allmählichen Klimawandel. Der bewirkt z.B. ein Abschmelzen der Polkappen und einen Anstieg der Meereshöhe. Durch moderne Motoren, alternative Antriebe und Tempolimits versucht man gegenzusteuern.

60. a) Eine Ozonhülle um die Erde filtert die UV-Strahlung. Diese Filterschicht weist Lücken auf.

b) „Billigfluggesellschaften" fliegen oft ältere Maschinen mit hohen Emissionen. Generell führen billige Flüge zu einer starken Nachfrage und damit auch zu einer Umweltbelastung.

c) Viele Städte markieren Umweltzonen, die nur mit emissionsarmen Fahrzeugen befahren werden dürfen.

d) Wenn es nicht gelingt, den Treibhauseffekt zu stoppen, könnten die Polkappen abschmelzen, das führt dann z.B. zu Überschwemmungen, Naturkatastrophen usw.

e) Umweltschonende Maßnahmen bei Dachdeckerarbeiten sind z.B. Fahrzeuge mit E-Motoren, sorgfältige Mülltrennung bei ASI-Arbeiten, Nachhaltige Werkstoffe einsetzen, …

61. a) Naturfaser

b) ASI-Arbeiten sind Asbest-, Abbruch-, Sanierungs- und Instandhaltungsarbeiten.

c)
- Atemschutzmaske,
- Schutzanzug,
- Schutzhandschuhe,
- Schutzstiefel …

d) Asbesthaltige Stoffe dürfen auf dafür vorgesehenen Deponien entsorgt werden, wenn dort sofort der Faserflug unterbunden wird, z.B. durch Abdecken mit Erdreich.

e) Asbestfasern gelangen in die Lunge, verhaken sich dort und können Krebs auslösen.

62. a) Diktatur ist eine Herrschaftsform einzelner ohne Mitwirkung des Volkes.

b) Im Ermächtigungsgesetz wurden grundlegende demokratische Rechte auf den Diktator Hitler übertragen.

c) Antisemitismus nennt man den Hass auf Juden und deren Verfolgung.

d) Jede Einzelperson darf seine Meinung frei äußern, die Presse darf grundsätzlich über alles berichten.

63. a) Meinungs-, Presse- und Religionsfreiheit, Gleichheit vor dem Gesetz, Recht auf Menschenwürde, …

b) 1949

c) Bundesverfassungsgericht

d) Unser Grundgesetz zählt zu den jüngeren Verfassungen in der Welt und sichert gegen die negativen Erfahrungen der NS-Diktatur weitgehend ab.

64. a) Direkte Demokratie umfasst die Vielzahl von Möglichkeiten, einzelne Bürger direkt in politische Entscheidungsprozesse mit einzubeziehen, z.B. Volksentscheide.

b) In einer Massengesellschaft wählen Bürger politische Vertreter (Abgeordnete), die der eigenen Meinung möglichst nahe kommen. Diese vertreten (repräsentieren) dann in den Parlamenten ihre Wähler möglichst auch bei Sachentscheidungen.

c) Deutschland, Frankreich, …

d) Merkmale eines demokratischen Staates sind in unseren westlichen Kulturen u.a. :

- Das Volk ist letztlich Träger der Staatsgewalten.
- Wählen, direkt oder indirekt, ist die Grundlage für politische Entscheidungen.
- Politischer Wechsel ist durchaus möglich und vorgesehen.

65. a) Datenschutz ist schwierig, Datenmissbrauch ist nicht auszuschließen.

b) Dafür: Urdemokratische Wahl; Bürgermotivation, … Dagegen: Äußere Merkmale wie Aussehen, Modebewusstsein usw. beeinflussen Wähler; Ein Spitzenpolitiker braucht für seine Arbeit die Unterstützung von Partei(en), …

66.

Bundesland:	*Hessen*	*Schleswig-Holstein*	*Nordrhein-Westfalen*	*Sachsen*	*Thüringen*	*Niedersachsen*
Landeshauptstadt:	*Wiesbaden*	*Kiel*	*Düsseldorf*	*Dresden*	*Erfurt*	*Hannover*
Bundeshauptstadt ist BERLIN						

67. a) Bundesverfassungsgericht

b) (1) Gesetze auf Vereinbarkeit mit dem Grundgesetz prüfen; (2) Parteienverbot

c) Wenn ein neues Bundesgesetz gegen eine Bestimmung des Grundgesetzes verstößt, dann tritt dieses Gesetz nicht oder entsprechend verändert in Kraft.

d) Karlsruhe

e) SRP; KPD

68.

Staatsgewalt	*Gesetzgebende Gewalt*	*Ausführende Gewalt*	*Richterliche Gewalt*
Fachbegriff	*Legislative*	*Exekutive*	*Judikative*
Beispiel	*Bundestag*	*Verwaltungen*	*Richter/Gerichte*

69. a) Schweiz

b) Serbien

c) Straßburg, Brüssel

d) Der Europäische Qualifikationsrahmen (EQR) setzt EU-weit Anforderungen, die über 8 Stufen eine Vergleichbarkeit von Bildungsabschlüssen in den einzelnen Staaten bewirkt, damit u.a. die Mobilität innerhalb der EU gewährleistet ist.

e) Das Europaparlament wird von mehreren Hundert Millionen Bürgern gewählt. Wegen dieser Größenordnung hat man die aus Bundestagswahlen bekannte 5%-Klausel hierfür verkürzt, dadurch haben auch kleinere Parteien verbesserte Chancen auf Parlamentssitze.

f) Der Europäische Gerichtshof (EuGH) mit Sitz in Luxemburg ist das oberste rechtsprechende Organ der Europäischen Union.

Die EU-Kommission ist ein Organ der EU, darin nimmt sie vor allem Aufgaben der Exekutive wahr und entspricht damit ungefähr der Regierung in einem staatlichen System.

Der Europäische Rat ist das Gremium der Staats- und Regierungschefs der EU. Diese treffen sich mehrfach jährlich, was man dann als EU-Gipfel bezeichnet.

Das Europaparlament ist das gewählte gesetzgebende Organ der EU mit Sitz in Straßburg, Arbeitsorte sind zusätzlich Brüssel und Luxemburg.

70. a) Hauptaufgaben der UN sind: (1) Sicherung und Wahrung des Friedens in der Welt; (2) Entwicklungszusammenarbeit in der Welt.

b) New York

c) Mögliche Sanktionen sind: Finanzhilfen aussetzen, Handelsbeschränkungen, Blauhelmeinsatz, ...

d) UN-Organisationen sind: UNESCO, WHO, UNICEF, ...

e) Der Weltsicherheitsrat ist zuständig für alle Krisenherde und Kriege der Welt. Von den 15 Mitgliedern sind 5 ständig vorhanden (China, F, GB, RUS, USA), 10 weitere werden abwechselnd hinzugewählt.

f) Ein Vetorecht hat nur jedes der 5 ständigen Mitglieder des Weltsicherheitsrates. Es bedeutet, dass dadurch jeder gemeinsame oder mehrheitlich gefasste Beschluss hinfällig wird.

71. a) Weltbank; IWF

b) UNHCF, ggf. auch UNCTAD

c) Ziel: Befriedung verfeindeter Lager. Selbstverteidigung kann dabei notfalls mit eigener militärischer Ausrüstung erfolgen.

d) Wenn Menschen sich die Befriedigung ihrer wirtschaftlichen Grundbedürfnisse nicht erlauben können, spricht man von absoluter Armut.

72. a) EZB. Europäische Zentralbank mit Sitz in Frankfurt/Main. Hauptaufgabe ist die Stabilisierung der europäischen Währung Euro.

IBAN (engl.) ist die Internationale Bank- und Kontokennzeichnung.

ESM ist der Europäische Stabilitätsmechanismus, der dann greift, wenn ein Mitgliedstaat des Euros in eine Schieflage geraten ist.

Staatsbankrott ist die Unfähigkeit eines Staates, seinen laufenden Zahlungsverpflichtungen nachkommen zu können.

b) Hauptaufgaben der EZB sind die Preisstabilität im Euro-Raum, Geldpolitik für die europäischen Währung Euro usw.

c) Den Euro nicht eingeführt haben z.B. Großbritannien, Dänemark.

d) Frankfurt/Main

73. a) NATO (engl. North atlantic treaty organization) ist der Nordatlantische Verteidigungspakt zwischen europäischen und nordamerikanischen Staaten.

b) (1) Freiheit und Sicherheit der Mitglieder durch militärische Abschreckung. (2) Ständige Abwehrbereitschaft gegen jeden einzelnen angegriffenen Mitgliedstaat.

c) Russland

d) Brüssel

74. Haushalte, Staat, Unternehmen, Banken, Ausland

75. a) hochqualifizierte Arbeitskräfte

b) dafür: Infrastruktur, Qualifikation der Arbeitskräfte, politische Stabilität …
dagegen: hohe Arbeitskosten, strenge Umweltauflagen …

c) Chance: Erweiterung der Sprach- und der beruflichen Fachkompetenzen …
Probleme: Sprache, Wohn- und Lebenssituation …

7.3 Dachberechnungen

7.3.1 Lösungen Flächenberechnungen

Aufgabe 1:

Ergebnis	a)	b)	c)	d)	e)	f)
Giebelfläche	43,10 m^2	68,83 m^2	80,33 m^2	35,68 m^2	50,92 m^2	52,65 m^2
Dachfläche	139,56 m^2	183,81 m^2	260,15 m^2	129,39 m^2	408,24 m^2	155,93 m^2

Aufgabe 2:

Ergebnis	a)	b)	c)	d)	e)	f)
Giebelfläche	16,25 m^2	21,75 m^2	45,34 m^2	29,84 m^2	0 m^2	49,16 m^2
Dachfläche	95,85 m^2	70,95 m^2	95,29 m^2	60,20 m^2	48,52 m^2	159,36 m^2
Volumen	227,81 m^3	216,56 m^3	442,41 m^3	290,33 m^3	0 m^3	989,37 m^3

Aufgabe 3:

Abbildung	a	b	c	d	e	f	g	h
Dachfläche m^2	827,70	1.089,57	1.849,29	3.509,70	53,67	18,32	25,88	28,51
Dachrand m	121,17	144,28	169,40	238,62	24,00	18,76	33,93	46,97

Aufgabe 4:

Abbildung	Sparrenlänge m	Dachneigung %	Dachfläche m^2
a)	12,65	33,3	283,36
b)	8,94; 5,66	50; 100	164,25
c)	7,83; 8,08	50; 40	182,97
d)	6,59 m Rundsparren	rund	125,29
e)	8,51; 7,02	5,9; 7,1	254,69
f)	3,35; 5,59	200; 50	327,20
g)	3,35; 5,59 ; 5,31; 2,23	200; 50; 87,5; 200	252,14
h)	19,06; 9,55	7,9; 10,5	646,59

Aufgabe 5 bis 9:

Aufgabe	Sparrenlänge m	Dachneigung %	Gratlänge	Dachfläche m²
5 a)	5,56	106,8	0	92,30
5 b)	4,68; 4,24	115,7 ; 151,3	5,23 m	99,09
5 c)	6,20	146	7,12 m	86,80
5 d)	4,78; 4,42	92,9 ; 108,3	5,64	122,05
5 e)	4,40; 4,73; 3,66	106,1; 91,7; 180,8	5,61 ; 4,74	94,29
5 f)	3,99 ; 4,56	114,7 ; 87,2	0	109,18
5 g)	3,36 ; 3,42	111,1 ; 106,8	4,09	92,47
5 h)	5,06; 4,12; 3,89	64,7 ; 89,6 ; 100	4,95	152,00
6	12,61; 9,53; 10,74	89,4; 186,3; 125,4	13,39 ; 14,28	716,25
7	Sparrenlänge: 5,41 m; Mantelfläche: 50,95 m²; Volumen: 42,39 m³			
8	Sparrenlänge: 8,32 m; Mantelfläche: 117,56 m²; Volumen: 148,37 m³			
9	Radius: 3,30 m; Sparren: 7,74 m; Mantelfläche: 80,20 m²			

Aufgabe 10:

Abbildung	Sparrenlänge m	Dachneigung in °	Dachfläche m²
a)	5,43	30	36,15
b)	5,56	46,9	92,31
c)	4,90; 5,93; 5,88; 4,86	55,9; 43,2; 43,7; 56,6	75,50
d)	4,68; 4,24	49,2; 56,5	99,09
e)	4,54; 4,87; 3,83	48,4; 44,3; 62,5	97,01
f)	3,69; 4,83; 4,95; 3,84	54,5; 38,4; 37,3; 51,5	110,04
g)	3,36; 3,42	48,0; 46,9	152,00
h)	4,73; 4,05	51,2; 65,6	110,19

7.3.2 Lösungen Dachberechnungen

Prozent- und Dreisatzrechnen

11. 135,7 %

12. 43,3 %

13. 1.638 Dz

14. 143,75 m^2

15. 2.048 Dz und 149,50 m^2 Unterspannbahn

16. 2,66 m

17. 35,77 m

18. 6,3 Tage

19. **a)** 810 Dz
b) 2.805 Dz
c) 226,7 m^2 Dachfläche

20. 0,46 €

21. St. bestellt = 21 Paletten · 480 St. = 10.080
St. benötigt = 19,5 Paletten · 480 St. = 9.360
Differenz = 720 St.
7,1 % wurden zu viel bestellt

22. 6,25 Flaschen

23. 3,75 Tage

24. lfdm = A · 3,25 lfdm/m^2 = 438,75 lfdm · Verschnitt = 456,30 lfdm
m^3 = 0,03 · 0,05 · 456,30 lfdm = <u>0,68445 m^3</u>

25. **a)** Dachberechnung: Einzellängen

Dh_{HD}	= 5,00 m	Dh_{KW}	= 2,78 m
S_{HD}	= 6,73 m	S_{KW}	= 3,74 m
F_{HD}	= 9,00 m	G_{KW}	= 4,50 m
Ortgang	= 2,99 m		

Gesamtlängen: T_{ges} = 38,00 m, G_{ges} = 18,00 m, O_{ges} = 11,96 m

b) A_{HD} = 84,87 m^2, A_{KW} = 9,35 m^2, A_{ges} = 188,44 m^2

c) Materialberechnung:
1) Sichtfläche einer Bahn = 15 m^2 Eindeckfläche
Anzahl der Rollen = A_{ges} / 15 m^2 = 12,56 => 13 Rollen
2) Kl = $A_{ges.}$ · 1,73 lfdm /m^2 = 326,00 m
max. LW = ZL – HÜ / 2 = 37,5 – 6 / 2 = 15,75 cm
lfdm /m^2 = 1 / max. LW = 6,35 lfdm /m^2
TL = A_{ges} · lfd m / m^2 = 1.196,59 m
$Lattung_{ges}$ = KL + TL = 1.522,59 m + Verschnitt
= 1.598,72 m → 1.599 m
1 Bund = 40,00 lfdm , Anzahl der Bunde
= $Lattung_{ges}$/lfdm eines Bundes = 39,96 → 40 Bunde
3) Sichtfläche = max. LW · ZB = 244,125 cm^2
St./m^2 = 1 / max. LW · ZB = 40,96 St./ m^2
Gesamtstückzahl = A_{ges} · St. / m^2 + Verschnitt = 8.414 St.
4) Gesamtstückzahl = (F + G_{ges}) / (Zl – SÜ) = 75 First- und Gratziegel

26. $St./m^2$ = max. LW · ZB = 34,60 $St./m^2$
Gesamtstückzahl = $St./m^2 \cdot A_{ges}$ + Verschnitt = 6.358 St.

27. Restlänge = S – LAF – TÜ = 9,16 m
max. LW = ZL – HÜ = 36 cm
Anzahl der Lattreihen = Restlänge / max. LW = 25,44 => 26 Reihen
tats. LW = Restlänge / 26 = 35,2 cm

28. A_{ges} = 94,35 m^2, $St./m^2$ = 14,40 St., Gesamtstückzahl = 1.441 St.

29. a) DN 50°

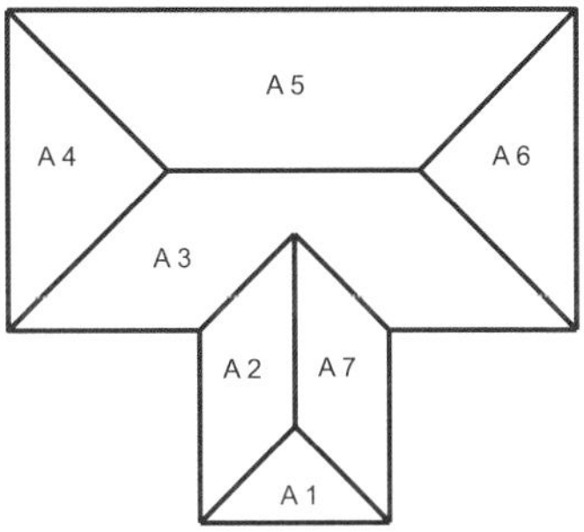

Hauptdach	Anbau
S = 3,89 m	S = 2,33 m
G = 4,62 m	G/K = 2,77 m
F_{HD} = 4,00 m	F_{Anb} = 3,00 m

T_{ges} = 34,00 m
F_{ges} = 7,00 m
G_{ges} = 24,02 m
K_{ges} = 5,54 m
A 1 = 3,50 m^2, A 2 = 6,99 m^2, A 3 = 21,79 m^2,
A 4 = 9,73 m^2, A 5 = 25,29 m^2, A 6 = 9,73 m^2,
A 7 = 6,99 m^2,
A_{ges} = 84,02 m^2

b) Werkstoffmengen:
1) S_{HD} = 3,89 m, max. LW = 32 cm
1. TLA = 24 cm, Restsparren = 3,57 m
Anzahl der Lattreihen = 12, tats. LW= 29,75 cm
$St./m^2$ = 43,37 $St./m^2$
2) S_{Anb} = 2,33 m, max LW = 32 cm
1. TLA = 24 cm, Restsparren = 2,01 m
Anzahl der Lattreihen = 7, tats. LW = 28,7 cm
$St./m^2$ = 44,96 $St./m^2$
3) Hauptdach A = 66,54 m^2
Stückzahl = 3.233 St.
Anbau A = 17,48 m^2
Stückzahl = 881 St.
Gesamtstückzahl = 4.114 St.
4) Hauptdach 258 lfdm
Anbau ~ 70 lfdm
gesamt 328 lfdm
5) ~ 97 St.

30. a) A_{HD} = 106,60 m^2, A_M = 84 m^2
b) T_{ges} = 84 m, $F_{ges.}$ = 43 m (inkl. First Mansarde), G_{ges} = 31,58 m
c) Hauptdach $St./m^2$ = 43,74 $St./m^2$, 4.896 St.
Mansarde $St./m^2$ = 40,96 $St./m^2$, 3.613 St.
Gesamtstückzahl = 8.509 St.
d) Hauptdach KL = 1,73 $lfdm/m^2$, TL = 6,78 $lfdm/m^2$, 882 lfdm
Mansarde KL = 1,73 $lfdm/m^2$, TL = 3,17 $lfdm/m^2$, 412 lfdm
e) ~ 99 St.

Lösungen Zusatzaufg.

31. a) $A_{ges} = 272{,}13\ m^2$
b) $T_{ges} = 48{,}00$ m, $F_{ges} = 14{,}00$ m, $O_{ges} = 16{,}00$ m, $G_{ges} = 24{,}53$ m, $K_{ges} = 5{,}67$ m
c) ~ 14 Rollen
d) St./ m² = 34,72 St./m², Gesamtstückzahl = 10.583 St.
e) ~ 107 St.
f) ~ 64 Bunde

32. a) DN 48°

Hauptdach		Anbau 1		Krüppelwalm	
S	= 5,98 m	S	= 3,74 m	S	= 2,99 m
		K	= 4,50 m	G	= 3,60 m
F_{HD}	= 11,00 m	F_{Anb}	= 5,50 m		

T_{ges} = 39,00 m
F_{ges} = 16,50 m
G_{ges} = 14,40 m
K_{ges} = 9,00 m
O_{ges} = 16,44 m

$A_{HD} = 82{,}22\ m^2$, $A_{KW} = 7{,}48\ m^2$, $A_{Anb} = 15{,}90\ m^2$
$A_{HD\,2} = 72{,}87\ m^2$
$A_{ges} = 201{,}85\ m^2$

b) $S_{HD} = 5{,}98$ m, max. LW = 15,5 cm
1. TLA = 23 cm, Restsparren = 5,63 m
Anzahl der Lattreihen = 37, tats. LW = 15,2 cm
St./m² = 42,44 St./m²
$S_{Anb} = 3{,}74$ m, max. LW = 15,5 cm
1. TLA = 23 cm, Restsparren = 3,39 m
Anzahl der Lattreihen = 22, tats. LW = 15,4 cm
St./m² = 41,89 St./m²

c) Materialmengen:
1) ~ 9.319 St. Biberschwanzziegel
2) ~ 1.500 lfdm Traglatten
3) ~ 89 St. First- und Gratziegel

33. a) $S_{HD} = 7{,}91$ m, $S_{KW} = 4{,}38$ m, $S_M = 2{,}50$ m
$A_{HD} = 91{,}43\ m^2$, $A_{KW} = 10{,}98\ m^2$, $A_W = 35{,}60\ m^2$,
$A_{M\,1} = 38{,}13\ m^2$, $A_{M\,2} = 26{,}25\ m^2$
$A_{HD\,ges} = 229{,}39\ m^2$, $A_{M\,ges} = 102{,}51\ m^2$, $A_{ges} = 331{,}90\ m^2$
b) $T_{ges} = 87{,}00$ m, $F_{ges} = 7{,}50$ m, $O_{ges} = 12{,}06$ m, $G_{ges} = 34{,}12$ m
c) ~ 10 Rollen
d) 34,72 St./m², 12.910 St. Biberschwanzziegel
e) ~ 116 St. First- und Gratziegel
f) 2.418 lfdm, ~ 68 Bunde

34. a) 1. TLA = 20,5 cm, Restlänge = 5,905 m, max. LW = 15,25 cm, Anzahl an Lattreihen = 39, tats. LW = 15,1 cm, tats. HÜ = 6,30 cm
1) St./m^2 = 42,73 St./m^2
2) A_{ges} = 214,10 m^2, 9.972 St. Biberschwanzziegel
3) 1.474 lfdm
4) ~ 97 St.

b) 3,72 lfd m/m^2

c) 6.163 Ziegel, ~23 Paletten

d) 52,08 m^2

35. a) Draufsicht

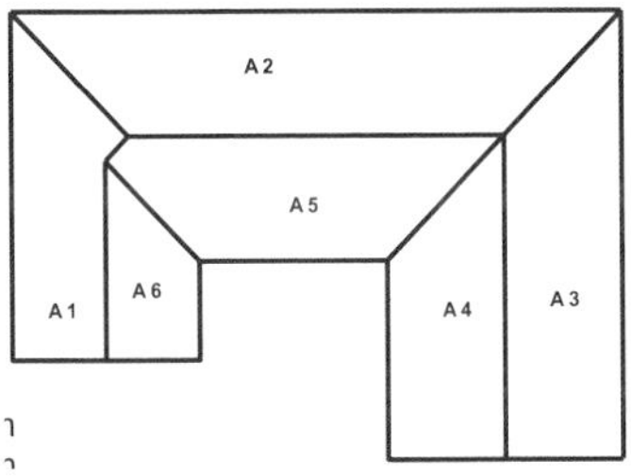

b)

Hauptdach	Anbau	DN 65,5°
S = 6,04 m	S = 4,83 m	T_{ges} = 41,00 m
G = 6,54 m	K = 5,23 m	F_{ges} = 18,50 m
K = 6,54 m	V = 1,31 m	G_{ges} = 14,39 m
F_{HD} = 6,50 m	F_{Anb} = 4,00 m	O_{ges} = 21,74 m
F_{HD} = 8,00 m		K_{ges} = 11,77 m

c) A1 = 29,59 m^2, A2 = 63,42 m^2, A3 = 46,81 m^2, A4 = 31,71 m^2, A5 = 38,66 m^2, A6 = 14,49 m^2
A_{ges} = 224,68 m^2

d) Werkstoffbedarf
1) 11 Rollen
2) Konterlatten = 416 m, Traglatten = 6,15 lfdm/m^2
TL gesamt = 1.480 m
Lattung gesamt = 1.896 m => 54,2 = 53 Bunde
3) St./m^2 = 40,58 St./m^2
1. TLA = 20,5 cm, Restlänge = 5,72 m, tats. LW = 15,9 cm
St. gesamt = 9.665 St.
4) 92 St.
5) L_{Tges}= 39,00 m · 1,04 = 40,56 m

$$\frac{40{,}56}{3{,}00\ \text{m/St.}} = 13{,}52 \approx 14\ \text{St.}$$

36. a) Draufsicht

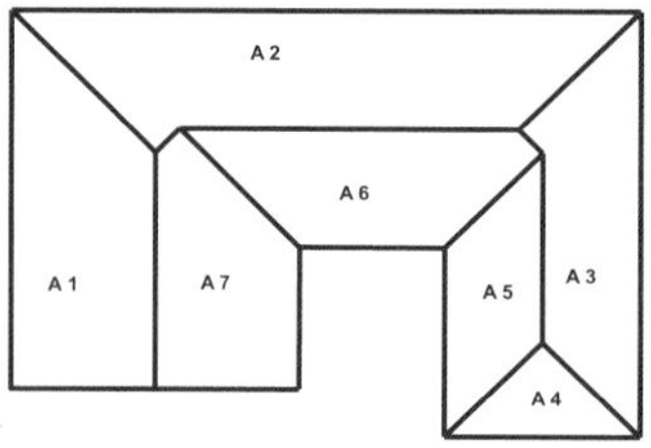

b)

Hauptdach	Anbau 1	Anbau 2	DN 60°
S = 6,00 m	S = 5,00 m	S = 4,00 m	T_{ges} = 45,00 m
G = 6,71 m	G/K = 5,59 m	G/K = 4,47 m	F_{ges} = 16,00 m
K = 5,59 m	V = 1,12 m	V = 1,12 m	G_{ges} = 23,48 m
F_{HD} = 5,00 m	F_{Anb} = 7,00 m	F_{Anb} = 4,00 m	O_{ges} = 12,00 m
			K_{ges} = 10,06 m

c) A1 = 39,00 m², A2 = 53,00 m², A3 = 28,50 m², A4 = 8,00 m²,
A5 = 16,00 m², A6 = 27,00 m², A7 = 26,50 m²
A_{ges} = 198,00 m²

Lösungen Zusatzaufg.

d) Werkstoffbedarf
1) ~ 6 Rollen
2) Konterlatten = 363 m, Traglatten = 3,18 lfdm/m², TL gesamt = 668 m
Lattung gesamt = 1.031 m => 28,6 ~ 29 Bunde
3) St./m² = 35,40 St./m²,
1.TLA = 24 cm, Restlänge = 5,66 m, tats. LW = 31,4 cm
St. gesamt = 7.570 St.
4) ~ 119 St.

37. a) Draufsicht

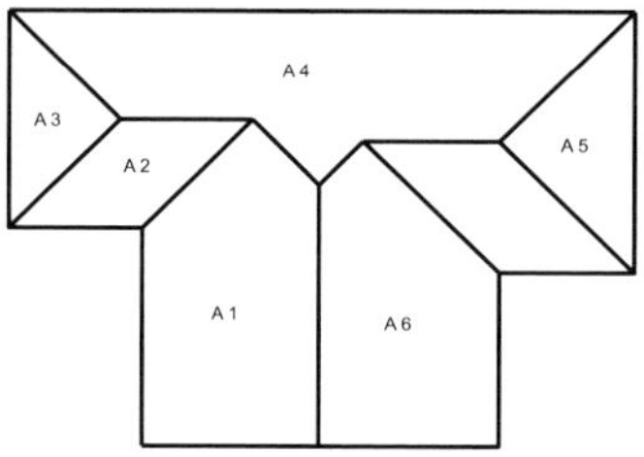

A_{ges} = 240,15 m²

DN ~ 62°

Werkstoffbedarf:

b) 5,78 Rollen ~ 6 Rollen

c) Konterlatten = 1 / 0,65 m = 1,54 lfdm/m² => 385 lfdm/m²
Traglattung Doppeldeckung = 6,15 lfdm/m² = 1.536 lfdm/m²
Kronendeckung = 3,08 lfdm/m² = 770 lfdm/m²
Doppeldeckung = 1.921 m => ~ 60 Bund Latten
Kronendeckung = 1.155 lfd m/m² => ~ 36 Bund Latten

d) St./m² = 39,70 St./m²
Gesamtstückzahl = 10.297 St.
Anzahl der Pakete = 858 Pakete
Anzahl der Paletten = 21,45 Paletten => 22 Paletten oder 21 Paletten und 18 Pakete extra

e) ~ 86 Ziegel

38. a) Draufsicht

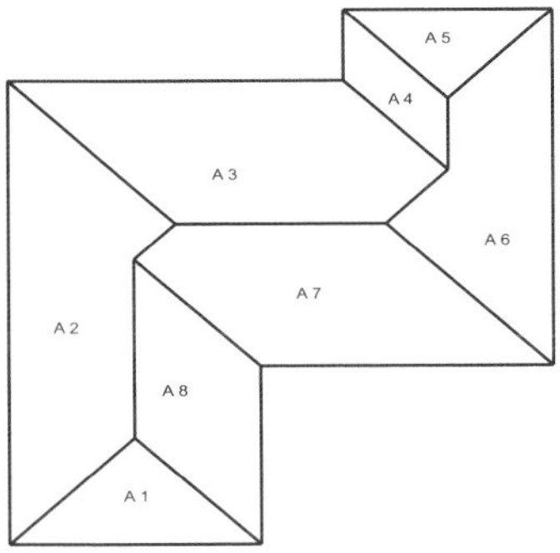

b) DN 55°

Hauptdach	Anbau 1	Anbau 2
S = 6,97 m	S = 5,23 m	S = 4,36 m
G = 8,04 m	G/K = 6,03 m	G/K = 5,03 m
	V = 2,01 m	V = 3,01 m
F_{HD} = 5,00 m	F_{Anb} = 5,00 m	F_{HD} = 2,00 m

T_{ges} = 56,00 m
F_{ges} = 12,00 m
G_{ges} = 43,22 m
K_{ges} = 11,06 m

c) A1 = 15,69 m², A2 = 54,03 m², A3 = 51,83 m², A4 = 8,72 m²,
A5 = 10,90 m², A6 = 36,60 m², A7 = 47,04 m², A8 = 26,15 m²
A_{ges} = 250,96 m²

d) Werkstoffbedarf
1) S_{HD} = 6,97 m, Doppeldeckung
1. TLA = 23 cm, Restsparren = 6,62 m
Anzahl der Lattreihen = 42, tats. LW = 15,8 cm
2) Traglattung = 6,33 lfdm/m², Traglattung gesamt = 1.684 lfdm
Anzahl an Bunden = ~ 47 Bunde Latten
3) St./m² = 35,16 St./m²
Gesamtstückzahl = 9.354 St.
4) ~ 6 Kehlbleche

39. a) Skizze, siehe Abbildung zu Aufgabe 39, Seite 32

b)

Hauptdach	Anbau	Spitzgaube/Mansarde	Gesamtlängen
S = 7,38 m	S = 5,28 m	S = 3,53 m	F_{ges} = 11,00 m
G = 8,17 m	K = 5,84 m	G/K = 3,84 m	T_{ges} = 71,00 m
F = 4,00 m	F = 4,00 m	F = 1,50 m	G_{ges} = 48,04 m
			K_{ges} = 27,04 m
			O_{ges} = 24,68 m

c) Hauptdach DN 61,7°, 186 %
Mansarde DN 64,88°, 213 %

d) $A_{HD} = 178{,}26\ m^2$ $A_M = 130{,}61\ m^2$ $A_{ges} = 308{,}87\ m^2$

e) 1) $7{,}78\ m^3$
2) ~ 14 Rollen
3) $St./m^2 = 34{,}01\ St./m^2$
4) 11.345 St. Schuppenschablonen und 11,77 lfdm Firstblech

Luftfeuchte

40. Rel. Luftfeuchtigkeit = $0{,}76 \cdot 21{,}5 = 16{,}34\ g/m^3$
Gesamtwassermenge = $16{,}34 \cdot 395 = 6.454{,}3$ g => 6,454 Liter

41. Wassermenge/m^3 = $0{,}8 \cdot 23 = 18{,}4\ g/m^3$
Raumvolumen = 8.000 g / 18,4 = $434{,}78\ m^3$

42. Rel. Luftfeuchtigkeit = 15,6 / 22,4 $\cdot$ 100 % = 69,6 %

43. Rel. Luftfeuchtigkeit = $0{,}69 \cdot 20{,}5 = 14{,}15\ g/m^3$
Gesamtwassermenge = $14{,}15 \cdot 230 = 3253{,}4$ g => 3,253 Liter

44. Rel. Luftfeuchtigkeit = 15,1 / 20,7 $\cdot$ 100% = 72,9 %

45. Wassermenge/m^3 = $0{,}65 \cdot 22{,}3 = 14{,}5\ g/m^3$
Raumvolumen = 6.130 g / 14,5 = $422{,}8\ m^3$